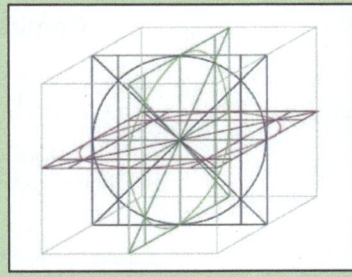

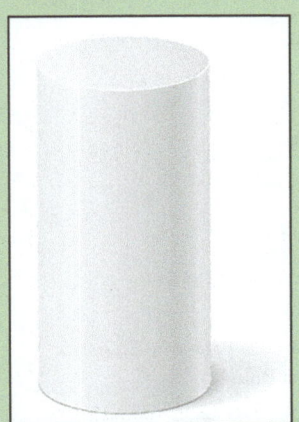

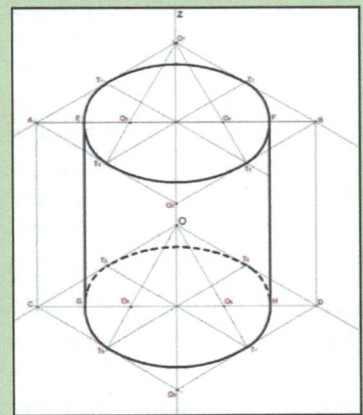

LA SOLDADURA DE LAS ALEACIONES DE ALUMINIO EN INSTALACIONES, TRANSPORTE Y SUMINISTRO DE GNL

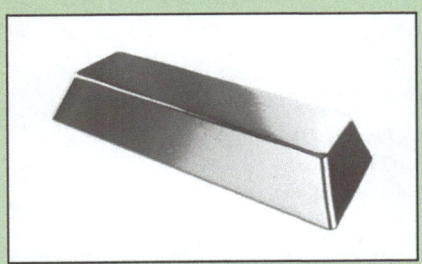

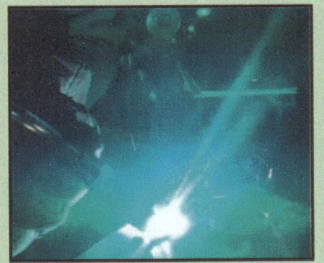

ANTONIO BERMEJO ROMERO

JUAN MARÍA GONZÁLEZ LEAL

X

Comité Editorial

Antonio Bermejo Romero
Juan María González Leal

LA SOLDADURA DE LAS ALEACIONES DE ALUMINIO EN INSTALACIONES, TRANSPORTE Y SUMINISTRO DE GNL

MANUALES
INGENIERÍAS
Y ARQUITECTURA

Editorial UCA
Universidad de Cádiz

2024

Portada:

La portada muestra los cuerpos geométricos que se usan habitualmente en los recipientes para gas natural licuado (GNL), a saber: la Esfera, el Cilindro y el Prisma. Para transporte marítimo en buques, normalmente se usan tanques esféricos y prismáticos; en instalaciones estáticas o fijas, cilindros verticales y de fondo plano; en transporte por carretera cilindros horizontales con extremos esféricos, y también prismáticos en contenedores.

En la parte inferior de la portada aparece un lingote prismático de aluminio, que representa la importancia y el valor que tiene el uso de las aleaciones de aluminio en la construcción de tanques criogénicos.

El fondo de la portada es verde, ya que la aleación AA 5083 tiene el "corazón verde" y sus radiaciones emitidas en su soldadura en el espectro visual también son verdes, como así lo expresa la foto de la soldadura que se acompaña, además, el aluminio es 100% reciclable y el consumo de energía para su reutilización es de solo un 5% de la consumida en su producción.

Primera edición: 2024

Edita: Editorial UCA
C/. Doctor Marañón, 3 - 11002 Cádiz (España)
publicaciones.uca.es
publicaciones@uca.es

© Servicio de Publicaciones de la Universidad de Cádiz, 2025

Impresión: Tórculo Comunicación Gráfica, S. A.

Impreso en España/*Printed in Spain*

Depósito Legal: CA 130-2025
ISBN papel 978-84-9828-986-2
ISBN versión electrónica 978-84-9828-987-9

Esta editorial es miembro de la UNE, lo que garantiza la difusión y comercialización de sus publicaciones a nivel nacional e internacional.

A Rosa, eterna
A mis hijas, Rosa y Begoña
de las que estoy muy orgulloso.
A mis nietas y nietos,
que me alegran la vida
A.,

A mi mujer, Isabel,
y a mis hijos,
Alonso y Javier
J.,

Nos movemos en nuestro ambiente diario sin entender nada acerca del mundo. Dedicamos poco tiempo a pensar en el mecanismo que genera la luz solar que hace posible la vida, en la gravedad que nos ata a la tierra, en lo que nos une…

CARL SAGAN

PRÓLOGO

Cuando Antonio y Juan María me invitaron a que escribiera el prólogo de este libro sentí una enorme satisfacción y un profundo agradecimiento hacia los autores por la consideración que me dispensaban. Esta grata satisfacción se tornó rápidamente en preocupación pues no sabía si sería capaz de plasmar en unas líneas las virtudes e interés que para el campo de la soldadura tiene la obra que tienes en tu mano.

Cuando en el año 1986 me hice cargo de la asignatura de Soldadura en la Escuela Técnica Superior de Ingenieros Industriales de la Universidad de Sevilla, creí necesario contactar con personas relevantes, relacionadas con la soldadura, que pudieran aportarme materiales y sobre todo su experiencia en el campo profesional para así poder enriquecer la docencia que iba a empezar a impartir. Antonio que en aquel tiempo era Jefe de Producto de AGA, fue una de las personas con las que contacté, y debo decir que fue todo un acierto no solo por la información que me facilitó sino por todo lo que aprendí de él. A partir de ahí la relación con Antonio fue estrecha y colaborativa, tuve la suerte de ser miembro de la comisión que juzgó su Tesis Doctoral, de participar con él en proyectos relacionados con las deformaciones en conjuntos soldados y presentar de forma conjunta algunas ponencias en las jornadas técnicas de soldadura. Desde que lo conocí vi que tenía dos pasiones: una su familia y otra la soldadura, y en particular la soldadura del aluminio, pues su época en Crinavis creo que le marcó profesionalmente en este campo. Lo que siempre me impresionó y a día de hoy me sigue impresionando de Antonio es su entusiasmo, su pasión y su dedicación por cualquier actividad que inicia alcanzando cotas muy altas cuando se trata de soldadura.

A Juan María lo conocí recientemente, y su incorporación al campo de la soldadura de la mano de Antonio no puede ser mejor noticia, la formación de excelencia de Juan María en campos afines, su capacidad investigadora de alto nivel y sin duda el interés por este campo nos deparara en el futuro avances significativos.

Refiriéndonos a la obra en sí, decir que el mundo de la soldadura está de suerte pues que sepamos no hay ningún texto en nuestro país que trate de forma específica la problemática de la soldadura del aluminio con la profundidad y rigor que aquí es tratada. Es este un texto escrito por personas cuyo conocimiento y experiencia profesional sobre el tema quedan claramente reflejados a lo largo del mismo, experiencia que queda también patente en los casos prácticos incluidos en él.

Los profesionales que trabajan en el campo de la soldadura del aluminio tendrán en este texto todo un referente de consulta y aprendizaje que les permitirá llevar con éxito las obras que acometan.

Queridos Antonio y Juan María, mis más sinceras felicitaciones por el excelente trabajo y mi agradecimiento, como "soldador", por poner al alcance de todos, vuestra experiencia en el campo de la soldadura del aluminio.

JOSE CAÑAS DELGADO

Antonio Bermejo Romero, natural de Puertollano (Ciudad Real) es Doctor en Ciencias Físicas por la Universidad de Cádiz, Licenciado en Ciencias Físicas rama industrial (Electrónica y Automática), Perito Naval, Ingeniero Europeo de Soldadura (EWE), Ingeniero Internacional de Soldadura (IWE), Supervisor de Instalaciones Radiactivas y Exauditor Jefe de la Norma EN 3834.

Actualmente es Colaborador Honorario del Departamento de Física de la Materia Condensada de la Universidad de Cádiz (UCA), desde Octubre de 2010.

Ha sido Profesor Asociado de la UCA durante 20 años y exmiembro del grupo de investigación FQM-154 de la Junta de Andalucía.

Inicia su vida profesional en la Sociedad Española de Construcción Naval (Astilleros de Matagorda) en Puerto Real (Cádiz), de donde pasa a la Sociedad Española del Oxígeno en la sede central de Madrid, de aquí al Astillero de Duro Felguera en Gijón (Asturias) como Jefe del Taller de Soldadura y posteriormente como Jefe de Aceros y Jefe de Habilitación y Servicios Generales durante 6 años. Después trabaja en Crinavis, Servicios Navales y Criogénicos S.A., en San Roque (Cádiz), donde investiga en la soldadura de las aleaciones de aluminio usadas en la fabricación de esferas criogénicas para GNL. A continuación, pasa a Eurocontrol como Delegado de Andalucía, con sede en Algeciras (Cádiz), actuando además como inspector en plantas químicas y centrales nucleares. Posteriormente trabaja en la multinacional sueca AGA AB, en Cádiz, fabricante de gases industriales y materiales de soldadura como Jefe de Producto durante 15 años.

Durante 5 años trabaja como "freelancer", en empresas como Bazán en San Fernando (Cádiz) impartiendo cursos y realizando manuales de formación de soldadura, aceros y aleaciones de aluminio. En la industria auxiliar de la Construcción Naval, con INGERSA, como responsable de Calidad y Formación. Director de Quality Form Plus en la Zona Franca de Cádiz.

A continuación durante 9 años, trabajó en INASMET-TECNALIA, como Investigador Principal y Jefe de Proyecto, obtiene una beca Torres Quevedo como Doctor para realizar un trabajo de Innovación para PYMAR (Pequeños y Medianos Astilleros Españoles). Colaboraciones con SOERMAR. Ha dirigido y participado en numerosos proyectos de I+d+i y realizado Estudios de Viabilidad a nivel nacional e internacional, donde en 2010 se jubiló.

Actualmente asesora a empresas en contratación y compra de instalaciones y equipos, así como, en soldadura, corte y gases industriales.

Es Miembro Distinguido de CESOL, del que forma parte desde su fundación (ADESOL) en 1.977 y durante 8 años formó parte de su Junta Directiva. Ha dirigido, coordinado y ha sido profesor de dos Másteres presenciales de 600 horas, de la Universidad de Cádiz uno de Ingeniero Europeo de Soldadura en Cádiz en 1.992 y otro de Ingeniero Internacional de Soldadura en Algeciras en 2009. Además, de otros dos cursos, uno de EWE presencial en Cepsa en San Roque (Cádiz) promovido por CESOL, y otro presencial en Dragados e IZAR de IWE, promovido por INASMET. Ha dirigido, coordinado y ha sido profesor de más de 60 Cursos de Inspectores en Construcciones Soldadas y Soldabilidad de las aleaciones de aluminio, aceros inoxidables, aceros al carbono, etc.

Ha publicado: Un libro digital sobre su Tesis Doctoral en el Servicio de Publicaciones de la UCA. Es Coautor del libro "Soldadura de Materiales Criogénicos" editado por CESOL. Tres manuales de soldadura y Corte en AGA. Más de 50 Artículos en revistas científicas y técnicas de reconocido prestigio. Ponente en más de 40 Congresos y/o Jornadas Técnicas, tanto nacionales como internacionales.

Es Socio de Honor de la Real Sociedad Española de la Física.

Juan María González Leal, natural de Barbate (Cádiz), es Doctor en Ciencias Físicas por la Universidad de Cádiz y Licenciado en Ciencias Físicas por la Universidad de Granada.

Ha publicado más de 90 publicaciones en revistas internacionales. Ha sido investigador en la Universidad de Cambridge (Reino Unido), financiado a través del Programa Europeo de Excelencia Marie Curie.

Ha sido asesor científico de la empresa Polight Technologies Ltd. (Cambridge, Reino Unido).

Ha sido investigador del Programa de Excelencia Ramón y Cajal en la Universidad de Cádiz. Ha sido Premio Nacional de investigadores noveles de la Real Sociedad Española de Física en el año 2000.

Desde 2017 es Catedrático en el Departamento de Física de la Materia Condensada de la Universidad de Cádiz.

Es responsable de los Servicios de Metrología de Superficies, y de Fotometría y Radiometría, de la Universidad de Cádiz. Ha liderado proyectos de investigación nacionales y europeos.

Colabora con empresas en el desarrollo de proyectos relacionados con la ciencia y la tecnología de materiales en diversos ámbitos, y el desarrollo de instrumentación y algoritmos de análisis de datos.

LA SOLDADURA DE LAS ALEACIONES DE ALUMINIO EN INSTALACIONES, TRANSPORTE Y SUMINISTRO DE GNL

Tabla de contenido

CAPÍTULO 1. INTRODUCCIÓN

La presente monografía tiene por objetivo profundizar en el conocimiento de la soldadura de las aleaciones de aluminio para la aplicación criogénica del gas natural licuado (GNL). Además, el aluminio y sus aleaciones son 100% reciclables y el consumo de energía para su reutilización es de solo un 5% de la consumida en su producción, lo que las hace altamente atractivas para alcanzar objetivos de sostenibilidad. La monografía está dirigida al profesorado y alumnado de postgrado de las distintas ingenierías que tienen entre sus asignaturas la materia de soldadura, tales como Industriales o Navales. Al tratar de recipientes para gas a temperatura criogénica, también resulta útil como consulta para la elaboración de trabajos fin de grado y postgrado o tesis doctorales en Ingeniería, relacionados con el almacenamiento, el transporte y el suministro de recursos energéticos.

En los capítulos 2 y 3 se estudian las aleaciones de aluminio usadas en la construcción de recipientes, evaporadores y tuberías, se detallan la soldabilidad metalúrgica de las aleaciones de aluminio y la influencia de los componentes en la aleación AA 5083.

Los capítulos 4 y 5 tratan sobre los procesos de soldeo empleados; destacando entre ellos el MIG (metal inert gas) y MIG de Alto Depósito, ambos se muestran con profundidad.

En los capítulos 6 y 7 se describen los consumibles usados en soldadura: hilos, varillas y gases y los tipos de transferencias de las gotas al baño de fusión. El capítulo 8 se ocupa del principal problema que aparece en el soldeo MIG de la aleación AA 5083: la porosidad, y su análisis experimental y estudio.

El capítulo 9 trata del análisis de precipitados y segregaciones en la aleación AA 5083, y de los generados durante su soldadura. En el capítulo 10 se realiza un análisis experimental de la soldadura MIG de Alto Depósito, donde se definen los parámetros de soldeo y su influencia en la geometría del cordón y se muestra el saneado de raíz por arco de plasma.

El capítulo 11 se presentan un conjunto de casos prácticos referentes a la cadena de valor tales como la construcción de recipientes para gas natural licuado. El capítulo 12 se muestra la regasificación del GNL y los Vaporizadores

Se acompaña un anexo, donde se exponen la criogenia, las características del gas natural, su cadena de valor y su desarrollo de instalaciones en España, finalizando con los costes en porcentaje aproximados de las actividades e inversiones en la cadena integrada del GNL.

Los materiales usados normalmente en los recipientes para el transporte, almacenamiento, regasificación y distribución del GNL son:

a) Aceros al 9% de Ni.
b) Aceros inoxidables austeníticos: AISI 304, 304L, 316 y 321.

    c)   Aleaciones de aluminio.

    d)   INVAR (36% Ni).

    e)   Cobre.

    f)   Latón.

    g)   Niobio.

Una gran cantidad de datos técnicos avalan el uso de las aleaciones de aluminio en los recipientes para el transporte, almacenaje, regasificación y distribución del gas natural, sus principales ventajas son:

1. Ligereza de peso.

2. La resistencia a tracción y compresión aumenta cuando disminuye la temperatura, a −196 ºC en un 40% sobre los valores a temperatura ambiente.

3. El módulo de elasticidad aumenta con la disminución de la temperatura, a unos −196 ºC en un 10%, con relación a la temperatura ambiente.

4. Los valores de los alargamientos y las estricciones en los ensayos de tracción disminuyen ligeramente con la disminución de la temperatura.

5. La resistencia a la fatiga aumenta con la disminución de la temperatura.

6. La resistencia al impacto a bajas temperaturas permanece prácticamente constante, conforme disminuye ésta, por lo que no se requieren ensayos de resiliencia.

7. La resistencia a la corrosión es excepcional dentro de toda la gama de temperaturas

8. Fácilmente soldable, aunque teniendo ciertas precauciones.

9. Conformado aceptable.

10. Mecanizado y extruido buenos.

11. Admite tratamientos superficiales.

12. Conductividades térmicas y eléctricas elevadas.

13. Neutralidad magnética.

14. No tóxico.

15. Ecológico y fácil de reciclar.

Centrándonos en su soldabilidad, sus principales problemas se deben a:

    a)   Eliminación de la película de óxido, Al_2O_3 (alúmina), que presenta en su superficie.

    b)   Porosidad y cavidades, que se presentan en forma irregular.

    c)   Agrietamiento, debido a segregaciones que pueden dar lugar a fisuraciones en caliente, y a las tensiones generadas.

    d)   Falta de fusión y penetración, debido a su alto coeficiente de conductividad térmica y a la elección inadecuada de los parámetros de soldadura.

No obstante, la eliminación de la película de óxido superficial (alúmina) se puede realizar fácilmente con la soldadura eléctrica por arco con protección gaseosa y corriente continua con polaridad inversa. La porosidad es debida, en general, a la solubilidad del hidrógeno en el aluminio, que es del orden de 70 veces mayor en estado líquido que en sólido.

Las segregaciones, fundamentalmente, se deben a la calidad del metal base y a la de los materiales de aportación. Las faltas de fusión pueden ser corregidas con la utilización de la preparación y parámetros adecuados, así como con la inclinación correcta del hilo electrodo. Otro de los problemas importantes es que, debido al embridamiento de las piezas para evitar las fuertes deformaciones que se producen durante y después de la soldadura, se generan fuertes tensiones residuales que pueden llegar cerca del límite elástico del material.

COMPONENTES DE LA CADENA INTEGRADA DE GNL

La cadena integrada del GNL se compone de tres eslabones:

1. La licuación del gas, generalmente en una zona cercana al pozo y lindante con la zona costera.

2. El transporte en buques LNG (Liquefied Natural Gas).

3. La regasificación e introducción en la red de transporte del país receptor.

En la etapa de licuación, el gas natural se lleva a temperaturas inferiores a -160 °C. A esta temperatura, y a la presión atmosférica, se produce un cambio de estado, de gas a líquido, reduciendo su volumen 600 veces. Se puede decir que el rendimiento medio del proceso de licuefacción es alrededor del 91%. Lo que significa que el 9% que ingresa en la planta de licuefación, se pierde o no es utilizado como fuente de energía para el proceso.

El transporte en buques LNG es el segundo eslabón en la cadena integrada del GNL. Actualmente, la mayoría de los buques existentes son de dos tipos especializados, a saber, los de tanques esféricos y los prismáticos de membrana. Las capacidades de transporte están sobre los 150.000 m^3 por buque; se estima que en un futuro cercano se llegará hasta los 250.000 m^3. En el presente, y debido a la crisis de los combustibles, las operaciones de transporte han tomado mucha importancia en la cuenta de resultados de las empresas que abarcan los tres eslabones de la cadena integrada de GNL. Como valor promedio se puede decir que el transporte del GNL tiene un rendimiento del 94%.

La regasificación es la tercera y última etapa. En ésta, el volumen del gas aumenta 600 veces, al cambiar de estado. Además el gas se debe presurizar a la presión de transporte por el gasoducto.

La regasificación presenta el rendimiento más elevado dentro de la cadena, aproximadamente el 97% [1]. En las figuras 1 y 2 se presentan dos esquemas de la cadena integrada de valor del GNL. La figura 3 muestra, un esquema del proceso de una planta de regasificación .

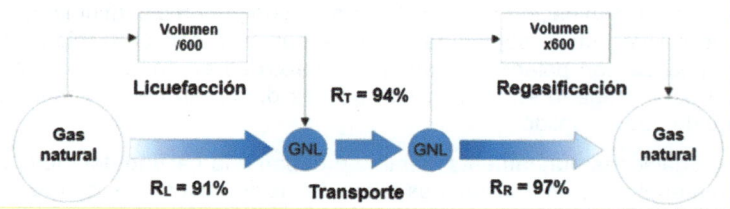

Figura 1. Esquema simplificado de la cadena integrada de GNL.

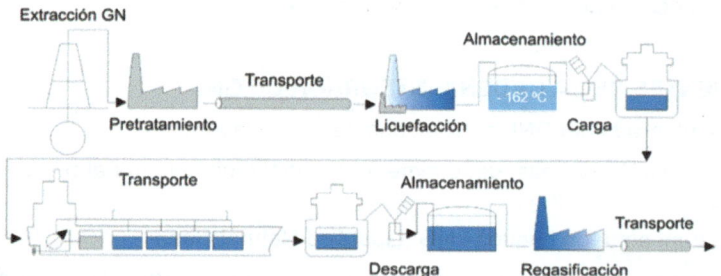

Figura 2. Esquema de la cadena integrada de GNL.

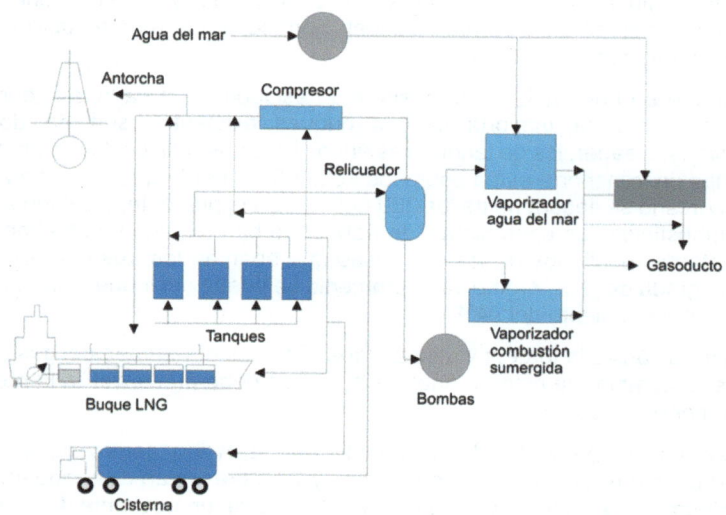

Figura 3. Esquema del proceso de una planta de regasificación.

Nos centraremos en los eslabones 2 y 3 referentes al transporte y las plantas de regasificación.

CAPÍTULO 2. ALUMINIO Y SUS ALEACIONES

2.1. DESARROLLO HISTÓRICO

Mientras que la mayoría de los metales industriales se conocen desde hace mucho tiempo, la historia del aluminio apenas se remonta más allá del siglo XIX. Si bien es el metal más extendido de la naturaleza, después del silicio, no se halla jamás en estado puro.

Por otro lado, las rocas o tierras donde se encuentra no ofrecen las características que llamaban la atención a los buscadores de minerales. Su afinidad por el oxígeno es tal que la reducción directa de su óxido por el carbón no se puede realizar por los procedimientos clásicos.

Una leyenda, relatada por Plinio el Viejo, en su Historia Naturalis [2], narra que, durante el reinado de Tiberio, se conocía un metal más ligero que el hierro, que se trabajaba después de haber sido preparado a partir de la arcilla; también nos cuenta que el emperador hizo decapitar al inventor con el fin de evitar que su oro fuera devaluado debido a la aparición de este metal nuevo. Algunos han pretendido ver en este nuevo metal el aluminio.

Sir Humphrey Davy, en 1.807, trata sin éxito de reducir la alúmina por medio de la electrólisis por mezcla de alúmina y óxido de mercurio [3]. En 1.809, realiza la fusión del hierro al arco eléctrico, en presencia de alúmina, y obtiene una aleación de hierro y un nuevo metal. Posteriormente, modifica su experiencia partiendo de una mezcla de alúmina, potasio y limaduras de hierro, y obtiene una partícula de una aleación blanca más dura que el hierro. Más tarde Davy escribe: "*Si hubiese tenido la suerte de obtener el metal que me esforzaba en aislar, le habría dado el nombre de alumium*". Por tanto, Davy es el primero en vislumbrar el metal de manera efectiva, y en darle un nombre que fue levemente modificado a lo que, a la postre, sería el aluminium.

Al mismo tiempo que Davy, el físico sueco Berzelius, padre de la teoría de la electrólisis, intenta sin éxito descomponer la alúmina por la pila electrolítica [4]. El químico danés Oersted, en 1.821, con la preparación del cloruro de aluminio, dio un paso muy importante, al idear la reacción de una amalgama de potasio sobre este cloruro, que destiló al vacío para eliminar el mercurio. En 1.824, consigue separar el aluminio por este método, aunque no parece haber determinado con rigor el proceso de su experiencia [5].

Friedrich Wöhler, en 1.827, profundizando en las teorías de Oesterd, calentó una mezcla de cloruro de aluminio y de potasio en un crisol de porcelana, obteniendo un polvo gris (aluminio impuro) y, así, consiguió, por fin, separar el aluminio. Finalmente, en 1.845, él mismo producía pequeños glóbulos de un metal, lo suficientemente puro para describir con exactitud las propiedades del aluminio [6].

El francés Henri Sainte-Claire Deville el 6 de Febrero de 1.845 señala, ante la Academia de Ciencias que, modificando convenientemente el procedimiento de Wöhler, se podía llegar a la obtención de un metal puro, en glóbulos susceptibles de ser reunidos. Deville sustituye el cloruro simple por cloruro doble de aluminio, y el potasio por el sodio, metal éste más barato y de una utilización más sencilla [7].

El valor esencial de este método es que se puede utilizar a escala industrial, y por ello se considera a Deville como el precursor de la industria del aluminio.

El primer lingote de aluminio fue presentado por Deville a la Academia de Ciencias el día 18 de Junio de 1.855.

También, en 1.855, Meissonier, un ingeniero de minas marsellés, anuncia la prueba de un mineral raro de hierro, difícil de trabajar, ya que origina escorias refractarias. Deville analiza éste y descubre que se trata de hidrato de alúmina impuro, que había sido descubierto en 1.821 por Berthier, cerca de Baux en Provence. En este momento se decide a purificarlo y a utilizarlo como materia prima de la nueva metalurgia.

Un gran número de procedimientos químicos se experimentaron durante casi 30 años, los cuales fracasaron ante la llegada del método electrolítico, que es actualmente el único utilizado, pero que, debido al consumo tan importante de energía eléctrica que entraña, ha orientado a los investigadores a dirigir sus esfuerzos hacia soluciones más económicas, alguna de las cuales constituyen un retorno al dominio químico.

En 1.905 el alemán Conrad Claessen señala la posibilidad de endurecer ciertas aleaciones de aluminio por temple; y así en 1.911, su compatriota Alfred Wiln da un paso decisivo en el dominio de las aleaciones de aluminio, al introducir industrialmente el "duraluminio", aleación de Al + 4% Cu + 0,7% Mg + 0,5% Si + 0,5% Mn, que endurece considerablemente por temple al agua, después de un calentamiento a 495 °C, y posterior maduración a temperatura ordinaria [8].

En 1.928 se inicia en España la producción industrial del aluminio por el método de la electrólisis. El aluminio se emplea, ante todo, en el estado puro por su ligereza, su inalterabilidad y su conductividad eléctrica. Desde finales del siglo pasado, diversos autores ensayaron numerosas aleaciones y en particular, las aleaciones que mejoran sus propiedades mecánicas.

Para las aleaciones de fundición, se obtiene un perfeccionamiento importante en 1.920, aportado por Aladar Páez, que mejora sensiblemente la aleación de aluminio al 13% de Si (Alpax), afinando el grano por adición de sodio metálico.

La industria de la obtención del aluminio tiene en común con otras industrias, tales como las de usos domésticos y agricultura, el emitir CO_2 a la atmósfera. Este es un problema global que concierne a todos los países. En la actualidad el reciclaje merece un esfuerzo común y completo porque ello favorece la eliminación de sus residuos y el uso de su energía. Las industrias dedicadas al reciclaje del aluminio procedente de materiales secundarios no deben se clasificadas como destructivas, sino como fabricantes de materia prima para elementos secundarios.

La huella de carbono de la fabricación y reciclaje de las aleaciones de aluminio se redujo a la mitad en los últimos 30 años. Un nuevo informe de evaluación del ciclo de vida (LCA) revisado críticamente por terceros muestra que el impacto energético y de la huella de carbono, de la producción de aluminio en América del Norte ha caído a su punto más bajo en la historia. Desde 1991, la huella de carbono de la producción de aluminio primario se redujo en un 49 %, mientras que la huella de la producción de aluminio reciclado se redujo en un 60 %. Durante el mismo período de tiempo, la energía necesaria para producir aluminio primario y reciclado (o secundario) se ha reducido en un 27 y un 49 %, respectivamente. Solo entre 2010 y 2016, la huella de carbono de la producción de aluminio (primario y secundario) se redujo entre un 5 y un 21%.

El pódcast de Bloomberg "Switched On" sobre el futuro del "aluminio verde" publicado el 26 de Julio de 2.023 con título: **"Mining for Scrap: The Future of Green Aluminum"**, que analiza el aumento inminente de la **demanda de aluminio** , predice un **aumento del 77% entre 2022 y 2040** . Desde latas, depósitos criogénicos, vehículos eléctricos, etc., el podcast destaca las **propiedades únicas del aluminio,** que lo convierten en el **segundo metal más utilizado en la Tierra**. Los autores del pódcast resaltan los **beneficios del aluminio reciclado** , cuya producción es un 94 % menos generadora en carbono que la fabricación de aluminio primario (https://www.bloomberg.com/news/audio/2023-07-26/mining-for-scrap-the-future-of-green-aluminum-podcast).

Por debajo de su superficie plateada, el aluminio es un "metal verde" y, aun cuando se utiliza muchísima energía en su producción primaria, esta puede quedar como "energía almacenada" para su reciclaje. El reciclaje del material de aluminio es ciertamente rentable ya que usa, para ello, únicamente un 5% de la energía que se necesita para su fabricación primaria.

Tabla 1. Propiedades físicas del aluminio puro.

PROPIEDADES	VALORES
Color de la alúmina	Blanco-plata
Estructura cristalográfica	Cúbica centrada en las caras
Parámetro reticular a 25 °C	0,40414 nm
Densidad a 20 °C	2,699 g/cm^3
Cambio volumétrico durante la solidificación	6,7%
Calor de combustión	200 kcal /at-g
Punto de fusión	660,2 °C
Punto de ebullición	2.467 °C
Calor específico a 20 °C	930 J/kg K
Coeficiente lineal de dilatación térmica	23,0 x 10^{-6} de 20 a 100 °C
Conductividad térmica a 0 °C	0,50 cal/s cm °C
Conductividad térmica a 100 °C	0,51 cal/s cm °C
Resistividad eléctrica a 20 °C	2,69 x 10^{-8} Ωm
Susceptibilidad magnética a 20 °C	2,3 x10^{-5} m^3/Kg
Volumen atómico	10 cm^3 por / mol

Existen varios tipos dentro de la pureza en (%) del aluminio:

- 99,50-99,79 - aluminio de pureza industrial (pureza comercial)
- 99,80-99,949 - aluminio de alta pureza
- 99,950-99,9959 - aluminio superpuro (super pureza)
- 99,9960-99,9990 - aluminio extrapuro (pureza extrema)
- > 99,9990 - aluminio ultra puro (pureza ultra).

Estructura Cristalográfica del aluminio: El aluminio, con una estructura cristalina cúbica centrada en las caras (ver figura 4) tiene unas propiedades muy atractivas para usarse como un material estructural a temperaturas criogénicas.

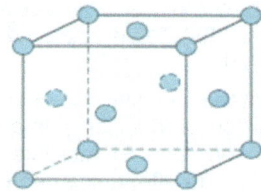

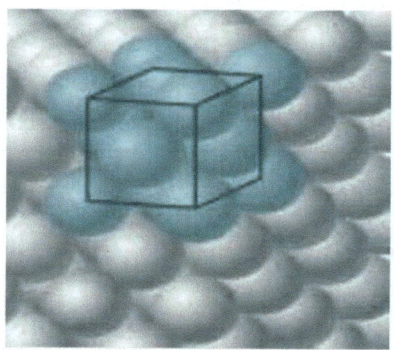

Figura 4. Estructura cristalina cúbica centrada en las caras.

- Símbolo: Al
- Número atómico: 13
- Peso atómico: 26,98154 u.m.a.
- Volumen atómico: 10 cm³/mol
- Estructura cristalina: FCC
- Densidad empaquetamiento: 74%
- Nº. de coordinación: 12
- Parámetro de Red: 0,40496 nm
- Distancia interatómica mínima: 0,28635 nm

La **alúmina**, es un material cerámico que se caracteriza por ser blanco, amorfo, inerte e inodoro y es insoluble al agua. Tiene amplias aplicaciones industriales y en la industria, de hecho, es el material cerámico de óxido más utilizado. Químicamente se considera como un **óxido de aluminio (Al$_2$O$_3$)** y se extrae principalmente del procesamiento químico-industrial de la bauxita.

La utilidad de la alúmina se deriva de una variedad de sus propiedades físicas y químicas. En general tiene una temperatura de fusión elevada de 2.072 °C, y es químicamente muy estable y poco reactivo, lo que lleva a aplicaciones como componentes para soportar temperaturas elevadas, sustratos de catalizador e implantes biomédicos.

La dureza, fuerza y resistencia a la abrasión de la alúmina se encuentran entre las más elevadas para los óxidos, lo que la hace útil para materiales abrasivos, cojinetes y herramientas de corte.

La resistencia eléctrica de la alúmina es elevada, por lo que se utiliza pura y como componente en aislantes y componentes eléctricos.

La alúmina tiene una excelente transparencia óptica y, junto con aditivos como el cromo y el titanio, es importante como piedra preciosa (zafiros y rubíes).

En resumen:

- Es dura y resistente al desgaste.
- Tiene excelentes propiedades dieléctricas.
- Es resistente al ataque de ácidos y álcalis fuertes a temperaturas elevadas.
- Tiene buena conductividad térmica.
- Tiene resistencia elevada y rigidez.
- Disponible en rangos de pureza desde el 94%, una composición fácilmente metalizable, hasta el 99,8% para las aplicaciones a temperaturas elevadas más exigentes.
- Excelente resistencia a la corrosión.
- Buena estabilidad térmica.
- Bajo coeficiente de dilatación térmica.

Tabla 2. Propiedades físicas de la alúmina.

PROPIEDADES	VALORES
Punto de fusión	2.072 °C
Punto de ebullición	2.977 °C
Resistividad eléctrica	10,10 Ωm
Dureza	9 en la escala de Mohs
Resistencia mecánica	340 MPa
Resistencia a compresión	2.000 MPa
Conductividad térmica	20 a 30 W/mK
Masa molecular	101,96 g/mol
Densidad	3,96 g/cm^3

2.2. ALEACIONES DE ALUMINIO

Hace 69 años, la Asociación del Aluminio de América (AA) estableció el sistema de designación de aleaciones forjadas a través de su Comité Técnico sobre Normas de Productos (TCPS), que fue adoptado en los Estados Unidos de América en 1954 [9,10].

Tres años más tarde, el sistema fue aprobado como Estándar Nacional Estadounidense H35.1. Este sistema de designación fue adoptado oficialmente por los Signatarios Internacionales de la Declaración de Acuerdo en 1970 y se convirtió en un sistema de designación internacional. En el mismo año, el Comité de Normas H35 sobre aleaciones de aluminio fue autorizado por el Instituto Nacional Estadounidense de Normas (ANSI), y la Asociación actuó como Secretaría. Desde entonces, la Asociación se ha erigido como la principal organización en establecimiento de estándares para la industria mundial del aluminio.

El sistema de registro de aleaciones está actualmente gestionado por el TCPS de la Asociación. Todo el proceso, desde el registro de una nueva aleación hasta la asignación de una nueva designación, transcurre entre 60 y 90 días. Cuando el sistema actual se desarrolló originalmente en 1954, la lista incluía 75 composiciones químicas únicas. Hoy en día, hay más de 530 composiciones activas registradas y ese número sigue creciendo. Eso indica cuán versátil y ubicuo se ha vuelto el aluminio en nuestro mundo moderno.

El aluminio puro es dúctil y maleable. Para aplicaciones donde se requiera mayor resistencia y dureza es necesario alearlo con otros elementos, siendo clasificadas estas aleaciones en dos categorías [11,12].

2.2.1. ALEACIONES NO TRATABLES TÉRMICAMENTE

Son aquellas que, de acuerdo con su diagrama de equilibrio, no se pueden modificar sus estructuras metalúrgicas, mediante tratamientos térmicos. Sus características mecánicas dependen de las distintas formas de laminación o estirado y de recocidos intermedios o finales, si es necesario. Su dureza está caracterizada por el estado H o acritud, que es el endurecimiento obtenido por deformación plástica en frío que produce un aumento de las características mecánicas y de la dureza del material. Se produce simultáneamente una disminución de su capacidad de deformación y una pérdida de maleabilidad. Este efecto es mucho más marcado cuanto mayor es la deformación sufrida o cuanto más elevada es la tasa de acritud. También depende de la composición del metal. El endurecimiento por acritud es un fenómeno que se produce en cualquiera de los modos de deformación utilizados: laminado, estirado, plegado, martilleado, cintrado (curvatura en forma de bóveda o arco), embutido, entallado, etc.

A este grupo pertenecen, según la Asociación del Aluminio de América (AA), las siguientes aleaciones:

1 x x x Al (pureza no inferior al 99,99%)

3 x x x Al-Mn, Al-Mn-Mg

5 x x x Al-Mg

8 x x x Al-Sn, Al-Ni-Fe, Al-Fe-Si

Otras como 7072 y algunas Al-Si tales como las 4043 y 4343, que se caracterizan por:

- Resistencia mecánica baja y media.

- Buena soldabilidad.

- Buena elaboración.

- Elevada resistencia a la corrosión.

La acritud (H)

La primera cifra que sigue a la H indica la variación específica de las operaciones básicas del proceso según:

H1: Acritud solamente. Las características mecánicas se consiguen mediante un último proceso de deformación en frío.

H2: Acritud y recocido parcial. Las características mecánicas se obtienen mediante un tratamiento térmico final. Por lo general, este estado presenta mayor alargamiento que un H1 con la misma resistencia.

H3: Acritud y estabilizado. Aplicado a los semiproductos que son endurecidos por deformación plástica en frío y cuyas características mecánicas han sido estabilizadas posteriormente por un tratamiento térmico a baja temperatura. La estabilización generalmente disminuye la resistencia mecánica y aumenta la ductilidad. Esta denominación es únicamente aplicable a aquellas aleaciones que si no son estabilizadas sufren un ablandamiento a temperatura ambiente, como las de AlMg.

El dígito que sigue a las designaciones H1, H2 y H3 hace referencia a las características mecánicas del semiproducto:

HX2: Estado 1/4 duro. Su resistencia a la tracción se encuentra aproximadamente a la mitad entre la del estado recocido y la del semiduro.

HX4: Estado semiduro. Su resistencia a la tracción se encuentra aproximadamente a la mitad entre la del estado recocido y la del duro.

HX6: Estado 3/4 duro. Su resistencia a la tracción se encuentra aproximadamente a la mitad entre la del estado semiduro y la del duro.

HX8: Estado duro. Tiene el máximo grado de acritud generalmente utilizado.

HX9: Estado extraduro. Su resistencia a la tracción excede a la del estado duro.

Los dígitos impares indicarán estados cuya resistencia a la tracción es la media de las correspondientes a los estados de dígitos pares adyacentes.

La primera cifra (x) en la subdivisión del estado H. Las siguientes tres cifras a la letra H sirven para todas las aleaciones forjables:

H (x)11: Aplicado a los semiproductos que después de un recocido final mantienen un endurecimiento por deformación en frío que impide calificarlo como un estado recocido (O), pero no lo suficiente como para calificarlo como H(x)1. Ejemplo: El endurecimiento alcanzado por un enderezado por tracción controlada se denomina H111 (alargamiento de un 1% aproximadamente).

H112: Aplicado a los semi-productos que pueden adquirir algún endurecimiento por deformación a elevada temperatura y por el cual hay unos límites de características mecánicas.

H113: Aplicado a las chapas que después de un recocido final, mantienen un endurecimiento por deformación en frío que impide calificarlo como un estado recocido (O), pero no lo suficiente como para calificarlo como H(x) (el alargamiento es de un 3% aproximadamente).

El tratamiento en frío, mediante deformación, sirve para producir un estado de acritud con el fin de mejorar las características mecánicas.

Después del endurecimiento por acritud es posible recuperar o restaurar la aptitud a la deformación de un metal agrio por un tratamiento de «recocido» (O). Este tratamiento se efectúa a una temperatura superior a 300 ºC. La dureza y las características mecánicas de este metal comienzan a disminuir lentamente, esto es la «restauración» del material para finalmente obtener un valor mínimo correspondiente a las características mecánicas del metal en estado natural.

En la figura 5 se puede observar cómo, mediante un tratamiento térmico de recocido, es factible recuperar las microestructuras y el nivel de propiedades que se originan en la deformación en frio que aumenta la resistencia mecánica (dureza H), disminuye la maleabilidad (m) y la conductividad eléctrica (Ω). Al aplicar el recocido de recristalización y como consecuencia de la regeneración de la estructura granular, se incrementa la maleabilidad y la conductividad disminuyendo su dureza.

RECOCIDO DE RECRISTALIZACIÓN

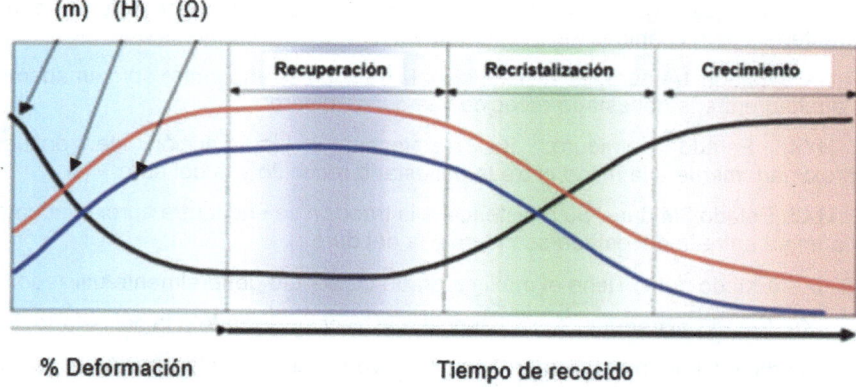

Figura 5. Recocido total, solo para productos de forja (O).

En el recocido se produce una modificación de la textura y del tamaño de grano del metal que es posible observar por microscopio óptico de 50 aumentos, figura 6 A, B, C, D, E y F. La textura evoluciona de una estructura laminar a otra completamente cristalizada.

El aumento del tamaño del grano, por encima de un valor alrededor de 100 micrómetros, reduce la capacidad de deformación de las aleaciones de aluminio.

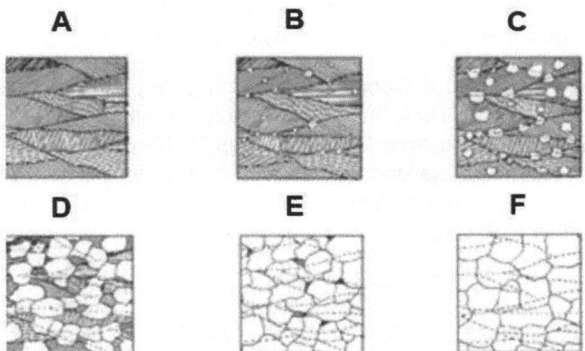

Figura 6. Micrografías representativas del recocido de recristalización.

Los recocidos para la aleación AA 5083-O se realizan en el intervalo entre 345 y 380 °C, con una duración de 30 a 120 minutos.

Durante la fase de recristalización y en el momento del recocido, el tamaño de grano es susceptible de crecer. Este efecto se pone de manifiesto durante un conformado, lo que se observa en la figura 6.

2.2.2. ALEACIONES TRATABLES TÉRMICAMENTE

Son aquellas que, de acuerdo con su diagrama de equilibrio, se pueden modificar sus estructuras metalúrgicas, mediante tratamientos térmicos.

A este grupo pertenecen, según la Asociación del Aluminio de América, las siguientes aleaciones:

2 x x x   Al-Cu

4 x x x   Al-Si

6 x x x   Al-Mg-Si

7 x x x   Al-Zn

En las soldaduras efectuadas con este grupo de aleaciones, la zona más crítica es la de fusión parcial, ya que frecuentemente aparecen composiciones eutécticas y segregaciones en límites de grano con posibles agrietamientos.

Se mejoran las propiedades por endurecimiento por precipitación natural y artificial.

Aplicable a:

- Al-Cu-Mg, Al-Cu-Si, Al-Cu-Mg-Si (AA 2xxx)

- Al-Mg-Si (AA 6xxx)

- Al-Si-Mg, Al-Si-Cu, Al-Si-Mg-Cu (AA 3xxx)

- Al-Zn-Mg, Al-Zn-Mg-Cu (AA 7xxx)

- Alclad (Marca comercial Alcoa, aumenta resistencia a la corrosión superficial, similar al aluminio puro e interiormente más resistente).

Las aleaciones de la serie 6xxx contienen Si y Mg aproximadamente en las proporciones requeridas para la formación del siliciuro de magnesio (Mg_2Si), de modo que las hace que puedan ser tratadas térmicamente. Se puede producir calentando dióxido de silicio, SiO_2, que se encuentra en la arena con exceso de magnesio. El proceso primero forma silicio metálico y óxido de magnesio y, si se usa un exceso de SiO_2, se forma silicio elemental:

$$2\ Mg + SiO_2 \rightarrow 2\ MgO + Si \qquad \textbf{(2.1.)}$$

Si hay un exceso de Mg, se forma Mg_2Si a partir de la reacción del magnesio restante con el silicio:

$$2\ Mg + Si \rightarrow Mg_2Si \qquad \textbf{(2.2)}$$

Estas reacciones proceden de forma exotérmica, incluso explosiva.

El siliciuro de magnesio se utiliza para crear aleaciones de aluminio de la serie 6000, que contienen hasta aproximadamente un 1,5% de Mg_2 Si. Una aleación de este grupo puede endurecerse por envejecimiento para formar zonas Guinier-Preston y un precipitado muy fino, lo que resulta en una mayor resistencia de la aleación. Las aleaciones de la familia 6000, tales como la 6005 A, 6060, 6061, 6063, 6082, 6101, 6351, pueden ser templadas inmediatamente a la salida de la prensa por enfriamiento al aire soplado o por una ducha de agua. A la salida de la prensa (alrededor de 530 ºC aprox.), los perfiles están a una temperatura superior a la de la precipitación. Los productos así templados pueden ser utilizados en el estado designado como T1 o sufrir un revenido después del temple sobre la prensa.

Esta forma de proceder presenta diversas ventajas:

- Suprime el calentamiento para la puesta en solución.

- Reduce el riesgo de formación de tamaño de grano en la zona cortical, muy corroída por la extrusión.

- Conserva una textura no recristalizable, por lo tanto, se consiguen mejores características mecánicas.

- Evita les deformaciones geométricas.

Aunque no son tan resistente como la mayoría de las aleaciones de 2xxx y 7xxx, las aleaciones de la serie 6xxx tienen buena conformabilidad por deformación, soldabilidad, fácil mecanización y extrusión, resistencia a la corrosión y una resistencia mecánica media. Las aleaciones este grupo tratables térmicamente pueden ser obtenidas en el estado T4 (tratamiento térmico de solución y envejecimiento natural) y reforzadas después hasta lograr sus propiedades completas en el estado T6 por tratamiento térmico de precipitación. Sus aplicaciones comprenden usos arquitectónicos, cuadros de bicicletas, equipos transportables, pasamanos de puentes, y estructuras soldadas.

Designación de los estados metalúrgicos del aluminio:

- F - Estado bruto de fabricación.

- O - Recocido.

- T - Tratamiento térmico de endurecimiento estructural, la T estará siempre seguida por uno o más dígitos.

- T1 - Enfriado desde el conformado en caliente y maduración natural hasta la obtención de un estado de tratamiento estable.

- T2 - Enfriado desde el conformado en caliente, acritud y maduración natural.

- T3 - Tratamiento térmico de solución, temple, acritud y maduración natural.

- T4 - Tratamiento térmico de solución, temple y maduración natural.

- T5 - Tratamiento térmico de temple desde el conformado en caliente y maduración artificial.

- T6 - Tratamiento térmico de solución, temple y maduración artificial.

- T7 - Tratamiento térmico de solución, temple y sobresaturación/estabilizado.

- T8 - Tratamiento térmico de solución, temple, acritud y maduración artificial.

- T9 - Tratamiento térmico de solución, temple, maduración artificial y acritud.

- T10 - Enfriamiento desde un proceso de conformado a temperatura elevada, acritud y maduración artificial.

- W: Tratamiento térmico de solución y temple. Es un estado aplicado únicamente a las aleaciones que maduran espontáneamente a temperatura ambiente después del tratamiento a solución y temple. Este estado solo se utilizará cuando se indica el tiempo del madurado natural. Por ejemplo, W 1/2 hora.

Los diferentes estados de tratamiento para todas las aleaciones de forja se designan de la siguiente forma:

- F: Bruto de fabricación

Se aplica a los productos resultantes de un proceso de conformado en el que no se emplea ningún medio de control particular de las condiciones térmicas y de la acritud.

- O: Recocido

Se aplica a los productos que son recocidos con el fin de conseguir el estado menor de resistencia mecánica. Presenta las siguientes subdivisiones:

O1: Recocido a temperatura elevada y enfriamiento lento. Se aplica a los productos resultantes que son tratados térmicamente durante un tiempo aproximado y a la misma temperatura de los requeridos en un tratamiento de solución, enfriando posteriormente a la temperatura ambiente, con objeto de mejorar su respuesta a la inspección por ultrasonidos y/o mejorar su estabilidad dimensional. Se utiliza en productos que tienen que ser mecanizados con anterioridad al tratamiento de solución. No se establece ningún límite para las propiedades mecánicas.

O2: Sometido a tratamiento termomecánico. Se aplica a los productos de forja sometidos a un tratamiento termomecánico especial que deben someterse a un conformado superplástico con anterioridad al tratamiento de solución.

O3: Homogeneizado Se aplica a los alambrones y a la banda de colada continua, que son sometidos a un tratamiento de difusión a temperatura elevada a fin de eliminar las segregaciones, mejorando así la aptitud para el conformado o la respuesta para el tratamiento de solución y temple.

2.3. ALEACIÓN AA 5083

La aleación 5083 pertenece a las aleaciones no tratables térmicamente. El magnesio es el principal agente de aleación de la serie 5xxx y es uno de los elementos de aleación más efectivos y ampliamente utilizados para el aluminio. Las aleaciones de esta serie poseen características de resistencia moderada a elevada, así como buena soldabilidad y resistencia a la corrosión en el ambiente marino. Debido a esto, las aleaciones de aluminio y magnesio se usan ampliamente en la construcción, tanques de almacenamiento, recipientes a presión y aplicaciones marinas. Contiene entre el 4 y el 4,9% de Magnesio, tiene unas características mecánicas más elevadas pero una aptitud a la deformación más limitada que la aleación que contiene entre el 2,6 y el 3,6% de Magnesio.

Composición química

De acuerdo con las normas de la AA, la composición química típica de la aleación AA 5083, medida en % en peso, es la siguiente: P.S. (Por Separado).

Tabla 3. Composición química de la aleación AA 5083.

%	Si	Fe	Cu	Mn	Mg	Cr	Zn	Ti	Otros	Al
Mínimo				0,40	4,00	0,05				
Máximo	0,4	0,5	0,10	1,00	4,90	0,25	0,25	0,15	P.S. 0,05 Total 0,15	Resto

Nota: Total 0,15 incluye el contenido de Ti.

Propiedades físicas más relevantes a 20 ºC

Tabla 4. Propiedades físicas de la aleación AA 5083.

Módulo elástico (MPa)	Peso específico (kg/m³)	Intervalo de fusión (ºC)	Coeficiente de dilatación lineal (10^{-6} ºC)	Conductividad térmica (W/m K)	Resistividad eléctrica ($\Omega \cdot m$)	Conductividad eléctrica (S/m)
71.000	$2,66 \times 10^3$	580-640	22,3	117	$2,82 \times 10^{-8}$	$3,5 \times 10^7$

Los valores de estas magnitudes dependen de la composición de la aleación en los límites, y las conductividades eléctrica y calorífica dependen, además, del estado reticular. Por cuanto hay que contar con la aparición de estructuras eutécticas, a consecuencia de la licuefacción, se da sólo la temperatura de solidificación como límite inferior.

Otras magnitudes dependen de la temperatura. El coeficiente de dilatación térmica varía de la siguiente forma, con ella:

Tabla 5. Variación del coeficiente de dilatación térmica en función de la temperatura.

Intervalo de temperaturas (ºC)	-50 a 20	20 a 100	20 a 200	20 a 300
Coeficiente de dilatación térmica (10^{-6} ºC^{-1})	22,3	24,2	25,0	26,0

Una de las principales dificultades, relacionada con sus aplicaciones criogénicas, es la contracción térmica sufrida por el material, entre la temperatura ambiente y la temperatura de servicio (-163 ºC), que produce un acortamiento de unos 34 mm por cada 10 m de longitud, lo que debe tenerse en cuenta para realizar un diseño adecuado. El calor específico aumenta de modo continuo en estado sólido, desde el valor nulo a 0 K, hasta un máximo a la temperatura de fusión. La influencia de los elementos de aleación no es excesivamente grande. Puesto que el calor atómico para todos los sólidos es aproximadamente igual, y alcanza unos 25 J/mol K a 20 ºC, se puede decir, en general, que la adición de elementos con masa atómica relativa superior a la del aluminio rebaja el calor específico, y al revés.

La conductividad eléctrica es una propiedad que depende, en gran medida. de la estructura y también de la temperatura, por lo que está muy influenciada por los constituyentes de la aleación, las impurezas y el estado de la estructura. En general, puede decirse que los elementos disueltos disminuyen la conductividad eléctrica muchísimo más que los precipitados. La mayor contribución a la conductividad calorífica es, como en el caso de la conductividad eléctrica, la de los electrones libres.

Uno de los parámetros más importantes, a considerar en la soldabilidad, es la conductividad calorífica. Así, el calor requerido para fundir un volumen de aluminio

es más bajo que el requerido para fundir un volumen igual de acero al carbono, por lo que la alta conductividad térmica del aluminio hace necesario suministrar mayor cantidad de calor de soldadura a la junta que la requerida para acero al carbono. La elevada conductividad calorífica da lugar a un elevado campo de enfriamiento, en la ZAC (zona afectada por el calor), y sus áreas adyacentes, que minimiza la anchura de ésta.

En cuanto a su comportamiento en un campo magnético, podemos afirmar que el aluminio es diamagnético, aunque se le puede considerar como débilmente paramagnético. La susceptibilidad específica alcanza, a la temperatura ambiente, el valor aproximado de $7,7 \times 10^{-9}$ m^3/kg. Los valores para las aleaciones de aluminio se hallan en el mismo orden de magnitud. En particular las adiciones de Fe, tienen una acción escasa, porque éste se presenta siempre en las aleaciones de aluminio en la forma de fase paramagnética, como $FeAl_3$.

Propiedades mecánicas a 20 °C

Tabla 6. Propiedades mecánicas típicas en función del estado de fabricación.

Estado	Carga de rotura (MPa)	Límite elástico $R_{p0,2}$ (MPa)	Alargamiento A5,65 (%)	Límite de fatiga (MPa)	Resistencia a cizalladura (MPa)	Dureza Brinell (HB)
O-H111	300	145	23	250	175	70
HX2	330	240	17	280	185	90
HX4	360	275	16	280	200	100
HX5	380	305	10	---	210	105
HX8	400	335	9	---	220	110
HX9	420	370	5	---	230	115

La distancia entre las marcas después de la rotura es 5,65 cm

Propiedades mecánicas en función de la temperatura

Tabla 7. Propiedades mecánicas típicas en función de la temperatura.

Estado	-195 °C			-80 °C			-30 °C			25 °C		
	Rm	Rp0,2	A5,65	Rm	Rp0,2	A5,65	Rm	Rp0,2	A5,65	Rm	Rp0,2	A5,65
O	405	165	36	295	145	30	290	145	27	290	145	25

Estado	150 °C			200 °C			260 °C			315 °C		
	Rm	Rp0,2	A5,65	Rm	Rp0,2	A5,65	Rm	Rp0,2	A5,65	Rm	Rp0,2	A5,65
O	215	130	50	150	115	60	115	75	80	75	50	110

Rm= Carga de rotura (MPa), Rp0,2= Límite elástico (MPa), A5,65 en %. Nota: La distancia entre las marcas después de la rotura es 5,65 cm

Tratamientos:

Intervalo de temperatura de forja: 350 a 480 °C.

Recocido total: de 30 minutos a 2 horas entre 345 a 380 °C.

Recocido parcial: 240 °C

Propiedades elásticas:

Para el módulo de elasticidad, o módulo de Young, del aluminio y de sus aleaciones se utiliza, en general, el valor redondeado de 71 GPa, siendo su dependencia aproximada con la temperatura la siguiente:

Tabla 8. Variación del módulo de Young en función de la temperatura.

Temperatura (°C)	-196	-85	-29	24	100	142	204	260
Relación (%)	112	105	102	100	98	95	90	80

Valor a 24 °C (297 K) = 100% según Alcoa.

El módulo de cizallamiento se halla situado entre 22 y 28 GPa.

El coeficiente de Poisson es $\nu = 0,34$

Propiedades amortiguadoras:

Sobre la capacidad de amortiguamiento del Al, frente a vibraciones mecánicas, existen pocos datos estadísticos. En la investigación metalúrgica se utiliza el amortiguamiento como indicador para conocer los cambios estructurales. Como medida amortiguadora se utiliza el decremento logarítmico.

Propiedades anticorrosivas:

La aleación AA 5083 posee buena resistencia a la corrosión en atmósferas marinas. Sin embargo, deberán tomarse ciertas precauciones en su deformación en frío, ya que a temperaturas próximas a 65 °C es sensible a la corrosión bajo tensiones.

Propiedades ópticas:

La reflectividad a la luz en la superficie del aluminio suave es superior al 90% para longitudes de onda $\lambda = 0,9$ a 12,0 µm. Para longitudes de onda inferiores a 0,2 µm, la reflectividad decrece drásticamente al 70%. Reflectividades mayores se obtienen por deposición de vapor, lo que produce una superficie muy suave. Las películas de vapor depositado requieren un espesor mínimo de 10^{-7} m para obtener la reflexión máxima. El poder de reflexión del aluminio disminuye con el aumento de rugosidad. Una superficie de aluminio chorreada con arena produce una reflectividad del 15 al 20% de la de una superficie pulida de la misma composición. La emisividad aumenta con

la temperatura elevando sus valores del 20 al 25% en estado líquido. La emisividad hemisférica total ha sido evaluada al 1% a 180 K, y al 1,8% a 290 K.

Problemas de humedad:

El aluminio y sus aleaciones son, por naturaleza, un metal que se protege a sí mismo de la oxidación. Ante la presencia del oxígeno de la atmósfera, el metal reacciona químicamente y produce casi de inmediato una capa uniforme de **óxido de aluminio**, la alúmina (Al_2O_3), la cual es resistente, no se desprende fácilmente y además es transparente. Sin embargo, cuando el metal está en contacto por tiempo prolongado y suficiente agua, el oxígeno presente en ésta produce una reacción química que genera una capa de **hidróxido de aluminio,** Al $(OH)_3$ de color usualmente blanco, aunque en algunas ocasiones puede ser de color café, negro o mostrar una combinación de tonalidades.

Las manchas por humedad en el aluminio tienen su origen indiscutiblemente en la presencia de agua. Ésta puede estar presente por diversas razones, algunas muy obvias como exposición al agua de lluvia o nieve durante el transporte o almacenamiento, goteras del techo, fugas en tuberías del área de almacenaje, salpicaduras de agua de máquinas o procesos cercanos entre otras. Por ello, es de suma importancia tomar precauciones al empacar, embarcar, transportar, desembarcar y almacenar el aluminio, siempre considerando las previsiones necesarias para evitar el contacto con agua. Estas manchas que aparecen sobre la superficie del aluminio no tienen ningún efecto en las propiedades químicas o mecánicas del aluminio. Sin embargo, algunas veces resultan no convenientes por razones estéticas o de tratamientos superficiales posteriores.

En la aleación AA 5083, la deformación en frío produce un aumento de la resistencia a la tracción y del límite elástico, así como de la dureza; mientras que el alargamiento y la estricción a la rotura disminuyen. Aunque depende de la composición del material, también, se ve modificada por el estado y tipo de la estructura antes de la deformación, y por la velocidad y temperatura de trabajo. Es de destacar que su influencia sobre la resistencia a la corrosión, es muy escasa. Y, también, la conductividad eléctrica varía muy poco debido a ella.

Es importante el concepto de reconstitución, que consiste en que, una vez que se ha sometido a la aleación AA 5083 a un endurecido en frío, y la calentamos a temperaturas entre 120 a 180 ºC, se retrocede a las características mecánicas iniciales, pero se recuperan a valores más elevados, si de nuevo, la sometemos a acritud.

Esta aleación fue desarrollada en USA a principios de 1.950, después de ser ensayada a bajas temperaturas y, visto su comportamiento, se construyeron en USA y Europa algunos cientos de tanques de GNL estacionarios y otros para el transporte por carretera, figuras 7 y 8.

La fabricación de recipientes a presión, tuberías y tanques de almacenamiento es relativamente fácil, debido a la buena soldabilidad del aluminio, frente a la dificultad y cuidados que entrañan los aceros al 9% Ni.

La aleación AA 5083 (Al Mg 4,5 Mn) ha favorecido el amplio desarrollo de los equipos anteriormente citados, es ideal para la construcción de tanques de almacenamiento de GNL (Gas Natural Licuado) para su transporte en buques, por sus buenas características de resistencia y por sus propiedades físicas y mecánicas. La composición y propiedades están estandarizadas, de acuerdo con las normas de todos los países, y existen las de la Aluminun Association of American, (AA) (la más utilizada), ASTM B 209, UNE EN 38336:2.016, UNE EN 485-1:2.017 etc.

La aleación AA 5083 pertenece al grupo de las no tratables térmicamente, y puede presentar distintos estados de tratamiento:

F = Bruto de fabricación

O = Recocido total (solamente productos de forja)

H = Acritud

Figura 7. Tanque estacionario.

Figura 8. Cisterna para transporte por carretera.

En 1.955, las firmas americanas Constock Liquid Methane Corp. y Kaiser Aluminun and Chemical Corporation comienzan a investigar juntas la conveniencia de la aleación AA 5083-O en el campo de la soldadura y tecnologías criogénicas para la construcción de recipientes prismáticos para el transporte marítimo de GNL.

Figura 9. Buque LNG (Methane Pioneer). Fuente: (https://www.marineinsight.com/types-of-ships/methane-pioneer-the-first-lng-ship-in-the-world/).

En Enero de 1.959, se construye el primer buque LNG (Liquid Natural Gas) del mundo, The Methane Pioneer, figura 9, un buque transformado de la serie Liberty de la II Guerra Mundial, conteniendo 5 tanques prismáticos de aleación de aluminio con aislamiento de contrachapado y uretano, que transportó GNL desde Lake Charles (Lousiana) a Canvey Island (Reino Unido).

Después de 5 años de investigaciones, Conch, con la participación de Shell en 1.961, deciden usar planchas de AA 5083-O, y en este mismo año, acuerdan, juntamente con el British Gas Council, la construcción de 2 buques LNG "Methane Princess" y "Methane Progress", con un volumen de carga de 27.400 m³ cada uno. Estos buques fueron construidos en los astilleros de Vickers-Armstrong, Barrow y Harland y Wolf en Belfast y entregados en 1.964, con el soporte técnico de Kaiser (fabricante y suministrador de los productos semifabricados).

Después del sistema Conch, se desarrollaron los sistemas de tanques ESSO, Conch II, Linde y LGA (tanques celulares) y, más tarde, el sistema de tanques esféricos de Moss-Rosenberg, con el cual se construyó en 1.975 el primer buque de 125.000 m³ por Moss-Rosenberg Werft A/S.

Existen cuatro tipos de tanques, en el capítulo 11 se describen sus ventajas e inconvenientes, podemos observar en la Clasificación IMO de buques LNG de la figura 10, siendo actualmente los dos tipos de tanques más usuales, para el transporte marítimo:

Esféricos (diseño de Moss) 18%

De membrana: GTT Group: Gaztransport y Technigaz S.A................. 81%

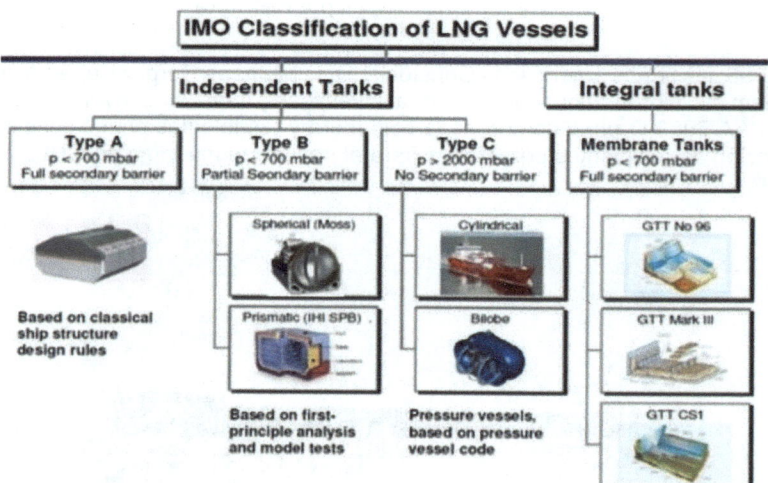

Figura 10. Clasificación IMO (International Maritime Organization) de buques LNG. Fuente: (http://imo.org)

La Organización Marítima Internacional (IMO) es un organismo especializado de las Naciones Unidas que promueve la cooperación entre Estados y la industria de transporte para mejorar la seguridad marítima y para prevenir la contaminación marina (http://imo.org).

Gaztransport & Technigaz S.A. es una multinacional francesa de ingeniería naval con sede en Saint-Rémy-lès-Chevreuse, Francia. Operando como **GTT Group**, la compañía es una organización de ingeniería especializada en sistemas de contención de membrana dedicada al transporte y almacenamiento de Gas Natural Licuado (GNL). La empresa actual se estableció mediante una fusión entre las empresas rivales Gaztransport SA y Technigaz SA en 1994 (http://gtt.fr).

En la década de los 50 del siglo pasado, las empresas europeas buscaban soluciones para transportar gas argelino desde el Sahara a Europa. La idea de un gasoducto en el norte de África se descartó debido a la inestabilidad regional en ese momento y esto condujo al primer auge en el envío de gas por mar en forma de líquido criogénico en buques metaneros. Después de los Acuerdos de Evian en 1962, Francia compró su primer buque LNG, el Jules Verne, para operar en la ruta entre Orán y Francia.

Tanto Gaztransport como Technigaz surgieron como resultado de las innovaciones que tuvieron lugar en este contexto histórico. En 1963 Gazocean, una empresa de propiedad conjunta de Gaz de France y NYK Line , creó una subsidiaria llamada Technigaz responsable del desarrollo de nueva tecnología de transporte de GNL. En 1964, Technigaz solicitó una patente para "paneles de pared para los llamados tanques de membrana", que fue concedida en 1968 y que condujo al desarrollo del sistema de contención Mark I. Entre 1968 y 1979, se construyeron 12 buques LNG utilizando la tecnología Technigaz Mark.

Gaztransport se fundó el 10 de enero de 1966. En 1967, Phillips Petroleum y Marathon Oil , que tenían contratos para importar gas a Japón, hicieron un pedido de 2 buques LNG, Polar Alaska y Arctic Tokyo, que se construyeron en el astillero sueco de Kockums. Estos buques permanecieron en funcionamiento durante 45 años. En 1969 se botó el Polar Alaska, y entre 1969 y 1978, 10 buques más que utilizaron los sistemas de NO desarrollados por Gaztransport. En 1994, Gaztransport se fusionó con Technigaz y Technigaz Shipping para crear Gaztransport & Technigaz. Experto en almacenamiento y transporte marítimo de GNL, GTT ha desarrollado su propio diseño de almacenamiento en tierra: Sistema de integridad total de membrana GST.

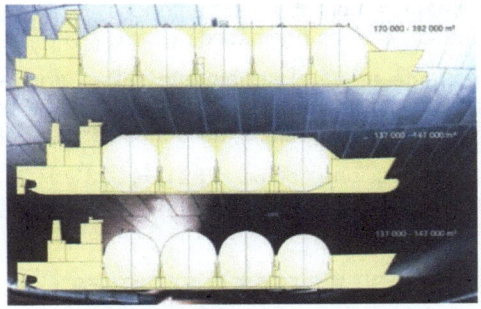

Figura 11. Buques LNG con tanques esféricos. Fuente: Moss Rosenberg Verft.

Figura 12. Buque LNG con tanques de membrana. Fuente:(http://gtt.fr).

Un buque LNG típico puede transportar entre 125.000 a 182.000 m³ de gas natural licuado, lo que equivale de 75 a 110 millones de m³ de gas.

Una tendencia importante en el mercado de GNL es el creciente número de nuevos proyectos de licuefacción. El mercado de gas natural licuado (GNL) ha crecido rápidamente en los últimos años y se espera que continúe haciéndolo en los próximos. La demanda de GNL está impulsada por varios factores, incluida la creciente necesidad de fuentes de energía más limpias, el crecimiento de la producción de gas natural y la expansión del mercado energético mundial [13].

2.3.1. ESTADO ACTUAL Y SUS PERSPECTIVAS FUTURAS

Aunque en la actualidad están desarrolladas las aleaciones AA 5083 H 113 y H 116 para usos navales, sobre todo en el empleo de embarcaciones rápidas tipo Ferrys, se continúan construyendo muy pocos buques criogénicos con tanques esféricos del sistema "Kvaerner-Moss Spherical", que pueden transportar hasta 182.000 m³ de gas natural licuado.

Según el World LNG Report 2.022 de la International Gas Union (IGU), a finales de 2021 había operativos 641 buques LNG, y en construcción para su entrega en 2022 otros 64 buques, de los cuales aproximadamente habrá operativos, a principio de 2023, unos 125 buques con tanques esféricos, 570 buques con tanques prismáticos de membrana y el resto prismáticos y otros [1].

Otro uso muy importante es en el armamento militar, donde se han construido miles de tanquetas rápidas que alcanzan velocidades de 120 Km/hora con AA 5083 H 18. Un desarrollo, para perfiles extruidos, es la aleación AA 5083 H 111.

Existen también otras aleaciones como H 321, H 323 y H 343, con aplicaciones más específicas, y que no trataremos en el presente libro.

2.3.2. NUEVAS TENDENCIAS EN OTRAS ALEACIONES

AA 5383: Desarrollada en 1.995 por Pechiney Rhenalu de Francia. Es una modificación de la AA 5083 y los componentes modificados son:

a) Aumentos de Mg, Zn y Cu.

b) Disminución de Si y Fe.

c) Añadido de Zr.

AA 5059: Ha sido desarrollada por Corus Research, Development and Technology en 1.997, en su planta de Koninklijke Hoogovens, en Koblenz (Alemania), y denominada como "alustar". Hay dos tipos:

- para chapas: H 321.

- para perfiles extruidos: H 116

Aportaciones de la aleación "alustar":

1ª) Aumento de un 25% de la carga de rotura y límite elástico.

2ª) Mejora la resistencia a la fatiga.

3ª) Mejora en la resistencia a la corrosión.

4ª) Reducción de peso estructural

Tabla 9. Comparación de las aleaciones usadas en chapas.

Elemento aleación	AA 5083	AA 5383	AA 5059 ("alustar")
Si (%)	≤ 0,40	≤ 0,25	≤ 0,50
Fe (%)	≤ 0,40	≤ 0,25	≤ 0,50
Cu (%)	≤ 0,10	≤ 0,20	≤ 0,40
Mn (%)	0,40-0,10	0,70-1,00	0,60-1,20
Mg (%)	4,00-4,90	4,00-5,20	5,00-6,00
Cr (%)	0,05-0,25	≤ 0,25	≤ 0,30
Zn (%)	≤ 0,25	≤ 0,40	0,40-0,50
Ti (%)	≤ 0,15	≤ 0,15	≤ 0,20
Zr (%)	----------	≤ 0,20	0,05-0,20
Al (%)	Resto	Resto	Resto

2.4. LA ALEACIÓN AA 6082 T6

La aleación AA 6082 pertenece al grupo de las aleaciones de forja de aluminio tratables térmicamente (Aleaciones Aluminio-Magnesio-Silicio serie 6xxx). Los componentes principales de las aleaciones son el magnesio y el silicio para formar $Mg_2 Si$. Hay a menudo un corrector férrico como el manganeso o el cromo, y ocasionalmente pequeñas cantidades de cobre o zinc para aumentar la resistencia mecánica, sin pérdida substancial de la resistencia a la corrosión; el boro en conductores para remover el titanio y el vanadio; el zirconio o titanio para controlar el tamaño de grano. El plomo y el bismuto se añaden algunas veces para aumentar la

maquinabilidad, pero son menos efectivos en las aleaciones sin magnesio. La proporción apropiada para Mg_2 Si es Mg/Si = 1,73, pero esto es casi imposible para lograr unas tolerancias ordinarias de operación; así que la mayoría de las aleaciones tienen un exceso de magnesio o de silicio. El exceso de magnesio conduce a mejorar la resistencia a la corrosión, pero la resistencia mecánica y formabilidad son más bajas; el silicio en exceso produce resistencia mecánica mayor sin pérdida de formabilidad y soldabilidad, pero puede inducir alguna tendencia a la corrosión intergranular.

La estructura de las aleaciones es relativamente simple: el principal constituyente es el Mg_2 Si, el cual en la condición de térmicamente tratada está en solución y al que se debe el endurecimiento por maduración o envejecimiento después del envejecimiento artificial. Si están presentes suficiente cobre y silicio, puede ser reemplazado al menos parcialmente por Cu_2 Mg_8 Si_6 Al_5, el cual producirá algún endurecimiento también con envejecimiento natural. El hierro se puede presentar como $FeAl_3$, $FeAl_6$, Fe_2SiAl_8 o $FeMg_3Si_6Al_8$ en aleaciones sin manganeso y cromo; en aleaciones que llevan manganeso y cromo se combina con ellos. El zinc está en solución sólida; el boro, el titanio y el zirconio son raramente añadidos en suficientes cantidades para producir compuestos visibles. **Su buena extrusión y mecanizado, le hace ideal para la fabricación de perfiles.**

Composición química

Tabla 10. Composición química.

%	Si	Fe	Cu	Mn	Mg	Cr	Zn	Ti	Otros	Al
Mínimo	0,7			0,40	0,60					
Máximo	1,3	0,5	0,10	1,00	1,20	0,25	0,20	0,10	0,05 Total 0,10	Resto

Propiedades mecánicas típicas a 20 °C

Tabla 11. Propiedades mecánicas de diferentes estados a 20 °C.

Estado	Carga de rotura (MPa)	Límite elástico $R_{p0,2}$ (MPa)	Alargamiento A5,65 (%)	Límite de fatiga (MPa)	Resistencia a cizalladura (MPa)	Dureza Brinell (HB)
O	130	60	27	120	85	35
T1	260	170	24	200	155	70
T4	260	170	19	200	170	70
T5	325	275	11	210	195	90
T6	340	310	11	210	210	95

La distancia entre las marcas después de la rotura es 5,65 cm

Propiedades físicas típicas T6 a 20 °C

Tabla 12. Propiedades físicas a 20°C.

Módulo elástico (MPa)	Peso específico (g/cm³)	Intervalo de fusión (°C)	Coeficiente de dilatación lineal (10⁻⁶ K)	Conductividad térmica (W/m K)	Resistividad eléctrica (μΩ cm)	Conductividad Eléctrica (% IACS)
70.000	2,71	575-650	23,1	172	3,9	44

100% IACS = 58 MS/m

Propiedades mecánicas en función de la temperatura

Tabla 13. Propiedades mecánicas en función de la temperatura.

Estado	-195 °C			-80 °C			-30 °C			+25 °C		
	Rm	Rp0,2	A5,65	Rm	Rp0,2	A5,65	Rm	Rp0,2	A5,65	Rm	Rp0,2	A5,65
T6	395	330	16	330	290	13	315	280	12	315	280	12

Estado	+150 °C			+205 °C			+260 °C			+315 °C		
	Rm	Rp0,2	A5,65	Rm	Rp0,2	A5,65	Rm	Rp0,2	A5,65	Rm	Rp0,2	A5,65
T6	240	220	17	130	105	28	50	35	60	30	18	80

Rm= Carga de rotura (MPa), Rp0,2= Límite elástico (MPa), A5,65 en %. Nota: La distancia entre las marcas después de la rotura es 5,65 cm

Tratamientos

Tabla 14. Tipos de tratamientos (T4 y T6).

Estado	Tratamiento de puesta en solución °C	Temple	Maduración artificial a temperatura y horas	Maduración natural
T4	530 ± 5°C	Agua a 40 °C		8 días mínimo
T6	530 ± 5°C	Agua a 40 °C	8 h a 175 ± 5 °C ó 6 h a 185 ± 5 °C	

Intervalo de temperatura de forja: 350 a 500 °C.

Recocido total: 420 °C, con enfriamiento lento hasta 250 °C.

Recocido contra acritud: 340 °C.

2.5. ALEACIONES DE ALUMINIO USADAS EN LOS VAPORIZADORES

Las aleaciones de aluminio usadas en los componentes de los vaporizadores, tubos, placas y aletas, pertenecen a las series: AA 3xxx y AA 5xxx

Serie AA 3xxx

El elemento de aleación más importante de la serie 3xxx es el manganeso. Estas aleaciones son generalmente no tratables térmicamente, pero tienen cerca de un 20% más de resistencia que las aleaciones de la serie 1xxx. Debido a que solo se adiciona efectivamente un porcentaje limitado de manganeso (hasta cerca del 1,5%) al aluminio, el manganeso sólo se utiliza como elemento más importante en algunas aleaciones solamente. Sin embargo, tres de ellas, 3003, 3004 y 3105 se utilizan ampliamente para propósitos generales en aplicaciones de moderada resistencia pero que requieren facilidad de trabajado. Sus aplicaciones incluyen latas de bebida, utensilios de cocina, intercambiadores de calor, tanques de almacenamiento, muebles, señales de carreteras, material para cubiertas o tejados, y usos arquitectónicos.

Las aleaciones más utilizadas de esta serie en las plantas gasificadoras son:

1. AA 3003: Tubos de radiadores soldados, evaporadores, enfriadores de aceite y líneas de aire acondicionado.

2. AA 3004: Paneles interiores y componentes.

3. AA 3005: Aletas de radiadores, calentadores y evaporadores.

4. AA 3102: Tubos extruidos de condensadores.

ALEACIÓN AA 3003

Como resultado de sus propiedades de resistencia a la corrosión, la serie AA 3xxx de aleaciones de aluminio se usa comúnmente en ambientes húmedos como aires acondicionados, refrigeradores y vaporizadores.

Las chapas de aluminio de la serie 3000 es aproximadamente un 20% más resistente que la de la serie 1000, tiene una gran facilidad de trabajo y pueden ser embutidas, trefiladas o soldadas. Las aleaciones más usadas son: AA 3003, AA 3004, AA 3005, AA 3102 y AA3105, en los estados: O, H14, H18, H24, H26, H111, H112 y F.

El aluminio tipo 3003 se considera la aleación de aluminio más popular debido a su resistencia moderada, buena trabajabilidad y resistencia razonable a la corrosión. Sobresale en muchas aplicaciones, tantas que se conoce como una aleación de "uso general", se usa habitualmente en los tubos de los evaporadores.

Chapas de la aleación AA 3003 y sus características:

- Estado: H14, H16, H18, H22, H24, H26, O.

Composición química

Tabla 15. Composición química de la aleación AA 3003.

%	Si	Fe	Cu	Mn	Zn	Otros	Al
Mínimo			0,05	01,0			
Máximo	0,60	0,70	0,20	1,50	0,1	0,15	Resto

Propiedades mecánicas

Las resistencias a la fluencia y última son vitales para especificar un material y representan la cantidad máxima de tensión en ciertos puntos del proceso de deformación. El límite elástico de tracción para la aleación de aluminio 3003 es de 186 MPa y la resistencia máxima es de 200 Mpa, lo que hace que el aluminio 3003 sea un material moderadamente resistente. El límite elástico se usa más comúnmente porque define la cantidad máxima de tensión antes de la deformación plástica (o permanente), que es una restricción necesaria para aplicaciones estáticas (estructuras, arquitectura, etc.). La resistencia última es la cantidad máxima de tensión alcanzada durante la deformación plástica, y es útil en ciertos casos, cuando corresponda.

Tabla 16. Propiedades mecánicas de la aleación AA 3003.

Propiedades mecánicas	Valores
Resistencia a la tracción	200 MPa
Límite elástico	186 MPa
Resistencia a cizalladura	110 MPa
Módulo de elasticidad	68,9 GPa

Serie AA 5xxx

El principal elemento de las aleaciones de la serie 5xxx es el Mg. Cuando se utiliza como elemento principal o con Mn, el resultado es una aleación de moderado a endurecimiento elevado por deformación. El Mg es más eficaz que el Mn como endurecedor, ya que alrededor del 0,8% de Mg es igual que 1,25% de Mn, y puede añadirse en cantidades considerablemente más altas.

Poseen buena soldabilidad y buena resistencia a la corrosión en atmósferas marinas. Sin embargo, se deben poner ciertas limitaciones en el grado de deformación en frío permisible, y en asegurar las temperaturas de servicio para las aleaciones de mayor proporción de Mg (sobre el 3,5% Mg para temperaturas de servicio de 65 °C) para evitar la corrosión bajo tensión. Su empleo comprende botes y barcos, tanques criogénicos; piezas de grúas y estructuras móviles. Las aleaciones más utilizadas de esta serie en las plantas gasificadoras son:

a) AA 5083: Paneles interiores y componentes.

b) AA 5052: Aletas de evaporadores.

Soldabilidad de las aleaciones de aluminio usadas en los vaporizadores

La tabla 17 nos indica la facilidad o limitación a su soldadura de las aleaciones de aluminio NTT (No Tratables Térmicamente).

Tabla 17. Soldabilidad de las aleaciones de aluminio no tratables térmicamente.

	Oxigas	Arco con fundente	Arco con gas	Resistencia	Presión	Soldeo fuerte	Soldeo blando
AA 1060	A	A	A	B	A	A	A
AA 1100	A	A	A	A	A	A	A
AA 1350	A	A	A	B	A	A	A
AA 3003	A	A	A	A	A	A	A
AA 3004	B	A	A	A	B	B	B
AA 5005	A	A	A	A	A	B	B
AA 5050	A	A	A	A	A	B	B
AA 5052	A	A	A	A	B	C	C
AA 5652	A	A	A	A	B	C	C
AA 5083	C	C	A	A	C	X	X
AA 5086	C	C	A	A	B	X	X
AA 5154	B	B	A	A	B	X	X
AA 5254	B	B	A	A	B	X	X
AA 5454	B	B	A	A	B	X	X
AA 5456	C	C	A	A	C	X	X

A: Fácilmente soldable.

B: Soldable en la mayoría de las aplicaciones. Puede requerir técnicas especiales.

C: Soldabilidad limitada.

X: Proceso no recomendado.

ALEACIÓN AA 5052

Aleación con resistencia mecánica media, resistencia elevada a la corrosión, particularmente al agua de mar, conformado fácil y buena soldabilidad. Contiene Mg como el elemento primario de aleación. Es una aleación no tratable térmicamente que ofrece buena trajabilidad y soldabilidad, una resistencia a la fatiga de media a elevada y muy buena resistencia a la corrosión, particularmente en agua de mar. Entre sus aplicaciones figuran tuberías para intercambiadores de calor, recipientes a presión, componentes marinos, contenedores, arquitectura, etc. Puede mecanizarse fácilmente con un temple duro y conformarse a temperatura ambiente. Sin embargo, el trabajo en frío consecutivo tiende a reducir la conformabilidad de la aleación, puede endurecerse por acritud, forjarse desde 510 hasta 260 °C y trabajarse en caliente fácilmente, puede ser recocido a 343 °C y luego enfriado por aire.

Tabla 18. Composición química.

%	Si	Fe	Cu	Mn	Mg	Cr	Zn	Ti	Otros	Al
Mínimo					2,20	0,15				
Máximo	0,25	0,40	0,10	0,10	2,80	0,35	0,10		0,15	Resto

Tabla 19. Propiedades mecánicas de diferentes estados a 20 °C.

Estado	Carga de rotura (MPa)	Límite elástico $R_{p0,2}$ (MPa)	Alargamiento A5,65 (%)	Límite de fatiga (MPa)	Resistencia a cizalladura (MPa)	Dureza Brinell (HB)
O	190	90	25	210	125	50
HX2	225	175	15	220	135	65
HX4	250	200	14	240	145	70
HX6	270	225	10	250	155	75
HX8	290	250	9	260	165	80
HX9	310	280	5	270	175	90

La distancia entre las marcas después de la rotura es 5,65 cm

Tabla 20. Propiedades mecánicas en función de la temperatura.

Estado	-195 °C			-80 °C			-30 °C			25 °C		
	Rm	Rp0,2	A5,65	Rm	Rp0,2	A5,65	Rm	Rp0,2	A5,65	Rm	Rp0,2	A5,65
O	305	110	46	200	90	35	195	90	32	195	90	30
H34	380	250	28	275	220	21	260	215	18	260	215	16
H38	415	305	25	305	260	18	290	255	15	290	255	4

Estado	150 °C			205 °C			260 °C			315 °C		
	Rm	Rp0,2	A5,65	Rm	Rp0,2	A5,65	Rm	Rp0,2	A5,65	Rm	Rp0,2	A5,65
O	160	90	50	115	75	60	85	50	80	50	38	110
H34	205	185	27	165	105	45	85	50	80	50	38	110
H38	235	195	24	170	105	45	85	50	80	50	38	110

Rm= Carga de rotura (MPa), Rp0,2= Límite elástico (MPa), A5,65 en %. Nota: La distancia entre las marcas después de la rotura es 5,65 cm.

Esta aleación tiene la cantidad justa de contenido de Mg para exhibir una sensibilidad al agrietamiento realmente elevada. Si se suelda con metal de aportación AA 5052, a menudo se agrietará. Para evitar la tendencia a agrietarse, la AA 5052

generalmente se suelda con un metal de aportación con un contenido de Mg mucho mayor, como el ER 5356. El metal de soldadura resultante, que es una aleación de AA 5356 y AA 5052, tiene un contenido de Mg lo suficientemente elevado como para ser resistente al agrietamiento.

Además, el contenido de Mg de la aleación AA 5052 es lo suficientemente bajo como para que se pueda soldar con éxito utilizando ER 4043.

CAPÍTULO 3. INFLUENCIA DE LOS COMPONENTES EN LA ALEACIÓN AA 5083 Y SU SOLDABILIDAD METALÚRGICA

3.1. COMPOSICIÓN QUÍMICA

De acuerdo con las normas de la Asociación del Aluminio de América (AA), la composición química típica de la aleación AA 5083, medida en % en peso, es la siguiente: P.S. (Por Separado). Recordaremos la tabla 3 del capítulo anterior:

Tabla 21. Composición química de la aleación AA 5083.

%	Si	Fe	Cu	Mn	Mg	Cr	Zn	Ti	Otros	Al
Mínimo				0,40	4,00	0,05				
Máximo	0,4	0,5	0,10	1,00	4,90	0,25	0,25	0,15	P.S. 0,05 Total 0,15	Resto

3.2. INFLUENCIA DE LOS ELEMENTOS DE ALEACIÓN

La resistencia a la tracción, el límite elástico y la dureza aumentan de modo continuo con el contenido de Mg, aunque disminuye su plasticidad.

El alargamiento decrece con contenido de casi el 3% de Mg y a partir de aquí vuelve a crecer suavemente.

El Cr y el Mn se comportan análogamente, siendo sus efectos:

a) Aumento adicional de resistencia.

b) Formar dispersoides.

c) Elevar la temperatura de recristalización.

d) Mejorar la soldabilidad.

e) Deterioran el aspecto del anodizado.

Refiriéndonos a otros elementos, en resumen, podemos decir que el Si eleva la resistencia y el límite elástico, pero empeora ligeramente el comportamiento a la corrosión y disminuye la tenacidad. El Zn y el Cu forman precipitados endurecedores. El Ti actúa como afinante de grano. El Fe forma compuestos intermetálicos y deteriora la tenacidad. El Mg es considerablemente más efectivo que el Mn como endurecedor ya que aproximadamente 0,8% Mg equivale a 1,25% Mn.

3.3. CONSIDERACIONES METALÚRGICAS

ESTUDIO DEL DIAGRAMA DE FASE BINARIO Al-Mg

Observando el diagrama de fase binario Al-Mg ilustrado en la figura 13, vemos que la zona entre 0 y 38% de Mg es eutéctica. Así a 451 °C se produce una reacción eutéctica entre las fases α y β para una composición de 35% de Mg. A esta temperatura, se alcanza la máxima solubilidad donde la fase α tiene una composición de 14,9% de Mg y la fase β del 35,5% de Mg, apareciendo el eutéctico cerca del 100% de la fase β.

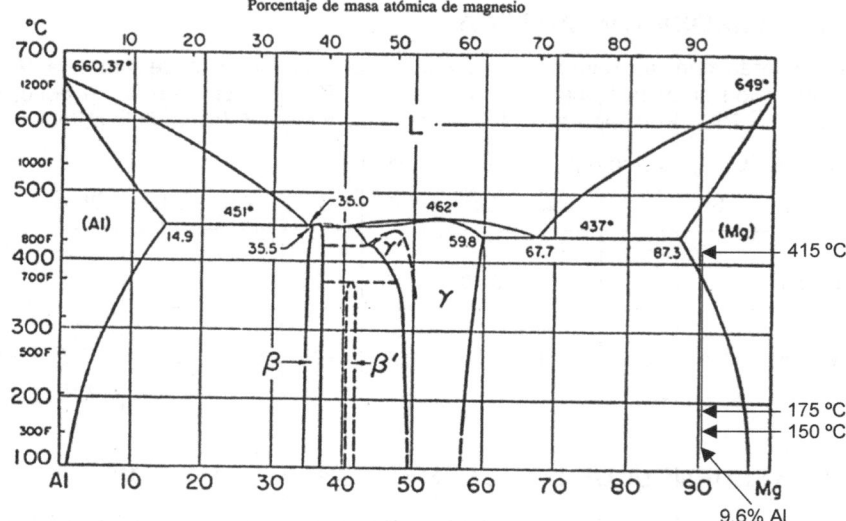

Figura 13. Diagrama de fase binario Al-Mg [14].

A 300 °C se tiene el 6,6% de Mg soluble en solución cristalina α y a 100 °C el 2% de Mg. A pesar de la amplia variación de la solubilidad del Mg (14,9% a 451 °C y 1,9% a 20 °C) existe escasa respuesta al tratamiento térmico.

El Mg no disuelto se halla en la estructura, la mayoría de las veces, como fase β (Al_8Mg_5). Las aleaciones Al Mg y Al Mg Mn cubren juntas la zona de 0,5 a 5,5% de Mg, 0 a 1,1% de Mn y 0 a 0,35% de Cr, casi sin solución de continuidad.

El tránsito entre los 2 grupos de aleaciones es continuo; las aleaciones con más del 5,6% de Mg no tienen aplicación en materiales maleables.

En aleaciones con más del 4% de Mg, por larga permanencia a temperaturas elevadas después de una deformación en frío, puede llegar a producirse la precipitación de la fase β(Al_8Mg_5), lo que no está ligado a un aumento de resistencia aprovechable; sin embargo, este fenómeno es importante para la estabilidad de los materiales de Al Mg fuertemente aleados. La fase β es anódica, con relación a la solución cristalina de Al, y tiene tendencia a la formación de precipitaciones coherentes en los bordes de grano, las cuales pueden producir una cierta sensibilidad frente a la corrosión intercristalina; siempre partiendo de la hipótesis de que no se hayan tomado medidas previas para evitarlo, y que tenga lugar a bajas temperaturas, aproximadamente 100 °C. Como remedio, en contra, se usan elevados contenidos de Cr o Mn.

En la práctica, la aleación AA 5083 se endurece por acritud (estado H1), y si existe inestabilidad del estado H1, por la variación de sus propiedades en el tiempo, se aplica el (estado H3). Así mismo si queremos obtener mayor plasticidad con la misma resistencia, aplicamos acritud más recocido parcial (estado H2).

Las aleaciones con elevado Mg y fuerte acritud tienen cierta tendencia a la corrosión por exfoliación. Para corregir esto, se aplica el subestado H116. Las aleaciones con Mg mayor del 3% son inestables con tendencia a precipitar $Mg_2 Al_3$ en ciertas condiciones. Ello favorece la corrosión intercristalina y bajo tensiones. Para disminuir la tendencia al agrietamiento en caliente se adiciona Ti como afinante.

Por otro lado, debemos tener en cuenta el efecto de los compuestos relativamente insolubles en la precipitación de la fase β, que se introducen, usualmente, por la adición de Fe, Si, Mn, Cr y Ti en la aleación básica, para mejorar la resistencia a la corrosión bajo tensiones, e inhibir la recristalización.

La medida de la fase β se realiza comparando la resistividad eléctrica de los compuestos insolubles por encima de 500 °C y la precipitación procedente entre 300-500 °C.

Existen varios compuestos insolubles tales como la fase α $Al_{12}Fe_3Si$, fase γ Al [Fe, Mn] Si y fase δ $Al_{18}Cr_2Mg_3$, que pueden ser identificados por difracción de rayos X.

La precipitación de la fase β, por envejecimiento a 120 y 250 °C, está afectada por la precipitación de estos compuestos insolubles y, entonces, la precipitación de la fase β se acelera, con la disminución de la cantidad de estos compuestos.

Consecuentemente, en la soldadura de las aleaciones AA 5083, la distribución, la cantidad, el tamaño de la fase β y de estos compuestos insolubles, está afectada por el procedimiento de soldadura y el "input" térmico. La diferencia de estas microestructuras, y de los ciclos térmicos, debidos a los diferentes procedimientos de soldadura, tienen gran influencia sobre la sensibilidad a la fisuración por corrosión bajo tensiones de la unión soldada.

Por consiguiente, esto sugiere que la precipitación de la fase β, en los bordes de los granos de soldadura, procedentes de soldaduras con grandes "input" térmicos, sea mucho mayor que en el metal base, lo cual tiene un efecto negativo en las propiedades mecánicas y químicas de las soldaduras.

Existen además otros compuestos insolubles tales como Al_{12} [Fe, Mn]$_3$ Si, $Al_{12}Mn_3$ Si y Al_{12} [Cr, Mn]. Los compuestos de las series Fe$^-$, Si son relativamente de gran tamaño, mientras que los compuestos de las series Cr$^-$, Mn$^-$, Zn tienen tamaño intermedio.

3.4. SOLDABILIDAD METALÚRGICA DE LA ALEACIÓN AA 5083

El primer obstáculo que se presenta en la soldadura del aluminio es la formación una capa de alúmina (Al_2O_3), de naturaleza refractaria de un espesor de unos 0,2 mm, que está fuertemente adherida y que posee una temperatura de fusión elevada (aproximadamente 2.070 °C). Esta capa de óxido debe ser eliminada, para poderse realizar el proceso de soldadura. Hoy sabemos que, en los procesos de soldadura

por arco eléctrico, con la protección de un gas inerte, este óxido puede ser dispersado por la acción del arco, de tal forma que los procedimientos TIG (Tungsten Inert Gas) y MIG (Metal Inert Gas) son los más utilizados.

Un segundo problema que se presenta es el de las elevadas conductividades térmica y eléctrica del aluminio, que hace necesario conseguir altas concentraciones puntuales de calor. Por lo que es preciso utilizar intensidades elevadas de corriente, sensiblemente mayores que las utilizadas para los mismos espesores en acero. Finalmente, el aluminio y sus aleaciones no varían de color con la temperatura, al menos dentro de los márgenes en los que se realiza la soldadura. En consecuencia, no se puede tomar el color como referencia de temperaturas.

Cuando se necesita que la aleación de aluminio sea resistente a la corrosión, se emplea la aleación AlMg, de muy fácil soldabilidad, siendo su principal campo de aplicación en la construcción naval y en aplicaciones criogénicas, se usa principalmente la aleación AA 5083. Las ventajas de ésta para la soldadura se derivan de su estructura metalúrgica y de las correspondientes características mecánicas de cada zona, además que, de acuerdo con su diagrama de equilibrio, no se puede modificar su estructura metalúrgica mediante tratamiento térmico [15].

3.5. PRINCIPALES PROBLEMAS EN LA SOLDADURA DE LAS ALEACIONES DE ALUMINIO

Los principales problemas en la soldadura del aluminio y sus aleaciones son [16]:

a) Eliminación de la película de óxido (alúmina).

b) Porosidad.

c) Agrietamiento.

d) Faltas de fusión y penetración.

e) Modificación de las propiedades mecánicas del metal base.

En la soldadura TIG se usa corriente alterna (figura 14. c), por la ventaja que representa la eliminación del óxido, por la acción del arco cuando la chapa está polarizada negativamente.

En caso de usar TIG con corriente continua (C.C.) y polaridad directa (figura 14. a), nos costaría un trabajo enorme romper la capa de alúmina, mientras que con la corriente continua polaridad inversa (figura 14. b), el electrodo de tungsteno no duraría mucho, pues se consumiría muy rápidamente. En la soldadura MIG, la polaridad usada (C.C. polaridad inversa) elimina fácilmente la capa de óxido.

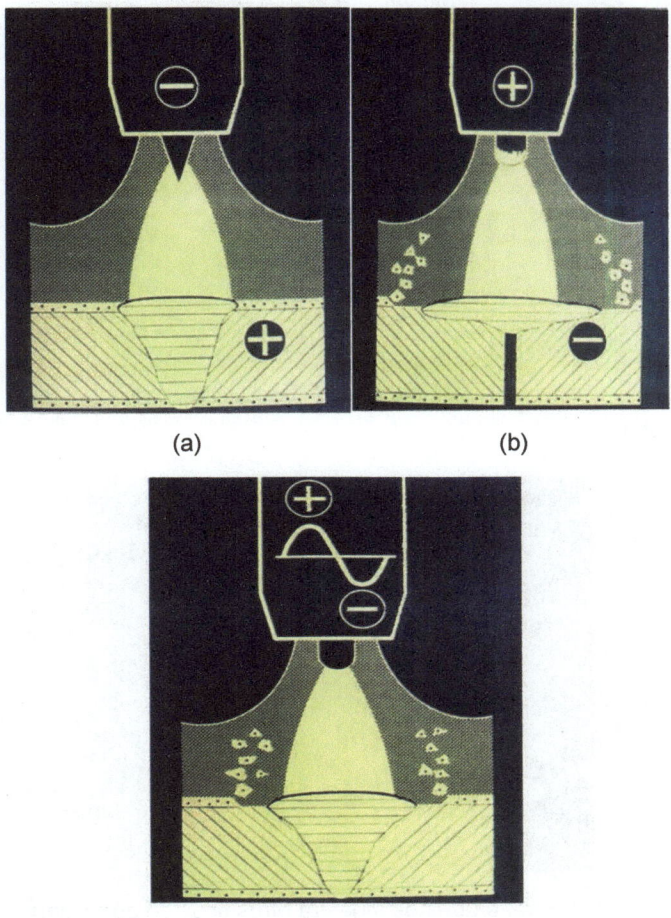

(c)

Figura 14. (a) Soldadura TIG C.C.P.D. (no rompe capa de alúmina) (b) Soldadura TIG C.C.P.I. (rompe capa de alúmina, pero el electrodo se deteriora rápidamente). (c) Soldadura TIG C.A. (se rompe capa de alúmina y la duración electrodo de W es mayor).

Porosidad (figuras 15, 16 y 17).

Es el defecto más corriente en la soldadura del aluminio, y al estudio de ella dedicaremos un capítulo aparte, se debe a la diferencia de la solubilidad del hidrógeno procedente la atmósfera y la suciedad superficial, a la temperatura de soldadura y a la temperatura de solidificación; en otras palabras, el aluminio es capaz de disolver una gran cantidad de hidrógeno en estado líquido, pero no así en sólido.

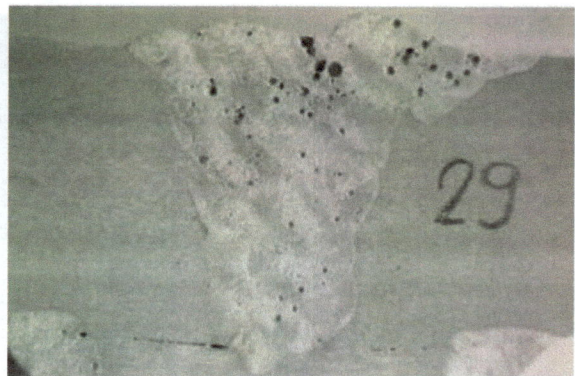

Figura 15. Macrografía que muestra distintos tipos y tamaños de porosidad.

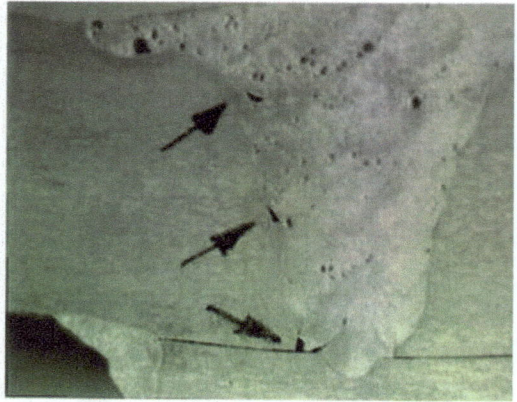

Figura 16. Macrografía que nos muestra otros tipos de porosidad.

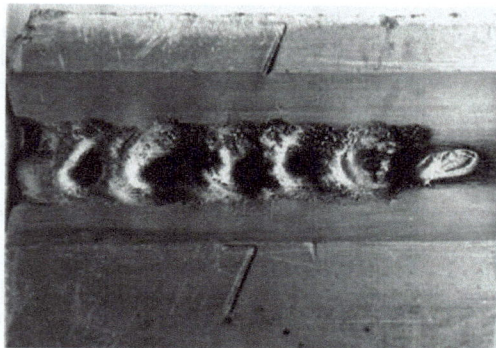

Figura 17. Fuerte porosidad superficial debida a la falta de gas de protección y a la inestabilidad del arco.

La porosidad por oxígeno o nitrógeno no se produce, dada la alta afinidad del aluminio por ambos gases.

<u>Agrietamiento</u> (figuras 18 y 19).

Se define como la susceptibilidad de la soldadura a la facilidad para que se produzcan en ella grietas [17].

Distinguiremos dos tipos de grietas:

- Grietas en caliente o supersolidus [18].

- Grietas en frío o subsolidus.

Figura 18. Macrografía que nos muestra un agrietamiento en la unión a la chapa de respaldo.

Las grietas en caliente o supersolidus se producen durante la solidificación, a temperaturas superiores a la línea de solidus. Se deben a las tensiones de contracción que se originan en el seno del metal en el intervalo de solidificación, y a los factores que determinan las segregaciones, en los límites de grano: composición química de la aleación y velocidad de solidificación.

Respecto a la composición, existe un factor que permite predecir el comportamiento de la aleación, respecto a su "fragilidad en caliente", que es su intervalo de solidificación, ya que, a mayor intervalo, mayor segregación. Para las aleaciones Al Mg, la máxima susceptibilidad al agrietamiento corresponde a una aleación con 2% de Mg y, por tanto, debe evitarse esa composición en la soldadura.

La velocidad de enfriamiento es determinante en la generación de grietas, siendo los factores que la afectan, principalmente, las técnicas de soldeo utilizadas y el diseño de las uniones.

Las grietas en el metal fundido pueden combatirse mediante la adición de un metal de aportación adecuado, que tendrá como misiones:

a) Modificar la composición química de la aleación, para compensar las pérdidas de elementos aleantes, que se volatilizan bajo el efecto del arco.

b) Aumentar la resistencia mecánica del cordón.

c) Alejar la composición del metal fundido de la línea de solidus.

d) Introducir elementos afinantes de grano (Ti, V, etc.), que proporcionan numerosos puntos de solidificación, y aumentan considerablemente la velocidad de solidificación, reduciendo las tensiones de contracción a valores muy bajos.

En la zona parcialmente fundida, no es posible actuar de la misma forma, y las posibilidades de soldadura dependen de la velocidad de soldadura, la cual es un factor importante, y sobre el que no se ponen de acuerdo diversos investigadores. Por un lado, al aumentar ésta, se reduce el tiempo durante el cual un punto está sometido a la temperatura máxima, lo que es beneficioso, ya que reduce las segregaciones en los límites de grano; pero también aumenta la velocidad de enfriamiento, y con ello las tensiones de solidificación y el riesgo de grietas.

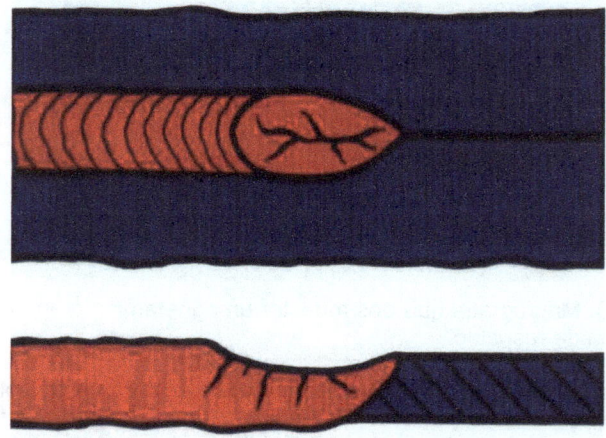

Figura 19. Grietas en el cráter.

Otro inconveniente es que, a los gases generados, por ejemplo, hidrógeno, les es más difícil de escapar del baño fundido, por lo que se produce una mayor porosidad.

Las grietas en frío o subsolidus pueden producirse cuando la ductilidad, de los compuestos complejos que se forman, en los límites de grano es baja, a la temperatura considerada. Generalmente, cuando se produce una grieta a bajas temperaturas, procede de alguna microgrieta producida, y no detectada, a temperaturas supersolidus, que debido a las tensiones posteriores se convierte en grieta.

Dependen fundamentalmente de la agrietabilidad de la soldadura, por encima de la línea de solidus, y en menor grado de las impurezas y el estado del metal base.

Faltas de fusión y penetración (figuras 20 y 21).

Son debidas, fundamentalmente, a la utilización de preparaciones y parámetros inadecuados de soldadura.

En la soldadura del aluminio y sus aleaciones se hace más patente esto, debido a la alta conductividad térmica del aluminio, que hace que el metal fundido procedente del metal de aportación se enfríe rápidamente y, si no está perfectamente eliminada la capa de óxido en los bordes de la preparación y la oscilación del arco es rápida, es muy probable que ocurran faltas de fusión, bien en la pared de la unión o bien entre pasadas de cordones. Estas deben ser detectadas mediante ultrasonidos.

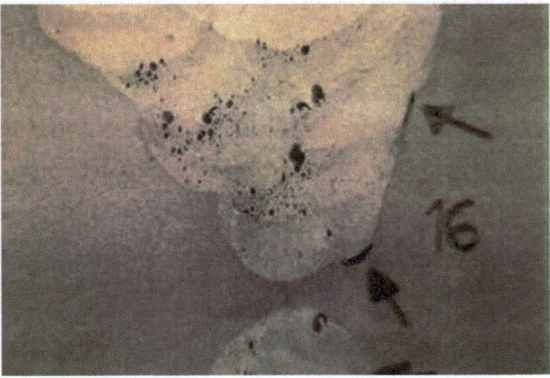

Figura 20. Macrografía soldadura multipasada, muestra faltas de fusión en los bordes del chaflán, falta de penetración entre las soldaduras de cara y raíz, además de otros defectos.

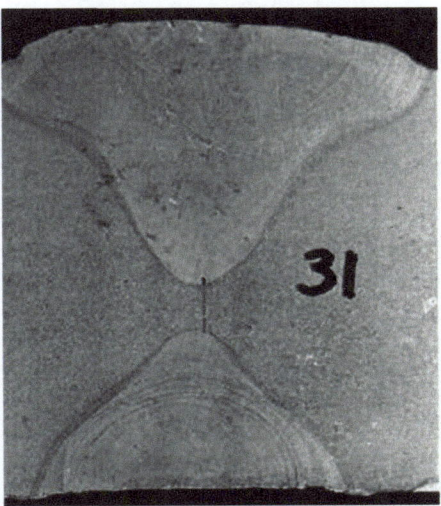

Figura 21. Falta de penetración y defectos superficiales en una soldadura MIG de Alto Depósito.

<u>Modificación de las propiedades mecánicas</u>.

Cuando se sueldan chapas o perfiles de la aleación AA 5083, las zonas afectadas por el calor (ZAC) quedan parcial o totalmente, en estado recocido, lo que hace que se reduzca la resistencia de la soldadura en esa zona. Por tanto, en el diseño de estructuras soldadas de esta aleación, se toma como valor la carga de rotura de la unión soldada a tope, el correspondiente a la carga de rotura mínima de la aleación, en estado recocido.

CAPÍTULO 4. PROCESOS DE SOLDEO

4.1. PROCESOS DE SOLDEO PARA RECIPIENTES CRIÓGENICOS

La aleación AA 5083 puede ser soldada por varios procesos, siendo los más utilizados los de arco eléctrico, con la protección de un gas inerte, y que, para la soldadura de tanques de almacenamiento de GNL, comentamos y describimos a continuación [19,20].

4.1.1. METAL INERT GAS (MIG)

"Soldadura por arco Metálico con la protección de un Gas Inerte" consiste en la fusión de un hilo electrodo continuo, en una atmósfera protectora de un gas inerte, mediante la corriente eléctrica aportada por una fuente de alimentación [21]. En las normas americanas *gas metal arc welding* (GMAW). En la europea UNE-EN ISO 4063, Nº de referencia:131.

Un esquema del procedimiento se representa en la figura 22.

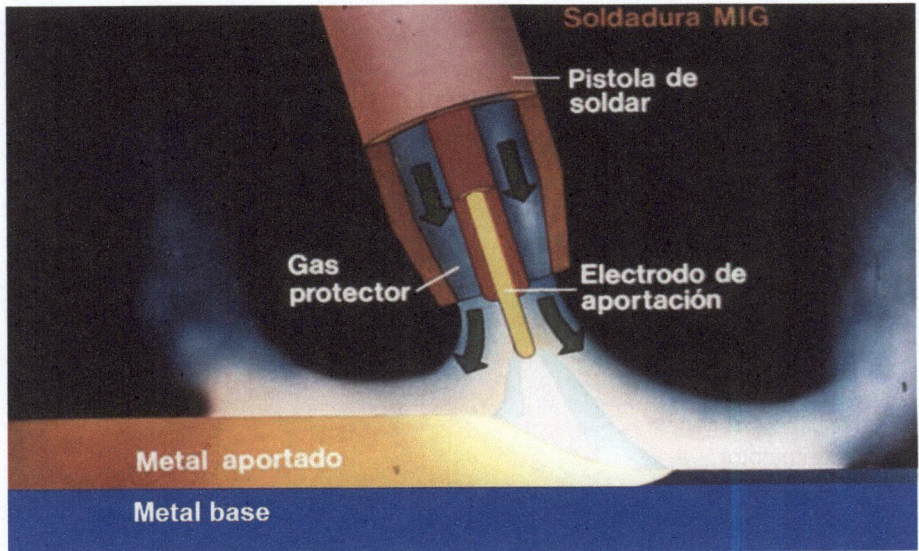

Figura 22. Esquema soldadura MIG.

El equipo (figura 23) consta de una fuente de corriente continua (1) que trabaja con polaridad inversa, o sea, el hilo electrodo está conectado al polo positivo de la fuente, de un alimentador de hilo (2) que empuja el hilo hacia la pistola de soldadura (3), y de un cilindro de gas (4).

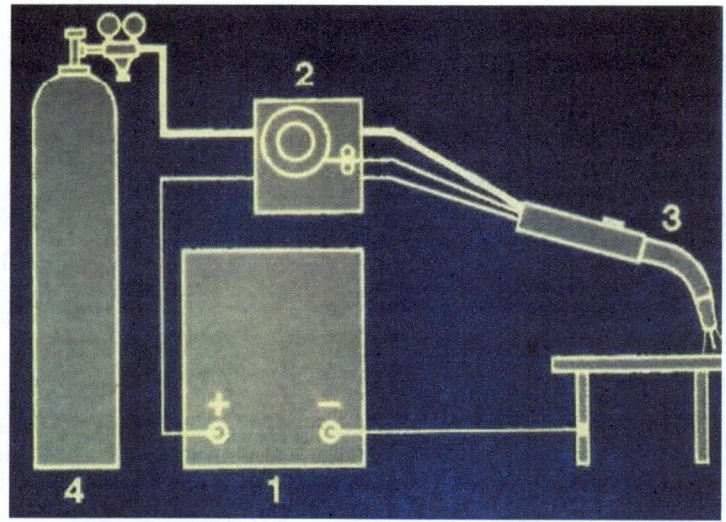

Figura 23. Equipo soldadura MIG. (1) Fuente de C.C. (2) Alimentador de hilo. (3) Pistola de soldadura. (4) Cilindro de gas.

Veamos algunas de las características de estos equipos para la soldadura del AA 5083.

Composición de los equipos de soldadura

Los equipos de soldadura MIG automatizada para Al, suelen constar de los siguientes componentes (figuras 24 y 25):

1. Fuente de corriente continua de intensidad constante.

2. Circuito cerrado de refrigeración por agua, de la pistola de soldadura.

3. Caja de control de parámetros.

4. Alimentador de hilo.

5. Oscilador.

6. Antorcha de soldadura.

7. Carro automotor.

8. Suministro de gas (en botellas o canalizado).

9. Control de caudal de gas, mediante manorreductores y caudalímetros.

Y que pasaremos a analizar a continuación.

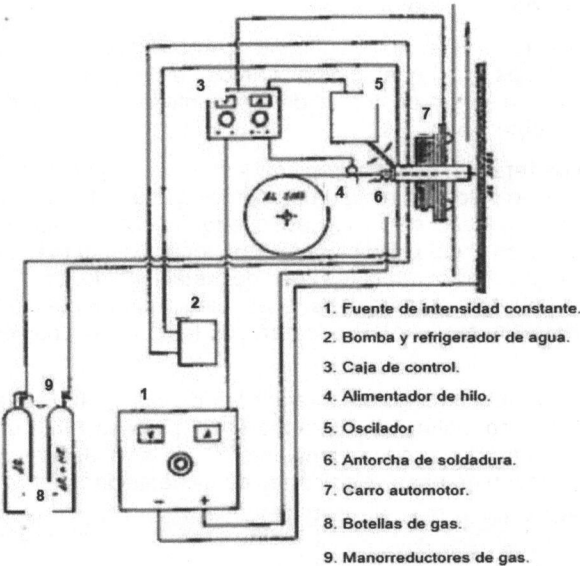

1. Fuente de intensidad constante.
2. Bomba y refrigerador de agua.
3. Caja de control.
4. Alimentador de hilo.
5. Oscilador
6. Antorcha de soldadura.
7. Carro automotor.
8. Botellas de gas.
9. Manorreductores de gas.

Figura 24. Equipo de soldadura MIG de las aleaciones de aluminio automatizado con doble protección gaseosa.

Figura 25. Equipo de soldadura MIG automatizada "oscilomatic compact" de Hulftegger-Co AG de Suiza.

Fuentes de corriente

El primer punto a considerar es elegir una fuente de corriente, de acuerdo con nuestras necesidades, ya que, como vamos a ver, sus características de funcionamiento van a influir de forma determinante en la calidad del cordón de soldadura, que se obtenga.

Como ya hemos referido, por las propiedades físicas del aluminio (bajo punto de fusión y conductividad calorífica elevada), tenemos que aportar una gran cantidad de calor para obtener un baño de fusión adecuado. Tal aportación está en relación directa con la intensidad que provoca la fusión, por la cual el más pequeño cambio de ésta produce una variación en el volumen de metal fundido, cambiando, por tanto, su penetración. El objetivo primordial es, pues, elegir una fuente de corriente, cuyas características permitan realizar la soldadura con la mínima variación de intensidad (± 10 A).

En la figura 26, se presentan comparadas las curvas de funcionamiento de dos fuentes de corriente normalmente utilizadas en el proceso MIG: una de potencial constante (C.P.), y otra de corriente constante (C.C.), atravesadas por unas curvas v_1, v_2 y v_3, que representan unas velocidades de alimentación de hilo constante.

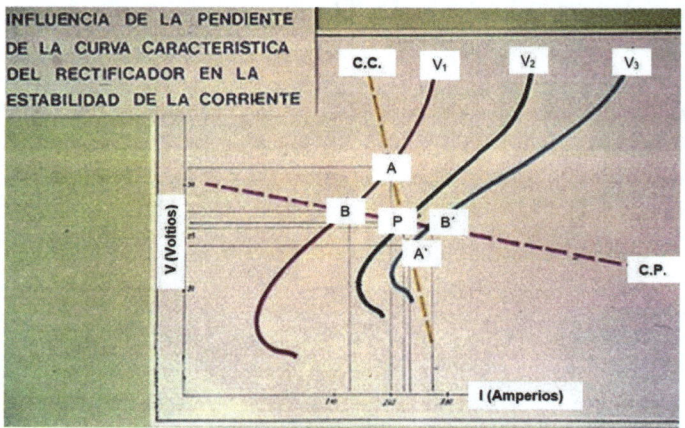

Figura 26. Curva característica I-V. Intensidad constante (C.C.). Tensión constante (C.P.).

Si consideramos el punto P de intersección de v_2 con C.P. y C.C., como punto de equilibrio de funcionamiento, y provocamos una variación del valor de v_2, por ejemplo, a v_1, observamos que el nuevo punto de equilibrio sobre C.P. (punto B) ha provocado una considerable variación del valor de la intensidad (I ≈ 20 A). Sin embargo, si seguimos la variación sobre la curva C.C. (punto A), esta variación de la intensidad ha sido mucho menor (I ≈ 5 A). Parece, pues, aconsejable utilizar fuentes de corriente del tipo C.C. [22].

En la figura 27, se delimitan las zonas en que la adecuación de una fuente de corriente para soldar aluminio varía, según la inclinación de su curva característica. Mala estabilidad para una variación de 10 V por cada 100 A, estabilidad aceptable hasta una variación de 17 V por cada 100 A, y de ahí en adelante los de estabilidad óptima.

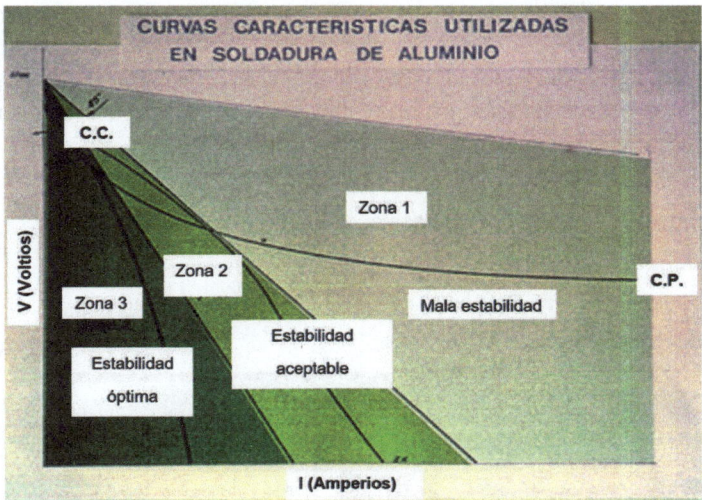

Figura 27. Curvas determinadas experimentalmente para la soldadura de la aleación AA 5083.

Alimentadores de hilo

Las variaciones de los valores de v_1, v_2 y v_3, a los que nos hemos referido en el apartado anterior, pueden estar provocadas por factores diversos. En la figura 28, se muestra la posición del extremo del hilo soldando en el fondo de un chaflán.

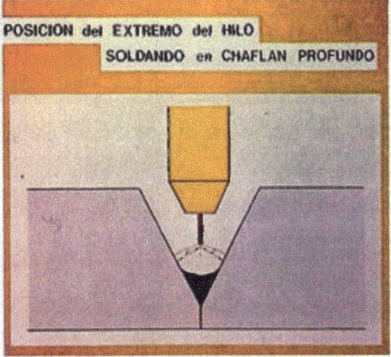

Figura 28. Posición del extremo del hilo en la soldadura.

Cualquier variación de la posición relativa de este punto (movimiento de la mano del soldador p.e.) se compone con la velocidad de alimentación (sumándose o restándose), produciendo, por reacción, una variación del valor de la intensidad. Otra causa de variación puede ser debida a irregularidades en el control de velocidad del motor de arrastre del hilo.

Debemos elegir un alimentador dotado de un control de velocidad muy fino y un motor de velocidad lo más constante posible.

En la figura 29, podemos ver las características que debe poseer un alimentador ideal:

- Protección contra la humedad para el carrete de hilo, dotándolo incluso de un elemento calefactor (más adelante se justificarán los problemas que puede producir la humedad).

- Enderezador de hilo.

- Control de velocidad lenta para el arranque.

- Sistema de rellenado del cráter final.

- Preflujo y postflujo de gas para mejor protección del baño.

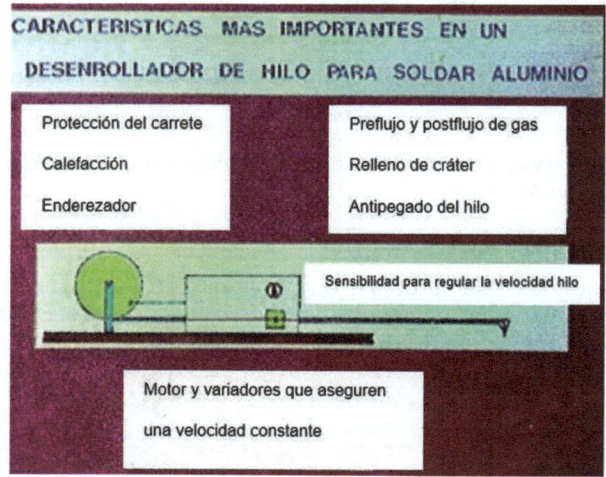

Figura 29. Alimentador de hilo para la soldadura de las aleaciones de aluminio.

Unidad de control

En esta unidad se encuentran todos los dispositivos y mandos que permiten controlar todos los parámetros de soldadura.

Oscilador

El oscilador (figura 30) es el componente que permite simular el movimiento de la mano del soldador, y regula la amplitud de la oscilación, la frecuencia y los tiempos de parada, así como el tipo de oscilación, que puede ser:

- Lineal: la pistola se mueve según líneas rectas o quebradas.

- Pendular: la pistola realiza un movimiento de esta naturaleza.

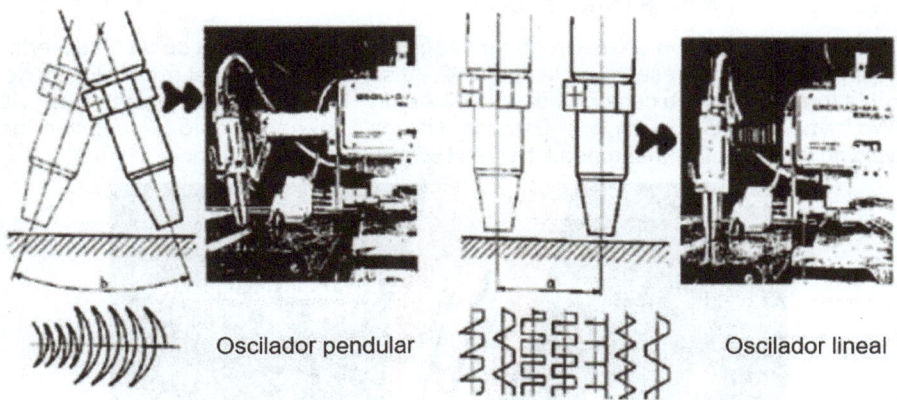

Figura 30. Oscilador y tipo de oscilación.

En las figuras 30 y 31 se presentan el oscilador y los tipos de oscilaciones disponibles, así como un esquema de deposición y funcionamiento del oscilador lineal.

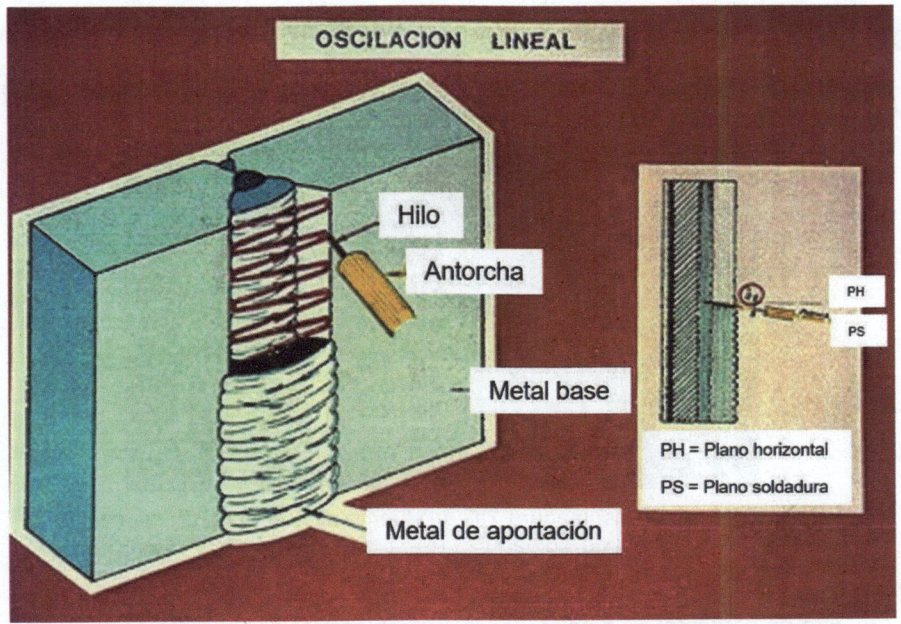

Figura 31. Esquema de deposición y funcionamiento del oscilador lineal en una soldadura en vertical ascendente de la aleación AA 5083.

4.1.2. TUNGSTEN INERT GAS (TIG)

"Soldadura al arco con un electrodo de Tungsteno y la protección de un Gas Inerte". Este proceso se representa en la figura 32. Al ser el gas Argón el más utilizado, los soldadores lo conocen como "Soldadura de Argón". En Alemania se le denomina WIG (Wolfram Inert Gas). En los Estados Unidos, se habla de *gas tungsten arc welding* (GTAW). En la europea UNE-EN ISO 4063, Nº de referencia:145 [21].

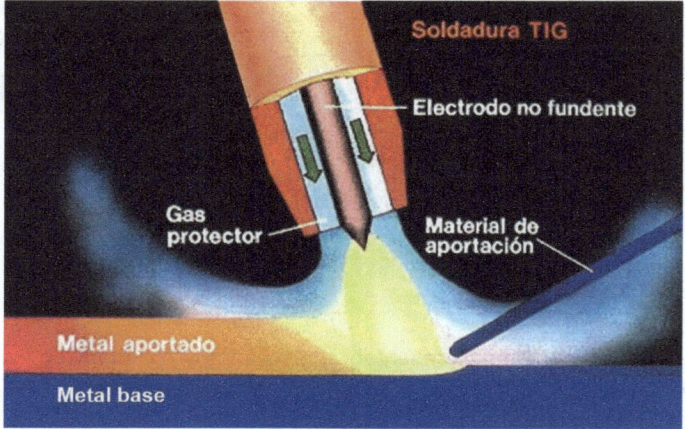

Figura 32. Esquema soldadura TIG.

Composición equipo de soldadura TIG

En la figura 33 se puede ver un equipo completo de soldadura TIG, en la que podemos observar los distintos componentes, a saber:

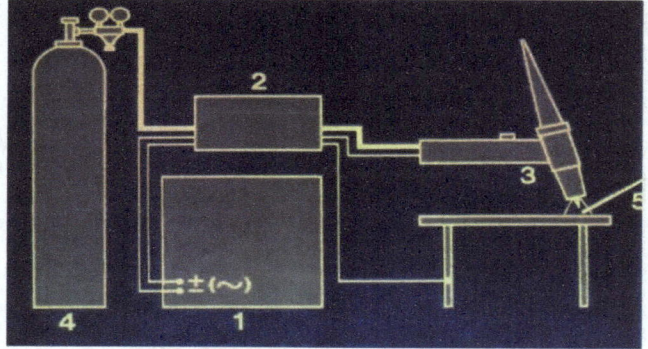

Figura 33. Equipo de soldadura TIG. (1) fuente de corriente. (2) caja de control. (3) antorcha de soldadura. (4) cilindro de gas. (5) metal de aportación.

(1) Fuente de corriente: en función de los materiales a soldar, puede ser, de C.C. o de C.A. En el caso de la aleación AA 5083, la soldadura se realiza con C.A., para aprovechar las ventajas de la ruptura de la capa de alúmina y para que la duración del electrodo sea mayor.

En la figura 34 se puede observar una soldadura TIG de AA 5083, en la que se puede apreciar la ruptura de la capa de alúmina.

Figura 34. Ruptura de la capa de alúmina.

El procedimiento TIG se desarrolló en los años 40 del siglo XX. En sus inicios, se utilizaba para soldar metales y aleaciones resistentes a la corrosión que, en aquella época, eran difíciles de soldar. Podemos citar el aluminio y sus aleaciones, y las aleaciones del magnesio. En la actualidad, la soldadura TIG está muy desarrollada y permite desoxidar y soldar cualquier tipo de metal que se use.

La soldadura TIG es un procedimiento de soldadura al arco. Se crea un arco eléctrico con un electrodo no fusible de tungsteno (o wolframio) y la pieza que va a soldarse, ver figura 35. Si se requiere material de aporte, el baño de fusión se formará manualmente con la varilla de aporte o mecánicamente con la bobina de hilo.

El cebado se realiza mediante un gas que circula en la boquilla que rodea una parte importante del electrodo. El soldeo se efectuará en las aleaciones de aluminio con corriente alterna, ver figura 36, siendo necesario el uso de una alta frecuencia para facilitar el cebado del arco. Soldar de manera continua en polaridad inversa (polo + conectado al electrodo) destruiría este electrodo, fundiéndolo. El cebado del arco se puede realizar de 3 formas distintas:

-   Cebado por roce (Scratch): El arco se establece rozando con el electrodo de tungsteno sobre la pieza a soldar.

- Cebado por LIFT-ARC: El arco se establece cuando tocamos la pieza a soldar con el electrodo de tungsteno y lo separamos. No hay necesidad de roce sobre la pieza lo que evita la posible contaminación del electrodo de tungsteno.

- Cebado por Alta Frecuencia (HF): Este dispositivo establece el arco automáticamente sin necesidad que el electrodo de tungsteno entre en contacto con la pieza. Evita por completo los efectos de la contaminación del electrodo.

Fuente de corriente y polaridad

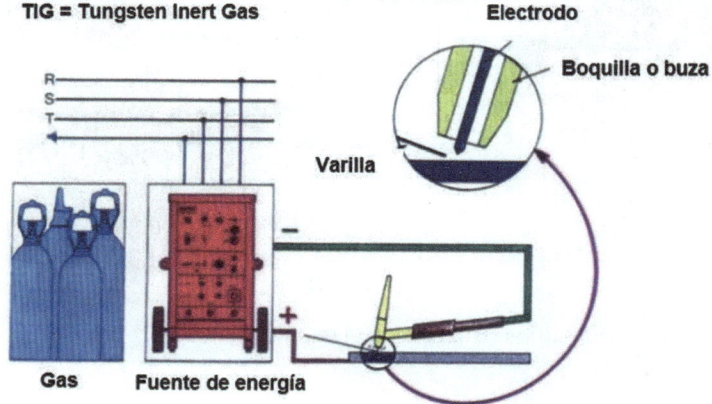

Figura 35. Equipo para la soldadura TIG convencional.

Figura 36. Soldadura TIG C.A. de las aleaciones de aluminio (se rompe la capa de alúmina y la duración del electrodo de tungsteno es mayor).

Técnica del soldeo TIG

En la figura 37 se observa la técnica de soldeo, muy parecida a la soldadura oxiacetilénica en cuanto a desplazamiento y aporte de la varilla, de hecho, los soldadores de este último proceso se adaptan perfecta y rápidamente a soldar con TIG.

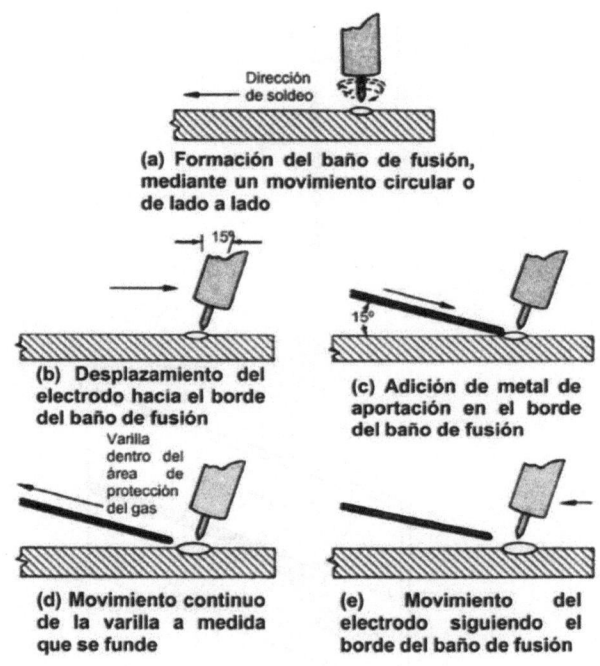

Figura 37. Técnica de Soldadura TIG manual.

A continuación, en la figura 38 (a, b y c), se representan, en las soldaduras manuales a tope, los ángulos de inclinación de la pistola de soldadura y los de la varilla de aporte y la dirección de soldeo.

a. Posición plana o bajo mano

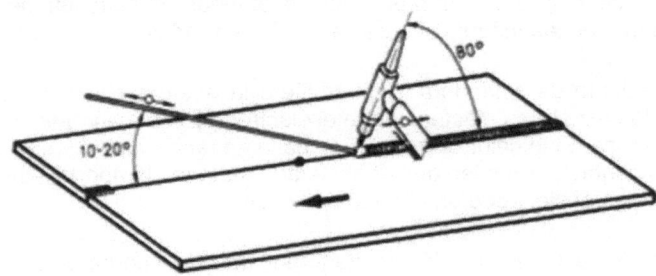

b. Posición vertical ascendente

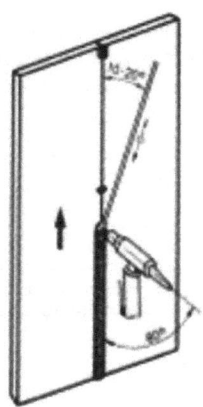

c. Posición cornisa

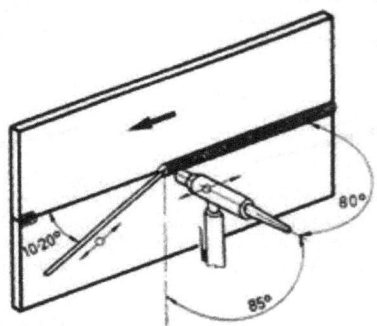

Figura 38. Técnica soldadura TIG manual, a tope de las aleaciones de aluminio en las posiciones: a) Plana, b) Vertical ascendente y c) Cornisa

La temperatura en el cono de soldadura, en el lugar del electrodo, es superior a los 4.800 °C. Estas temperaturas elevadas obligan a refrigerar las máquinas, en la antorcha, para cabezales de prefabricación o abiertos, o completamente, en las piezas del cuerpo de las máquinas para cabezales cerrados.

El procedimiento de soldadura TIG transfiere la energía eléctrica sin entrar en contacto con la pieza (arco eléctrico entre el electrodo y la pieza), que se transforma en energía térmica. Este calor obliga al material a entrar en fusión y uniendo los dos elementos en contacto. En caso de ser necesario material de aporte, éste se dirigirá directamente bajo el electrodo en el baño de fusión.

De este modo, la soldadura TIG resultará muy estable y podrá utilizarse en todas las posiciones, así que su automatización resulta sencilla.

Preparaciones para la soldadura

A continuación, en la figura 39 presentamos algunas preparaciones de soldadura a tope.

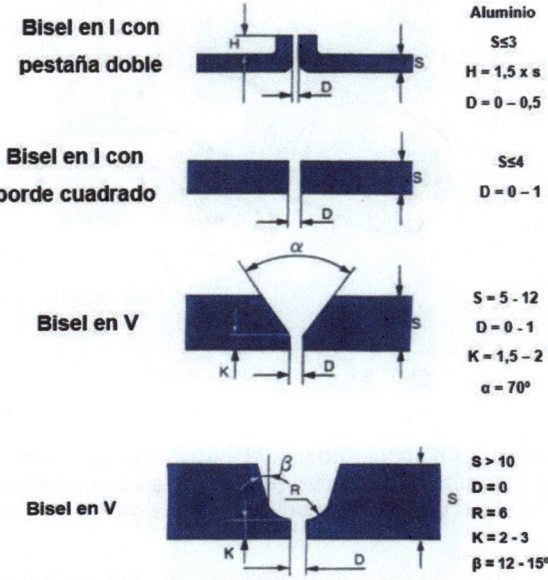

Bisel en I con pestaña doble

Aluminio
S≤3
H = 1,5 x s
D = 0 – 0,5

Bisel en I con borde cuadrado

S≤4
D = 0 – 1

Bisel en V

S = 5 - 12
D = 0 - 1
K = 1,5 – 2
α = 70°

Bisel en V

S > 10
D = 0
R = 6
K = 2 - 3
β = 12 - 15°

Figura 39. Preparaciones para la soldadura TIG a tope del aluminio y sus aleaciones.

Los insertos se suelen usar en soldadura de tubos a tope donde no es posible acceder para realizar la soldadura interior y garantizar la penetración adecuada, existiendo de distintas formas, como se observa en la figura 40.

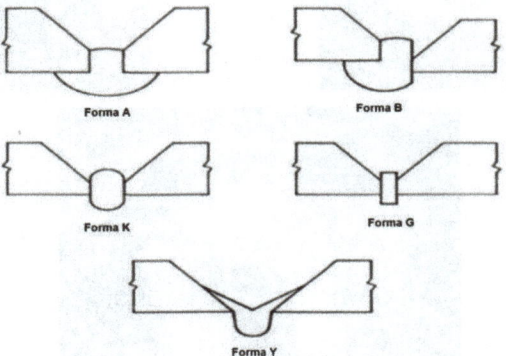

Forma A

Forma B

Forma K

Forma G

Forma Y

Figura 40. Insertos consumibles más comunes en soldadura TIG.

Es importante para evitar turbulencias del gas, el uso de un laminador del flujo de gas, que consiste en varios tamices de malla muy fina y filtros que reducen la velocidad de las partículas del gas más rápidas, consiguiendo que el flujo de gas sea totalmente laminar. Se consiguen dos objetivos, que el caudal de gas se reduzca un 50% y que la distancia de la punta del electrodo a la buza pueda aumentarse de 10 a 15 mm.

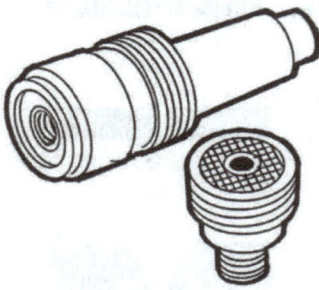

Figura 41. Laminador de gas.

De suma importancia, es disponer de una electroválvula de gas que suministre un preflujo de gas para garantizar, en el arranque antes de saltar el arco, una atmósfera inerte, igual que al finalizar la soldadura un postflujo de gas, para evitar la fisuración del cráter.

En la Figura 42 observamos distintas soldaduras TIG realizadas en aleaciones de aluminio.

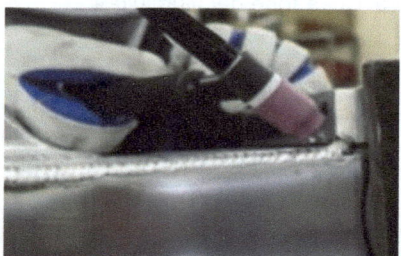 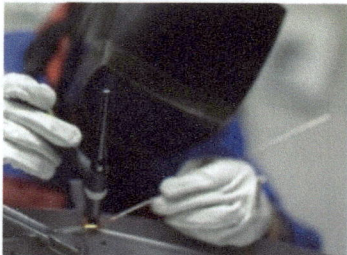

Figura 42. Soldaduras TIG de estructuras.

Parámetros de soldeo

Como norma general la intensidad requerida en la soldadura de las aleaciones de aluminio será de 45 a 50 A por mm de espesor de chapa.

Tabla 22. Unión a tope sin bisel.

Espesor chapa mm	Intensidad (A)			Ø Electrodo W (mm)	Ø Varilla (mm)	Velocidad (cm/min)	Caudal gas (l/min)
	Plana	Vertical	Techo				
1	50	45	50	1,0	1,2	30-35	8
2	90	70	80	1,6	1,6-2,0	20-25	8
3	130	100	110	2,4-3,2	2,4	17-22	10
4	135	110	120	2,4-3,2	3,2	13-17	10

Tabla 23. Unión a solape.

Espesor chapa mm	Intensidad (A)			Ø Electrodo W (mm)	Ø Varilla (mm)	Velocidad (cm/min)	Caudal gas (l/min)
	Plana	Vertical	Techo				
1	60	55	55	1,0	1,2	30-35	8
2	100	90	90	1,6	1,6-2,0	20-25	8
3	140	125	120	2,4-3,2	2,4	17-22	10
4	185	170	165	2,4-3,2	3,2	13-17	10

Tabla 24. Unión en ángulo.

Espesor chapa mm	Intensidad (A)			Ø Electrodo W (mm)	Ø Varilla (mm)	Velocidad (cm/min)	Caudal gas (l/min)
	Plana	Vertical	Techo				
1	60	55	55	1,0	1,2	30-35	8
2	100	90	90	1,6	1,6-2,0	20-25	8
3	140	125	120	2,4-3,2	2,4	17-22	10
4	185	170	165	2,4-3,2	3,2	13-17	10

Tabla 25. Unión en cuna invertida.

Espesor chapa mm	Intensidad (A)			Ø Electrodo W (mm)	Ø Varilla (mm)	Velocidad (cm/min)	Caudal gas (l/min)
	Plana	Vertical	Techo				
1	50	45	45	1,0	1,2	30-35	8
2	90	80	80	1,6	1,6-2,0	20-25	8
3	130	110	110	2,4-3,2	2,4	17-22	10
4	160	150	150	3,2	2,4-3,2	13-17	10

Tabla 26. Identificación de los electrodos de tungsteno (W) para la soldadura TIG, según norma UNE-EN.

Código identificación	Adición óxido (mm %) (1)	Impurezas (mm %)	Código (color) (2)	Equivalencia AWS (3)
WP	----------	$\leq 0,20$	verde	EWP
WT 4	0,35 a 0,55 ThO_2	$\leq 0,20$	azul claro	EWTh-3
WT 10	0,80 a 1,20 ThO_2	$\leq 0,20$	amarillo	EWTh-1
WT 20	1,70 a 2,20 ThO_2	$\leq 0,20$	rojo	EWTh-2
WT 30	2,80 a 3,20 ThO_2	$\leq 0,20$	violeta	
WT 40	3,80 a 4,20 ThO_2	$\leq 0,20$	naranja	
WZ 3	0,15 a 0,50 ZrO_2	$\leq 0,20$	marrón	EWZr-1
WZ 8	0,70 a 0,90 ZrO_2	$\leq 0,20$	blanco	
WL 10	0,90 a 1,20 LaO_2	$\leq 0,20$	negro	EWLa-1
WL 15	1,40 a 1,60 LaO_2	$\leq 0,20$	oro	
WL 20	1,80 a 2,20 La_2O_3	$\leq 0,20$	azul oscuro	
WC 20	1,80 a 2,20 CeO_2	$\leq 0,20$	gris	EWCe-2 (Naranja)

(1) Los óxidos adicionados en general están dispersos finamente en la matriz de W, pero existen electrodos compuestos que están formados por un alma de W puro con revestimiento exterior de óxido.
(2) Los electrodos compuestos se identifican con un segundo anillo de color rosa.
(3) Se ha indicado la simbolización según AWS de los electrodos más usuales, el electrodo también está reflejado por una banda del mismo color y el porcentaje de óxido es el mismo.

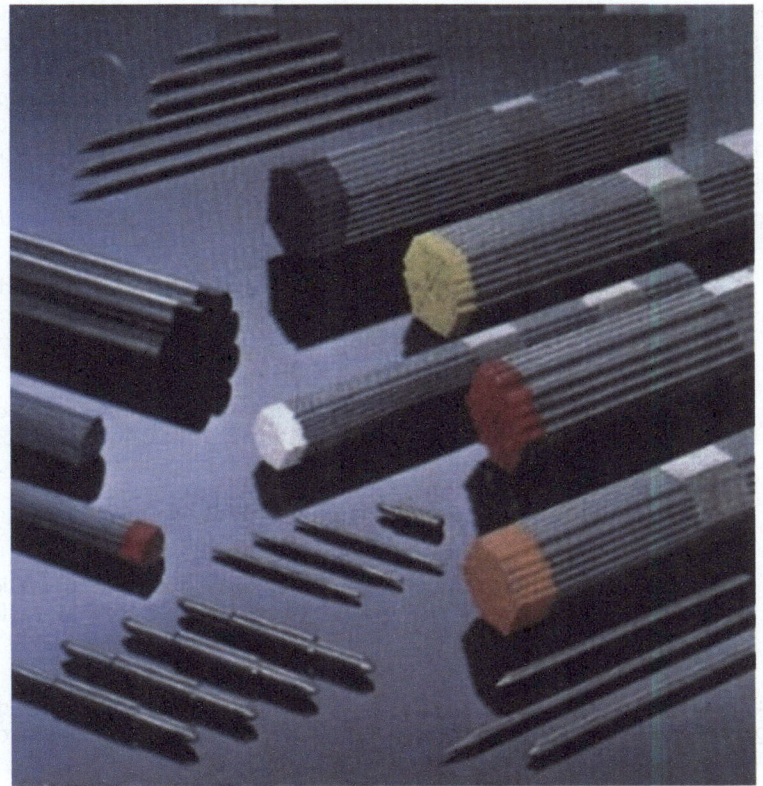

Figura 43. Electrodos no consumibles de W para la soldadura TIG.

Tabla 27. Selección del electrodo en función de la intensidad y del tipo de corriente.

Ø Electrodo (mm)	Tungsteno (W) Intensidad (A) C.A.	Aleado con óxido de circonio Intensidad (A) C.A.	Aleado con óxido de torio Intensidad (A) C.C.
0,5	5-15	5-20	5-20
1,0	10-60	15-80	20-80
1,6	50-100	70-150	80-150
2,4	100-160	110-180	120-220
3.2	130-180	150-200	200-300
4.0	180-230	180-250	250-400

Los electrodos para C.A., deben ser redondeados en su extremo.

Últimamente, se ha desarrollado por LINDE el proceso de soldadura, ARCLINE® PP que, según el fabricante, combina las ventajas de la velocidad de la soldadura MIG con los beneficios de calidad de la soldadura TIG, para soldeo de las aleaciones de aluminio. Reduce la necesidad de preparación de las piezas para la soldadura y los trabajos posteriores, minimiza la tasa de rechazo y permite soldar a velocidades de hasta 200 cm/min. Al mismo tiempo, disminuye el riesgo de porosidad e inclusiones de wolframio u óxido. (https://www.linde-gas.es/es/index.html).

Según LINDE, el buen rendimiento del sistema de soldeo de aluminio ARCLINE PP se basa en tres características únicas:

1. ARCLINE® PP cuenta con un electrodo de wolframio para soldar en polaridad inversa (CCEP) proporcionando una limpieza catódica constante del área de soldadura. Esto reduce el riesgo de inclusiones y minimiza la necesidad de limpieza posterior a la soldadura.

2. ARCLINE® PP utiliza dos líneas de gas independientes que inciden sobre el material a soldar de forma concéntrica. El gas de protección exterior protege el material a temperatura elevada de las impurezas atmosféricas, mejorando la calidad de la soldadura. El gas interno concentra y estabiliza el arco, lo que aumenta su densidad de potencia, garantizando una buena soldadura en pasada única en chapas de hasta 10 mm de espesor.

3. ARCLINE® PP está equipado con un avanzado sistema de refrigeración por líquido que garantiza un enfriamiento eficiente del electrodo de wolframio. Esto amplía significativamente el ciclo de vida del electrodo y permite soldar con corrientes de hasta 450 A.

El gas protector, argón, forma la campana de gas exterior que protege la soldadura del riesgo de oxidación y depósito de partículas de humo no deseadas. El cordón de soldadura obtenido es suave y con penetración profunda.

Tanto el TIG como el MIG, son procedimientos económicos, y solucionan los problemas de soldabilidad, además con ambos se puede soldar en todas las posiciones, pero el TIG es lento para espesores medios y grandes, por lo que el proceso MIG resulta ser el más adecuado, para aumentar la productividad, a partir de espesores de 2 mm.

4.2. PROCESOS DE SOLDEO PARA LA SOLDADURA DE TUBOS Y ESTRUCTURAS DE VAPORIZADORES DE ALEACIONES DE ALUMINIO

Los procesos más usados, son:

- TIG (manual y orbital).
- PLASMA.
- LÁSER.

El primero de los procesos han sido ampliamente desarrollado en el punto 4.1.2., de este libro, por lo que nos limitaremos a exponer el TIG orbital, y mostrar las figuras 44, 45 y 46 de soldaduras TIG manual de unión de tubos y de la base soporte de un vaporizador.

Figura 44. Soldadura TIG de unión de dos tuberías.

Figura 45. Soldadura TIG en T de dos tubos.

Figura 46. Soldadura TIG de la base de apoyo de un vaporizador.

4.2.1. SOLDADURA TIG ORBITAL

La soldadura orbital es un proceso especializado en el campo de soldadura en la que el arco gira automáticamente alrededor de una pieza estática, en un proceso continuo, figura 47.

Este proceso es ideal cuando se requiere soldadura repetible y de alta calidad. Lo más probable es que la unión a soldar sea la de dos tubos, en nuestro caso de aluminio o de sus aleaciones, figura 48.

Pero en algunos casos, como cuando en la construcción de oleoductos y gasoductos, puede ser de este u otro tipo de material.

Al usar la soldadura orbital como un proceso mecanizado, se puede confiar en una soldadura fácil de realizar y rehacer, así como en una soldadura fiable para las uniones de tubos.

Las industrias químicas, de petróleo y gas, son las que más utilizan la soldadura orbital.

Se soldará en corriente alterna pulsada sinusoidal, o de onda cuadrada. Se puede regular el tiempo de cada semionda y también se puede elegir que la semionda negativa dure más tiempo consiguiendo mayor penetración o que la semionda positiva sea más larga, consiguiendo que el efecto de decapado o limpieza esté más acentuado.

Además, se deben tener en cuenta controles estrictos al soldar tuberías de distintos diámetros de manera ordenada. Esto puede implicar el uso de diferentes tamaños de cabezales de soldadura para tuberías de diferentes tamaños, figuras 49, 50 y 51. Afortunadamente, muchos de los equipos actuales para soldadura orbital pueden almacenar, recibir o enviar datos para un trabajo de soldadura en particular, lo que permite que este proceso sea repetible y funcione sin problemas (https://orbitechnik.com/).

Cuando se requiere soldadura orbital para la construcción de tuberías de petróleo y gas, se requieren equipos de gran tamaño. En esos casos, se utiliza una cremallera o vías para mover el cabezal de soldadura. La soldadura se realiza mientras rodea la pieza, figura 52.

La soldadura orbital se lleva a cabo cuando el electrodo gira en una órbita alrededor de una junta en un rotor. Este rotor puede sujetarse mediante un par de vías o una pieza adaptable (abrazadera) que se fija a la unión a soldar. El rotor y el electrodo, dentro del cabezal de soldadura, gira alrededor del tubo, produciendo el baño de fusión.

La unión está rodeada por un gas protector que protege el baño de fusión de la soldadura fundida.

Pero antes de que la soldadura pueda comenzar, es necesario centrar las juntas en el accesorio, para que el electrodo se alinee con la unión de soldadura con precisión. Establecer la posición correcta para la unión de soldadura es muy importante. Si la configuración no es la correcta, la soldadura puede verse profundamente afectada.

Para lograr dicha alineación en la unión de soldadura, se utilizan abrazaderas externas.

Para tuberías de diámetro pequeño, como las de los vaporizadores, las abrazaderas externas mantienen las piezas juntas. Pero cuando hablamos de una tubería de gran tamaño, como las que se usan en la industria del petróleo y el gas, las abrazaderas internas y adaptables se usan comúnmente.

Otro problema que puede afectar el trabajo de soldadura orbital es la técnica de purga utilizada. Por lo general, el gas de purga es argón, que es apropiado para estos trabajos. Después de configurar esto, es necesario definir el caudal y la presión correctos a través de la unión de soldadura y a través de la tubería. Este gas protector, alimentado por el cabezal de soldadura, tiene el propósito de proteger el baño de fusión de la soldadura de cualquier contaminación.

Como cualquier otro proceso automatizado en el taller, la soldadura orbital debe ser repetible. Para que esto suceda, se debe crear un programa. Cada uno de estos programas debe contener el procedimiento paso a paso de acuerdo con el material base, el espesor de la pared y el diámetro del tubo.

En la mayoría de los casos, el equipo de soldadura orbital tiene la capacidad de registrar operaciones.

Tener toda la información de la soldadura registrada permite obtener la trazabilidad necesaria y analizar datos para ayudar a eliminar errores. En realidad, una vez hecho esto, el proceso puede auditarse para mejorar cualquier fallo.

Otros beneficios de la capacidad de grabar y rehacer fácilmente trabajos de soldadura orbital es que pueden mejorar la precisión y aumentar la productividad, al reducir las posibilidades de error humano.

Figura 47. Cabezal orbital para la soldadura TIG de tubería.

Figura 48. Soldaduras orbitales TIG de las tuberías de un vaporizador atmosférico.

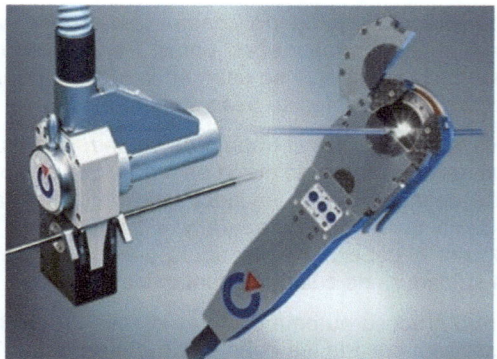

Figura 49. Cabezales orbitales para tubos de diámetro pequeño.

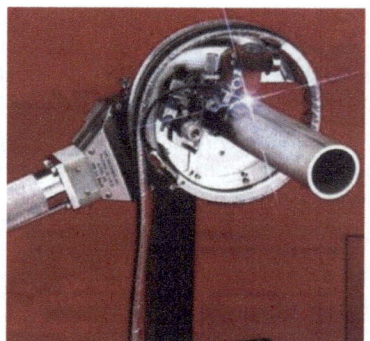

Figura 50. Cabezal orbital para tubos de diámetro mediano.

Figura 51. Cabezales orbitales para tubos de diámetro mediano y elevado.

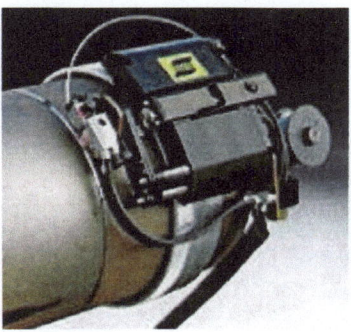

Figura 52. TIG automatizado soldeo con carro ESAB para grandes diámetros en tubería.

Para la soldadura de las tuberías a las placas de los vaporizadores de carcasa y tubo (Shell and Tube Vaporizer STV), se usa la soldadura TIG con un dispositivo especial que se muestra en la figura 53 a).

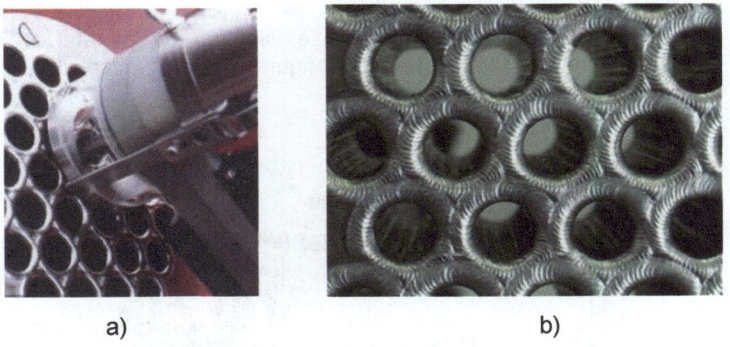

a)   b)

Figura 53. a) Cabezal orbital para unión tubo-placa de los vaporizadores STV. b) Soldaduras TIG tubo-placa.

Figura 54. TIG automatizado para soldeo tubería en cornisa.

Figura 55. Cabezal orbital HELIX™ C450.

Caracteristicas del cabezal orbital de la figura 55:

- Dispone de un control de voltaje del arco (AVC) programable y de oscilación.

- La carcasa del motor está refrigerada por agua, así como la antorcha lo que evita que se recaliente el cabezal.

- Mecanismo de sujeción versátil: el sistema de zapata de sujeción de liberación rápida hace que la configuración para diferentes diámetros de tubería sea rápida y sencilla.

Figura 56. Cabezal orbital abierto tipo carro.

Los cabezales de soldadura orbital abiertos de tipo carro (figura 56) se desplazan alrededor de los tubos o tuberías sobre vías o cremalleras adecuadas, que se pueden montar sobre tubos de con diámetro exterior de más de 32 mm. El espesor de pared del tubo requiere que se den varías pasadas de soldadura.

El cabezal debe transportar el equipo necesario, como la antorcha de soldadura, el oscilador y el alimentador de hilo con un carrete de hasta 5 kg. Por otro lado, se puede montar cámaras de vídeo, que permiten al operador observar y grabar las realización de las soldaduras.

4.2.2. SOLDADURA POR ARCO PLASMA

En AWS: Plasma Arc Welding (PAW). En Norma UNE-EN ISO 4063, N° de referencia:15. [22].

El plasma es el cuarto estado de la materia. Consiste en:

- Un gas ionizado como mínimo en un 1%.
- Temperatura del gas, más de 13.000 °C.
- Un gas buen conductor eléctrico.
- Un sistema mecánico de constreñimiento de un flujo gaseoso.

Como nota, indicar que el estado de plasma constituye más del 99% de la materia del universo.

La soldadura por arco de plasma es un proceso que utiliza una cierta cantidad de plasma a temperatura elevada para conseguir fundir y unir la mayoría de los metales [23]. Esta columna de plasma es comprimida al hacerla pasar por un orificio situado a continuación de un electrodo. El término "plasma" se refiere a un gas que ha sido suficientemente ionizado para hacerse conductor de la corriente eléctrica. En la figura 57 se puede observar un esquema del proceso.

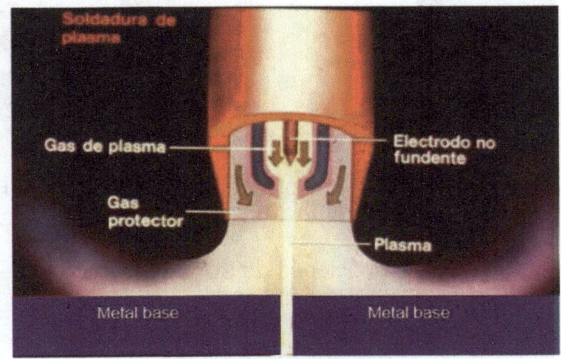

Figura 57. Principio de la soldadura por arco plasma.

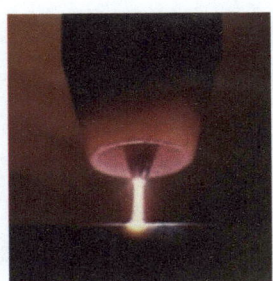
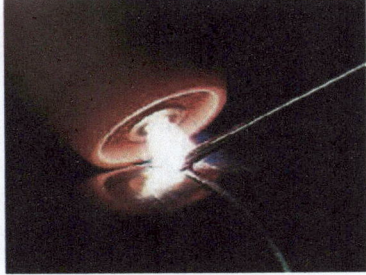

Figura 58. Soldeo manual por arco plasma sin y con aportación de material.

El electrodo de tungsteno, que está encajado dentro de la antorcha de plasma y detrás del tip (boquilla), está protegido de las impurezas exteriores que normalmente atacarían su superficie caliente. Con esta protección necesita ser cambiado aproximadamente cada 8 horas en la mayoría de las operaciones.

En el proceso TIG el electrodo está sujeto externamente. Esto expone el electrodo a las contaminaciones (óxidos, impregnaciones de aceites, grasas, etc....) presentes en la superficie del material que va a ser soldado. Estos contaminantes, bajo temperaturas elevadas, atacarán al electrodo de tungsteno.

También la alta frecuencia (H.F.) con que se pone en marcha el arco puede contribuir a la erosión del electrodo al estar constantemente funcionando. Si este problema continúa, puede provocar un inconsistente encendido del arco y una pérdida de su control, causando pérdidas de tiempo y rechazo de piezas debido a soldaduras de mala calidad.

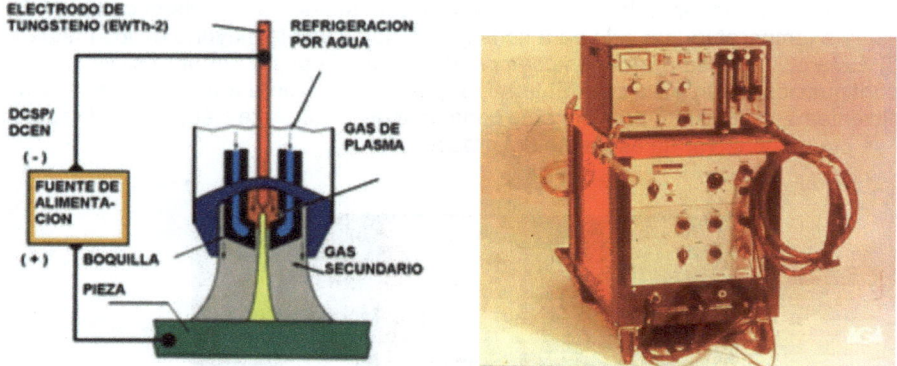

Figura 59. Esquema y equipo de soldadura por arco plasma. Fuente: AGA AB.

No es raro que en muchas aplicaciones de soldadura TIG se precise cambiar el electrodo una o dos veces por hora, dependiendo de la limpieza de las piezas y de los niveles de utilización (producción).

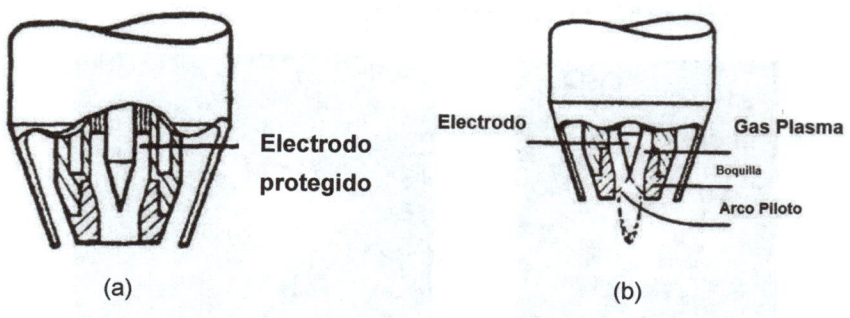

Figura 60. (a) Posición del electrodo de tungsteno y (b) cebado del arco, en la soldadura por plasma.

El cebado del arco es facilitado por un arco piloto. que se genera en las partes internas de la pistola, entre el electrodo y la boquilla.

El arco es activado al superponerse una alta frecuencia (que proviene de un pequeño generador de alta frecuencia situado en la consola de control) a una intensidad baja de forma continua, durante un corto periodo de tiempo para ionizar el gas.

Una vez que el arco piloto se ha estabilizado la alta frecuencia deja de actuar. Al posicionar la antorcha sobre la pieza a soldar el arco principal es transferido a esta última desde la unidad de alimentación y a través del arco piloto.

Un orificio en la boquilla, situado en la parte frontal de la antorcha, permite obtener el chorro laminar de gas plasma y un arco constreñido. La magnitud de esta constricción esta normalmente controlada por tres factores: el diámetro del tip o boquilla, el caudal del gas plasma, y la posición interna del electrodo (distancia entre la punta del electrodo y el tip: SETBACK o retraso).

El arco estará estrechado al máximo cuando la antorcha esté operando con caudales de plasma más potentes y el electrodo se encuentre lo más separado posible con respecto al tip.

Este tipo de arco se usa normalmente cuando se intenta conseguir soldaduras de una sola pasada, con un máximo de penetración, cordones de soldadura estrechos y en aquellas en las que se quiere reducir la distorsión del metal base. La soldadura con un 100% de penetración se usa generalmente en espesores entre 2,3 y 6,4 mm. Reduciendo la posición retrasada del electrodo y el flujo de plasma, aparecerá un arco menos estrecho. Permite mayores velocidades en materiales base de espesores reducidos desde 0,3 a 4,7 mm.

En las figuras 61 y 62 podemos observar el constreñimiento del arco y el dispositivo empleado para la creación del key hole, o "agujero de ojo de cerradura".

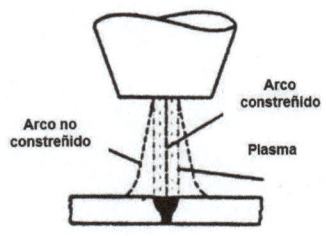

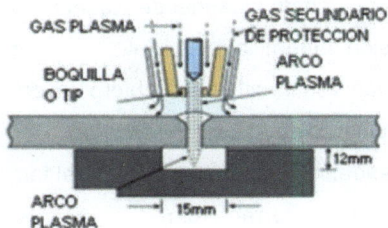

Figura 61. Arco constreñido.   Figura 62. Preparación para la soldadura.

FÍSICA DEL "KEY HOLE"

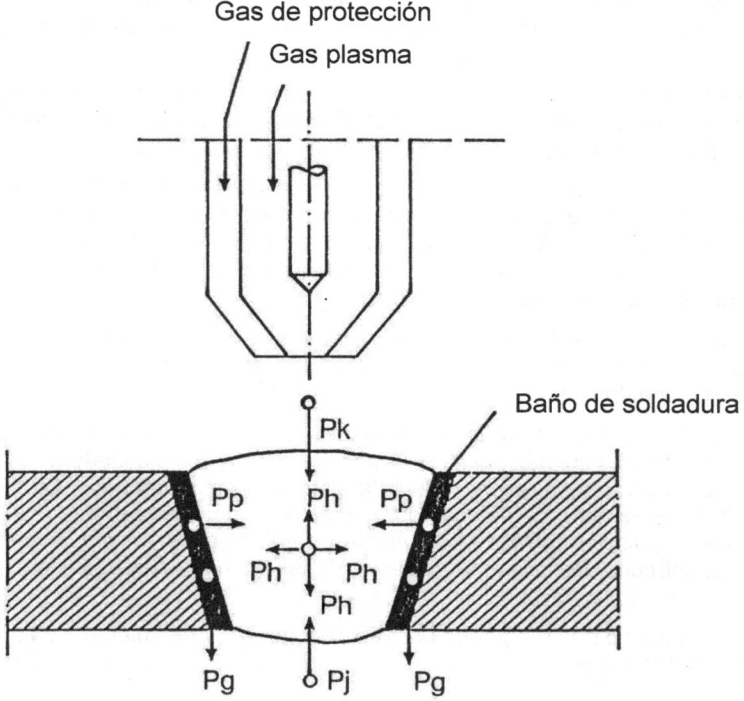

Figura 63. Física del "Key Hole" (Ojo de cerradura).

P_h = Presión de vapor de metal

P_k = Presión debida a caudal de plasma

P_p = Tensión superficial

P_g = Presión debida a la fuerza hidrostática

P_j = Presión debida al gas de respaldo

P_h y P_k tienden a mantener constante el tamaño del ojo

P_g y P_p tienden a cerrar el ojo

P_j es necesario para cerrar el ojo y equilibrar las fuerzas

NOTA: P_j se alimenta lateralmente.

Según se desplaza la antorcha a una velocidad constante, el metal fundido, sostenido por la tensión superficial, fluye detrás del keyhole formando el cordón de soldadura, (figura 64). La forma de soldadura keyhole es casi exclusivamente realizado en sistemas automáticos.

Esta técnica se utiliza típicamente en soldaduras a tope con espesores que van desde 2,4 mm hasta 6,4 mm, en las que se requiere un 100% de penetración en pasada única.

La soldadura manual keyhole no es recomendada a causa de la dificultad de mantener una velocidad de desplazamiento constante, en la posición de la antorcha o en la aportación de material.

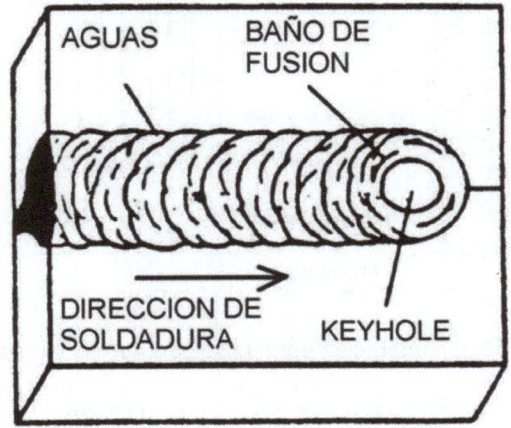

Figura 64. Técnica para la soldadura por "Key Hole".

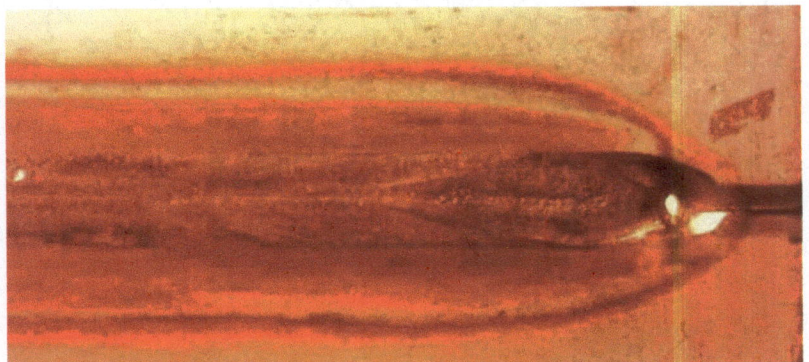

Figura 65. Soldadura realizada con "Key Hole".

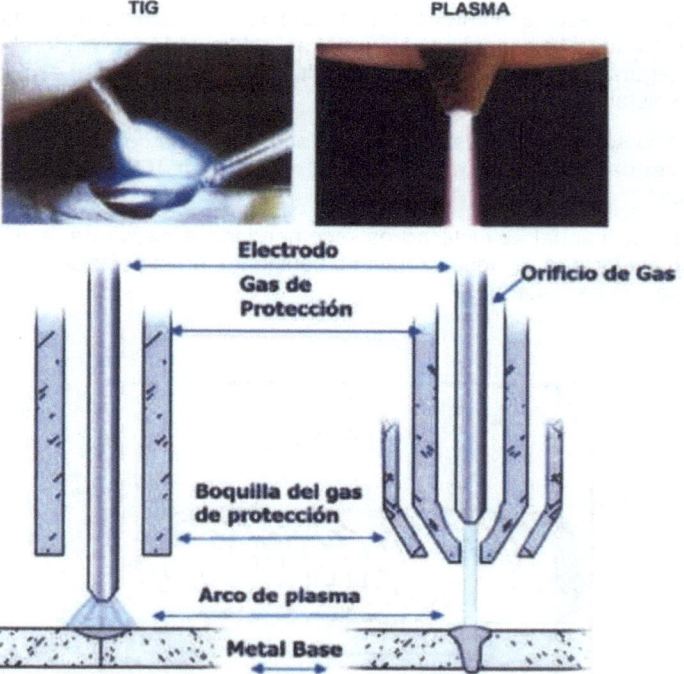

Figura 66. Comparación entre la soldadura TIG y Plasma.

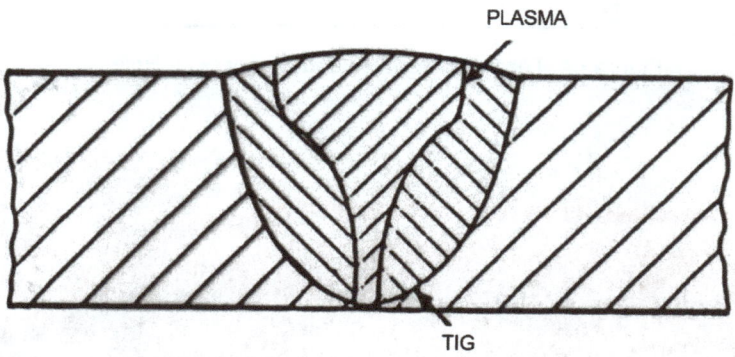

Figura 67. Comparación entre las deposiciones con la soldadura TIG y Plasma.

Aplicaciones:

Acero inoxidable: sin problemas (óptimo).

Aleaciones de aluminio: poco uso (C. A.).

Titanio: fácilmente soldable (debido a su tensión superficial elevada en estado líquido, se pueden soldar chapas a tope hasta de 12 mm de espesor, sin preparación).

Cobre: difícilmente soldable (debido a su conductividad térmica elevada).

Aceros al carbono y débilmente aleados: difícilmente soldables (debido a su conductividad térmica elevada y a su baja tensión superficial en estado líquido).

Soldeo por microplasma

- Existen dos gamas: a) de 0,01 a 1,5 mm de espesor y b) de 0,01 a 20 amperios.

- Gases:

  o plasmágeno: Ar puro, caudal: 0,1 a 0,3 l/min

  o protección: 95% Ar + 5% H_2, caudal: 4 l/min

  o respaldo: Ar puro, caudal: 4 l/min

- Velocidad de soldeo:

  o manual: hasta 650 mm/min

  o automatizada: de 700 a 3.000 mm/min

- Superficie ocupada por cordón soldadura es 0,3 de la ocupada por TIG.

Tabla 28 .Valores de los parámetros de soldeo aplicables en función del tipo de soldeo y del diámetro del electrodo de tungsteno usado.

Tipo de soldeo	Intensidad (A) Rango de intensidades				Diám. electrodo (mm)	Áng. electrodo (°)	Tobera interior, diám. (mm)	Caudal gas plasma (l/min)	Tobera protecc., diám. (mm)	Caudal gas protecc. (l/min)
	20	100	200	400						
Microplasma	5				1	15	0,8	0,2	8	4-7
Microplasma	10				1	15	0,8	0,3	8	4-7
Microplasma	20				1	15	1,0	0,3	8	4-7
Plasma intermedio		30			2,4	30	0,79	0,47	12	4-7
Plasma intermedio		50			2,4	30	1,17	0,71	12	4-7
Plasma intermedio		75			2,4	30	1,57	0,94	12	4-7
Plasma intermedio		100			2,4	30	2,06	1,18	12	4-7
Plasma intermedio			50		4,8	30	1,17	0,71	17	4-12
Plasma intermedio			100		4,8	30	1,57	0,94	17	4-12
Plasma intermedio			160		4,8	30	2,36	1,42	17	4-12
Plasma intermedio			200		4,8	30	3,2	1,65	17	4-12
Plasma intermedio				180	3,2	60	2,82	2,4	18	20-35
Plasma intermedio				200	3,2	60	2,82	2,5	18	20-35
Ojo de cerradura				250	4,8	60	3,45	3,0	18	20-35
Ojo de cerradura				300	4,8	60	3,45	3,5	18	20-35
Ojo de cerradura				350	4,8	60	3,96	4,1	18	20-35

4.2.3. SOLDEO POR LÁSER. En AWS: Laser Beam Welding (LBW). En Norma UNE-EN ISO 4063, Nº de referencia: 52 [24,25].

Literalmente: Luz amplificada por emisión estimulada de la radiación.

L ight
A m plification
S tim ulated
E m ission of
R adiation

El láser es una fuente de luz intensa de carácter monocromático (radiación electromagnética de una longitud de onda definida) de haces esencialmente paralelos o coherente, lo que permite que sea transferido a largas distancias (baja divergencia).

Luz monocromática y coherente = un color y una dirección. La luz tiene una misma longitud de onda y una misma frecuencia.

Las ondas de un láser viajan organizadas, o sea, se encuentran en fase.

El haz láser puede concentrarse en un foco de reducidas dimensiones (del orden de décimas del milímetro), alcanzándose, de esta forma, altas densidades de potencia (del orden de 10^6-10^8 W/cm^2 para un láser de CO_2), en consecuencia, elevadas temperaturas en su interacción con la materia.

La generación del haz láser precisa de un medio activo, constituido por un gas o material sólido que proporciona los átomos, iones o moléculas que soportan la amplificación de la luz y que tras un ciclo de excitación – desexcitación, emita fotones de una determinada longitud de onda, de una fuente de excitación constituida por una fuente de alto voltaje la cual excita los átomos del medio activo para generar fotones y de un resonador óptico constituido por un par de espejos que producen la realimentación de la luz amplificada.

El medio activo puede ser un gas, como por ejemplo CO_2, un sólido, como los iones de neodimio embebidos en un cristal de itrio-granate-aluminio, o un líquido.

El medio activo en un láser de CO_2 son las moléculas de CO_2.

- El gas contenido en el resonador se puede excitar con una descarga de corriente continua C.C., o mediante el uso de Radiofrecuencia RF.

- El uso de RF presenta como ventajas el menor deterioro de los electrodos (al ser externos al resonador) y un menor consumo de gas de resonador.

- No obstante, el uso de descargas de corriente continua sigue siendo el método más utilizado (nuevos resonadores SLAB DC).

En la figura 68, se puede observar un esquema de un láser de gas CO_2, donde a continuación se explica su funcionamiento.

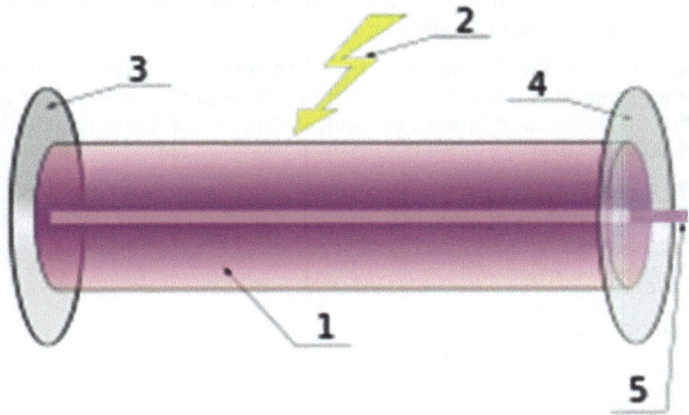

Figura 68. Esquema láser de gas CO_2. 1. Tubo donde se genera el haz láser. 2. Energía de alto voltaje que actua sobre el gas. 3. Espejo resonante 100% reflexivo. 4. Espejo agujereado por donde sale la luz 95% reflexivo. 5. Haz láser emergente.

Funcionamiento de un láser de gas:

1. La electricidad pasa a través del gas y algunos de sus átomos absorben energía de ésta y se excitan.

2. Los átomos no pueden permanecer en estado excitado y vuelven a su estado de reposo emitiendo su energía extra como un fotón, esto se denomina emisión espontánea.

3. El láser se produce cuando la mitad de los átomos están excitados. Esto se conoce como población invertida, que se opone al estado de reposo cuando unos pocos átomos más están excitados.

4. Los fotones chocan con los átomos excitados y producen otro fotón, pero los fotones que chocan con átomos no excitados se pierden. Esto es el porqué de que sea necesaria la población invertida para que se produzca el láser.

5. La amplificación ocurre debido a que cuando los fotones chocan con un átomo excitado, producen otro fotón idéntico al primero, ambos en energía y fase, estos pueden chocar con otros átomos excitados y, producir fotones más rápidos, y así sucesivamente.

6. La emisión estimulada y amplificada indica que el láser ha comenzado. La luz láser es reflejada a lo largo del tubo entre dos espejos, produciendo un haz paralelo, parte del cual se emite. Únicamente los fotones que viajen paralelamente al tubo chocan con los espejos.

Los parámetros del haz láser son:

- Potencia del haz láser: Es la energía emitida en forma de luz por unidad de tiempo. La unidad utilizada es el vatio (W). El tamaño de las máquinas láser,

en cuanto a su capacidad de procesado y velocidades esperadas, se mide en términos de potencia láser.

- Intensidad del haz: Se define como el cociente entre la potencia del láser y el área irradiada en el foco. Por ejemplo, al focalizar un haz láser de 1000 W sobre un punto de diámetro 0,1 mm, la intensidad láser resultante será de 125.000 W/mm^2.

En 1.917: Albert Einstein predijo la existencia de la emisión estimulada. En 1960: T.H. 1960 Maiman produjo por primera vez el fenómeno láser a frecuencias ópticas. Entre sus aplicaciones:

- Soldadura.

- Recubrimientos.

- Corte.

- Metrología.

- Medicina, etc.

Tabla 29. Tipos de Láseres.

Tipo de Láser	Zona del espectro E.M.	Longitud de onda λ (µm)	Medio Activo	Potencia (kW)
Excímero	Ultravioleta (UV)	0,03 – 0,39	Gas de excímero	≈ 100
Colorante	Violeta (Visible)	0,39 – 0,455	Colorante orgánico	≈ 1
Colorante	Azul (Visible)	0,455 – 0,492	Colorante orgánico	≈ 1
Colorante	Verde (Visible)	0,492 – 0,577	Colorante orgánico	≈ 1
Colorante	Amarillo (Visible)	0,577 – 0,597	Colorante orgánico	≈ 1
Colorante	Naranja (Visible)	0,579 – 0,622	Colorante orgánico	≈ 1
He-Ne			Mezcla He y Ne	0,00001-0,005
Diodo	Rojo (Visible)	0,622 – 0,780	Unión p-n semicon.	0,00005-0,005
Colorante			Colorante orgánico	≈ 1
CO_2			Mezcla CO_2, N_2 y He	1 – 15000
Nd-YAG	Infrarrojo (IR)	0,780 – 3.000	Cristal YAG con Nd^{3+}	1 – 2000
Diodo			Unión p-n semicon	0,00005-0,005

La longitud de onda es la longitud de un ciclo de la onda electromagnética (constituida por un campo eléctrico E y un campo magnético H perpendicular al primero) que constituye la radiación láser, y puede condicionar el procesado de ciertos materiales, así por ejemplo el vidrio es transparente a la radiación láser con longitudes de onda en el visible o en el infrarrojo cercano como es el caso del láser de estado sólido Nd-YAG, o en el caso del aluminio donde se absorbe mejor la radiación de longitud de onda 108 nm (Nd-YAG) que la de 109 nm (CO_2).

No obstante, el efecto que tiene la longitud de onda en el nivel de absorción de la radiación láser por parte del material no es comparable al que tiene la intensidad del haz láser.

Se dice que el haz láser está polarizado cuando la dirección del vector campo eléctrico E, que forma parte de la radiación electromagnética, está definido.

La polarización puede ser: circular (la dirección del vector campo eléctrico varía barriendo una circunferencia), lineal (la dirección del vector campo eléctrico está definida según una recta determinada), elíptica (la dirección del vector campo eléctrico varía barriendo una elipse) o aleatoria (la dirección del vector campo eléctrico no sigue ningún patrón). Un láser de Nd-YAG proporciona directamente un haz láser con polarización aleatoria.

El modo de operación continuo o pulsado hace referencia a como el resonador suministra el haz láser, en forma de una onda continua, modo continuo (CW), o en forma discontinua, mediante pulsos. Generalmente los láseres pueden emitir en CW o pulsado, obteniéndose, normalmente, las mayores velocidades de corte lineal con el láser operando en modo CW. La distancia focal y profundidad de foco es la distancia focal de las lentes determina el tamaño del haz en el foco. El tamaño mínimo del punto focal (*d*) es una función de la longitud de onda de la radiación láser (λ), del modo del haz (factor de calidad del haz, K), el diámetro del haz sin focalizar (*D*) y de la distancia focal de la lente (*f*), y viene dado por la expresión:

$$d = \frac{4\lambda}{\pi} \frac{f}{D\,K} \qquad \textbf{(4.1)}$$

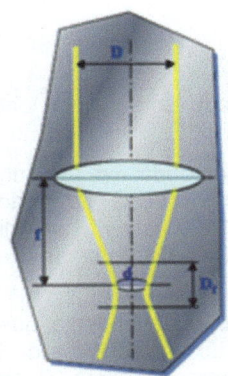

Figura 69. Distancia focal y profundidad de foco.

La profundidad de foco se puede definir como el segmento centrado en el plano focal, cuyos extremos marcan una variación máxima del tamaño del foco de un 5% y ésta determina la tolerancia en la variación de la posición de la lente a la pieza.

Generalmente, distancias focales pequeñas se corresponden con profundidades de foco cortas.

La calidad del haz define la capacidad de éste para ser enfocado en un foco de reducidas dimensiones. Se cuantifica a través del parámetro K o M^2. Estos se definen a partir de parámetros ópticos del haz como:

$$d = \frac{4\lambda}{\pi}\frac{f}{D\,K} = \frac{1}{M^2} \quad \textbf{(4.2)}$$

Cuanto más cerca de la unidad esté el valor del factor K, mayor será la calidad de haz, en el procesado de materiales existen dos tipos fundamentales de equipos láser:

1. Láseres de estado sólido:

   - Nd-YAG.
   - Láser de Diodos.

2. Láseres gaseosos:

   - Láser de CO_2.
   - Láser de Excímero.

LÁSER DE CO_2

Longitud de onda: λ=10,6 µm. Medio activo: Mezcla de 10% CO_2, 40 %N_2 y 50% He Potencia: 1- 15000 W. Rendimiento: 15 %.

Aplicaciones: corte, soldadura, tratamientos térmicos.

LÁSER DE Nd-YAG

El medio activo es un cristal dopado, es decir con iones de impurezas. Es, por tanto, un láser de estado sólido.

Sus características: Longitud de onda: λ = 1,06 mm; Medio activo: Cristal de YAG (cristal de granate de itrio y aluminio $Y_3Al_5O_{12}$) dopado con 1% de ion Nd^{3+}. Potencia: desde unos pocos vatios hasta 2000 vatios. Rendimiento: 15 % aproximadamente. Bombeo tipo óptico con lámparas de flash de Xenón o Kripton. La salida es generalmente pulsada.

El elemento generador del haz es el neodimio, que se encuentra embebido en un cristal de aluminio-itrio-granate. Los dispositivos de baja potencia se utilizan en el corte en modo pulsado, de espesores de hasta 10 mm.

En este último caso se utilizan potencias pico de 10 kW, con potencias promedio de unas decenas de vatios.

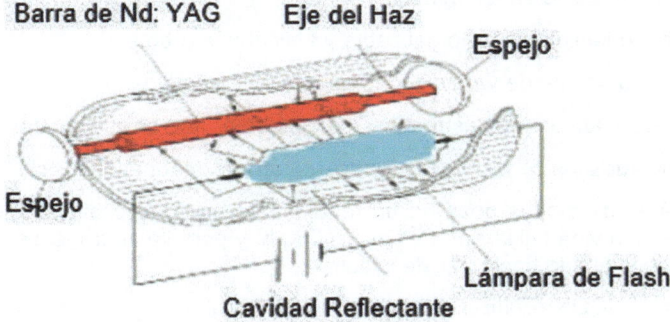

Figura 70. Esquema de un láser de Nd-YAG.

El modo continuo con mayores potencias se utiliza principalmente en soldadura. Originalmente se utilizaron como sistema de excitación para el láser de Nd: YAG, pero se pudo comprobar que combinando varios emisores se podía generar un láser con entidad propia para el procesado de materiales.

La soldadura por láser se realiza básicamente de dos modos [26].

- Pulsado con láseres de estado sólido tipo Nd-YAG

- Continuo con láseres de tipo CO_2.

Ventajas:

- Distorsión reducida debido al escaso aporte térmico.

- ZAC reducida.

- Buena apariencia del cordón.

- Proceso de fácil automatización.

- Accesibilidad no conseguida por otros métodos.

Limitaciones:

- Alto coste de las instalaciones.

- Materiales que templan con facilidad [27].

SOLDADURA. VENTAJAS DEL PROCESO

- Soldaduras estrechas.

- Posibilidad de eliminar preparaciones diversas (U, V).

- Aporte térmico pequeño en ambas caras de la pieza.

- Distorsión mínima; sin necesidad de procesado.

- Crecimiento de grano y ZAC muy pequeños.

- Elevada productividad y flexibilidad.

- Velocidades de varios m/min.

- Proceso fácilmente automatizable y aplicable a robots.

- Unión a solape de varias capas en una única pasada.

- Acceso a juntas muy estrechas, inalcanzables con otras técnicas.

- Eliminadas las consideraciones sobre campos magnéticos.

- El láser de diodos goza de un rendimiento energético elevado, es portátil, tiene una vida útil larga (más de 15.000 h) y permite su transmisión por fibra óptica lo que lo hace fácil de robotizar.

SOLDADURA. INCONVENIENTES DEL PROCESO:

- Alto nivel de preparación de juntas.
- Limpieza, distancia a la tobera y entre bordes (exactitud).
- Posibilidad de perforaciones (gran densidad de energía).
- Cualquier pequeño error produce fallos y cortes.
- Alineación "rayo-junta" muy exacto.
- Máquina-herramienta de alta precisión y altos requerimientos de mantenimiento y seguridad.
- Nivel de oscurecimiento de pantallas de protección (entorno).
- Espejo (resonador) y lentes (cabezal) muy delicados.
- Sistema de refrigeración y eléctrico de altos requerimientos.
- Compresor de alta calidad y gases de alta pureza.
- Tecnología de alta inversión y elevado coste de mantenimiento.
- Seguridad.

a)

Figura 71. a) Cabezal soldadura automática láser. b) Soldadura manual de Láser Comercial.

CAPÍTULO 5. SOLDADURA MIG DE ALTO DEPÓSITO

5.1. PROCESO MIG ALTO DEPÓSITO

Este proceso se expone al final, por tener una gran importancia en la soldadura recipientes de fuertes espesores de la aleación AA 5083-O [28,29].

La soldadura plana es la más económica, ya que, generalmente es la única que admite grandes aportaciones de material en una sola pasada. Especialmente, y para construcciones en aluminio, se ha desarrollado una técnica, que denominamos MIG-Alto Depósito, y que es en esencia un equipo de MIG de los ya descritos, en los que las mayores dimensiones son su característica principal.

El principal objetivo es soldar grandes espesores (hasta 100 mm) en sólo dos pasadas (una por cada cara), siendo su rendimiento muy elevado. Para ello, la fuente de alimentación del conjunto es de 1.000 A al 100% (75 kVA), C.C. y de Intensidad Constante, y va provisto de una antorcha de soldadura, con un circuito de doble protección gaseosa (mezcla Ar + He interior y Ar puro en el exterior) que, a su vez, está refrigerada para evitar el calentamiento y las consiguientes turbulencias en el gas, pudiendo soldar con hilos desde 1,6 a 6,4 mm de diámetro.

Antes de entrar en el tema, debemos hacer especial hincapié de la utilización aquí de los sistemas "velocidad lenta de arranque" y de "rellenado final de cráter".

Estos equipos disponen de una unidad de alta frecuencia para facilitar el cebado del arco. Así como de un dispositivo "antipegado del hilo".

5.2. INSTALACIÓN

En las figuras 72 y 73 podemos observar un esquema y una vista completa de una instalación MIG Alto Depósito.

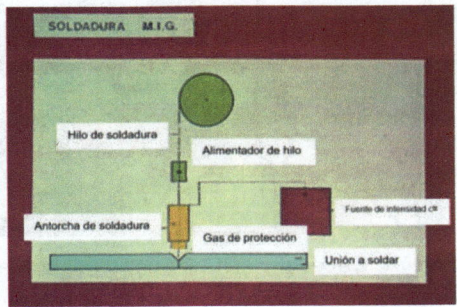

Figura 72. Esquema soldadura MIG Alto Depósito.

5.2.1. FUENTE DE CORRIENTE

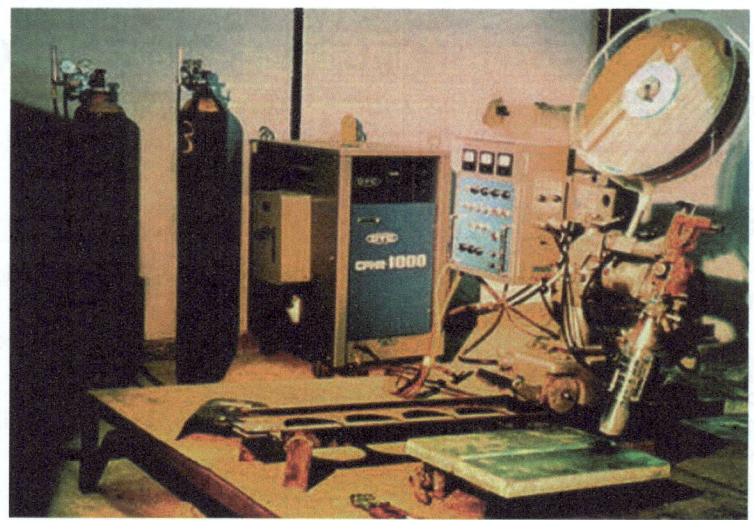

Figura 73. Vista completa de una instalación MIG Alto Depósito.

5.2.2. CABEZAL Y ALIMENTADOR DE HILO

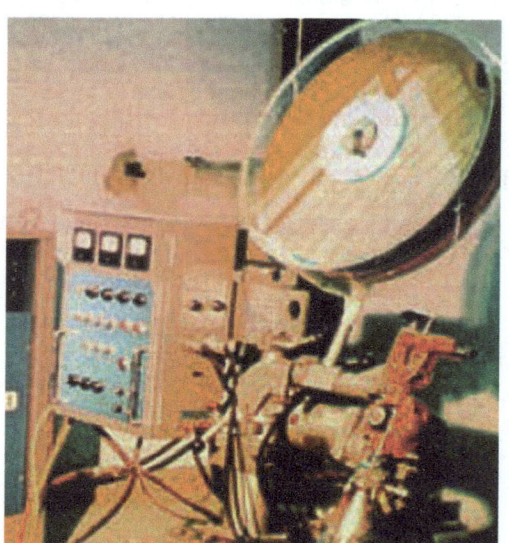

Figura 74. Cabezal y alimentador de alambre.

El cabezal y el alimentador de hilo dispondrá de un control para:

- Enderezado de hilo.

- Control de velocidad lenta para el arranque.

- Sistema de rellenado del cráter final.

- Preflujo y postflujo de gas para mejor protección del baño.

- Dispositivo "Anti stick" (Antipegado del alambre).

5.2.3. ANTORCHA DE SOLDADURA

En las figuras 75 y 76 vemos detalle de la antorcha de soldadura y colocación de una probeta, lista para su soldadura.

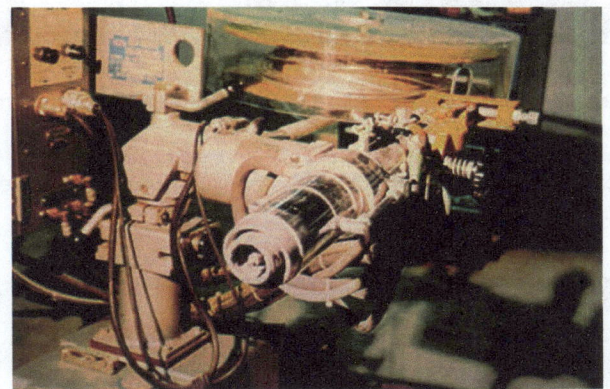

Figura 75. Detalle de la antorcha de soldadura con doble protección gaseosa.

Figura 76. Probeta de soldadura lista para ser soldada.

En la figura 77 podemos ver el rango de aplicación de este procedimiento en lo referente a diámetros de hilo y espesores de planchas. [29].

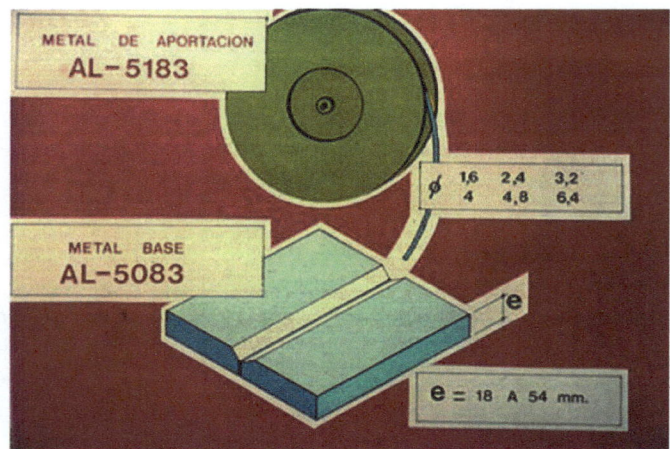

Figura 77. Soldadura MIG Alto Depósito (rango de aplicación).

En la figura 78 vemos una macrografía de una soldadura de MIG-AD, realizada con una protección interior de 75% He + 25% Ar y una protección exterior de argón puro. [30].

Figura 78. Macrografía de una soldadura de MIG-AD realizada con doble protección gaseosa: 75% He + 25% Ar (protección interior) Y Ar puro (protección exterior).

En la figura 79, se observa una gráfica experimental, que nos relaciona la intensidad de soldadura con la velocidad de salida del hilo. En ella se indican los puntos de funcionamiento óptimo, para cada diámetro de hilo, consignándose el índice de deposición por pareja de valores.

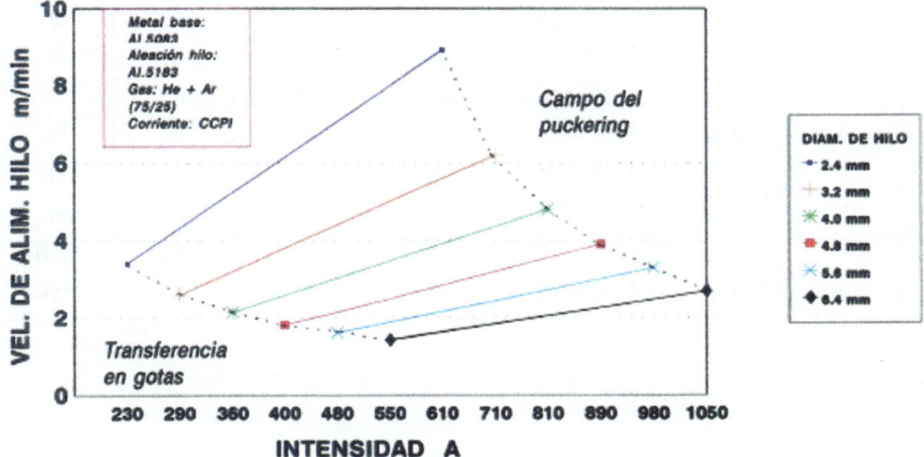

Figura 79. Relación entre la intensidad de soldadura y la velocidad de salida del hilo.

5.3. PARÁMETROS

El baño de fusión formado mantiene fundido un volumen apreciable de material, el cual, por otra parte, es muy fluido. Debido a esto, el plano de las chapas a soldar se debe encontrar inclinado unos cinco grados, con relación al plano horizontal, para la dirección ascendente de la soldadura.

Si nos fijamos en la tabla 30 de parámetros de soldadura, por ejemplo, en un espesor medio de 40 mm, observamos que las intensidades empleadas son de 750 A, con hilo de 4,8 mm de diámetro.

Tabla 30. Parámetros de soldeo obtenidos experimentalmente.

ESPESOR (mm)	∅ HILO (mm)	INTENSIDAD (A)	VOLTAJE (V)	VELOCIDAD (cm/min)	CAUDAL INT. (l/min)	CAUDAL EXT. (l/min)
18-20	3,2	1ª P. 500-525	31-33	30	60	60
		2ª P. 550-575	32-34	30	60	60
20-30	3,2	1ª P. 550-575	32-34	28	60	60
		2ª P. 600-625	33-35	28	60	60
30-40	4	1ª P. 650-575	34-36	25	60	80
		2ª P. 700-725	35-37	25	60	80
40-54	4,8	1ª P. 750-775	36-38	18	60	100
		2ª P. 800-825	36-38	18	60	100

CAPÍTULO 6. CONSUMIBLES: METAL DE APORTACIÓN Y GASES

6.1. INTRODUCCIÓN

La clasificación y composición química de los materiales de aportación, para los procesos TIG y MIG, utilizados en la soldadura de la aleación AA 5083 están descritas en numerosas normas, siendo las más usadas: (AWS A5.10/A5.10M):2017 y UNE EN ISO 18273 REV 2.016.

El criterio fundamental para la elección del consumible es el de la facilidad que presenta para la soldadura, resistencia, ductilidad, resistencia a la corrosión del par metal aportación-metal base, trabajo a elevadas temperaturas y color final después del anodizado [30,31]. Los metales de aportación elegidos, para soldar AA 5083, pueden dar unas características mecánicas, incluso una carga de rotura inferior a la del metal base, lo que es contrario a todos los demás casos de soldadura, en los que la unión soldada tiende a tener mayor carga de rotura que el material base. Así, en el ensayo de tracción, la probeta puede romper por la soldadura.

Tabla 31. Composiciones químicas de los metales de aportación para soldadura.

AWS A5.10-99 ASME SFA-5.10 CLASSIFICATION	%Mn	%Si	%Fe	%Mg	%Cr	%Cu	%Ti	%Zn	%Be	%Otros (1)	%Al
ER1100 & Alloy 1050	0,05	-	-	-	-	0,05-0,20	-	0,10	-	0,05	99,0
ER2319	0,20-0,40	0,20	0,30	0,02	-	5,8-6,8	0,10-0,20	0,10	(2)	0,05(3)	Balance
ER4043	0,05	4,5-6,0	0,8	0,05	-	0,30	0,20	0,10	(2)	0,05	Balance
ER4047	0,15	11,0-13,0	0,8	0,10	-	0,30	-	0,20	(2)	0,05	Balance
Alloy 5052	0,10	0,25	0,40	2,2-2,8	0,15-0,35	0,10	-	0,10	(2)	0,05	Balance
Alloy 5056	0,05-0,20	0,30	0,40	4,5-5,6	0,05-0,20	0,10	-	0,10	(2)	0,05	Balance
Alloy 5154	0,10	0,25	0,40	3,1-3,9	0,15-0,35	0,10	0,20	0,20	(2)	0,05	Balance
ER5183	0,50-1,0	0,40	0,40	4,3-5,2	0,05-0,25	0,10	0,15	0,25	(2)	0,05	Balance
ER5356	0,05-0,20	0,25	0,40	4,5-5,5	0,05-0,20	0,10	0,06-0,20	0,10	(2)	0,05	Balance
ER5554	0,50-1,0	0,25	0,40	2,4-3,0	0,05-0,20	0,10	0,05-0,20	0,25	(2)	0,05	Balance
ER5556	0,5-1,0	0,25	0,40	4,7-5,5	0,05-0,20	0,10	0,05-0,20	0,25	(2)	0,05	Balance

Notas: Los valores únicos corresponden a máximos, excepto en el caso del Al.

(1) El total de Otros no debería exceder del 0,15%.

(2) El contenido de Be no debería exceder el 0,00003%.

(3) El contenido de V debería estar entre el 0,05-0,15% y el de Zn entre 0,10-0,25%.

6.2. CONSUMIBLES Y VARILLAS DE SOLDEO

Tabla 32. Consumibles recomendados para la soldadura del aluminio y sus aleaciones, en la condición O = recocido total (AA).

Metal Base	Para resistencia máxima en condición soldada	Para alargamiento máximo
EC AA 1100	ER1100 1100, 4043	EC 1260 ER1100, ER4043
AA 2219 AA 3003 AA 3004 AA 5005	ER2319 ER5183, ER5356 ER5554, ER5356 ER5183, ER4043, ER5356	(1) ER1100, ER4043 ER5183, ER4043 ER5183, ER4043
AA 5050 AA 5051 AA 5052 AA 5083 AA 5086	ER5356, ER5183 ER5356 ER5356, ER5183 ER5183, ER5356, ER5554 ER5183, ER5356, ER5556	ER5183, ER5356, ER5654 ER5183, ER4043 ER5183, ER4043, ER5356 ER5183, ER5356, ER5554 ER5183, ER5356
AA 6061 AA 6063 AA 6082	ER4043, ER5183 ER4043, ER5183 ER4043, ER5183	ER5356 (2) ER5356 (2) ER5356

Notas: (1) La ductilidad de las soldaduras de este metal base no se ve afectada de forma apreciable por el metal de aportación, el alargamiento en general es más bajo que el de otras aleaciones enumeradas.
(2) Para uniones soldadas en AA 6061 y AA 6063 que requieran una conductividad eléctrica máxima, usar ER4043, si se requiere tanto aumento de la resistencia como de la conductividad eléctrica, usar ER5356.

EC = Al con un contenido mínimo del 99,45%, su conductividad eléctrica es de 68% la del Cu a tamaños iguales, y 200% a pesos iguales

6.2.1. CONSUMIBLES USADOS EN SOLDADURA DE LOS VAPORIZADORES

Los consumibles a usar en la soldaura de los materiales que se utilizan en una planta de regasificación para fabricar vaporizadores y uniones de tubo y estructuras figuran en las tablas 31 y 32 de acuerdo con las normas (AWS A5.10-M: 2017) y con UNE EN ISO 18273 REV 2.016.

A continuación, describimos las características de las familias de hilo y varillas de las aleaciones de aluminio:

3xxx. Estas aleaciones de Al-Mn tienen una resistencia moderada al agrietamiento y son fácilmente soldables con hilos y varillas ER 4043 y ER 5356.

5xxx. Las aleaciones de Al-Mg son las que tienen su resistencia más elevada y son las más usadas en nuestros equipos, y los consumibles a usar son ER 5183 y ER 5356. Una excepción es la AA 5052, que tiene el contenido de Mg más susceptible al agrietamiento, que se suele soldar con ER 5356 y que en algunas ocasiones pueden soldarse con ER 4043.

6.2.2. ALMACENAMIENTO, CUIDADO Y ACONDICIONAMIENTO PARA HILOS Y VARILLAS DE ALEACIONES DE ALUMINIO

Por lo general, los hilos y varillas no estarán expuestos a la humedad ni contaminantes, hasta que no se abran los estuches originales. La contaminación está limitada a la superficie en forma de condensación, óxido, aceite y grasa u otros hidrocarburos. Cuando los hilos y varillas se mantienen limpios y secos y libres de contaminantes atmosféricos, el consumible de soldadura proporcionará unos contenidos de H_2 constantes y fiables y un metal de aporte intacto.

Los otros condicionantes, para una soldadura fiable TIG o MIG, son las otras variables, como el equipo, el metal base, la elección correcta del consumible, la habilidad del soldador y la pureza del gas de protección.

Los hilos y varillas se almacenarán en cuartos de almacenamiento, armarios, estuches y almacenes protegidos de la intemperie, apilados en pallets o estantes sin contacto con el suelo. Para un almacenamiento superior a un año o en condiciones climáticas adversas (proximidades al mar o humedad elevada), se recomienda el uso de pañoles de almacenamiento con calefacción, manteniendo los mismos entre 15° o 20 °C por encima de la temperatura ambiente con un valor máximo de 60 °C y una humedad relativa máxima del 40%, siendo esta última variable la más importante.

Los consumibles deberán ser devueltos al pañol al terminar la jornada de trabajo. El alimentador de hilo debe ser cerrado o mediante el uso de unas fundas cubre bobinas de PVC. En caso de trabajos en la proximidad del mar, o sitios húmedos los alimentadores de hilo dispondrán de una resistencia calefactora para evitar que la humedad se condense en el hilo.

6.3. GASES DE PROTECCIÓN USADOS EN LA SOLDADURA MIG

Ningún procedimiento de soldadura ha evolucionado tanto, y en un período tan corto, como la soldadura al arco metálico con la protección de un gas inerte o activo (MIG/MAG). Las razones para esto son muchas y variadas, a modo de recordatorio tenemos:

- Se puede usar en todas las posiciones.
- Se pueden soldar metales de pequeño espesor con facilidad.
- Se consiguen altos grados de deposición.
- Se pueden soldar la mayoría de los metales.
- Se puede automatizar el procedimiento, etc.

El primer procedimiento MIG fue desarrollado para la soldadura del aluminio, a finales de los años 40 en USA, y después se extendió al resto de los metales. En este procedimiento juegan un papel importantísimo los gases de protección, cuya función principal es proteger el baño de fusión, el metal fundido y el hilo, de la oxidación y de la contaminación de impurezas [32,33]. Si el aire entra en contacto con el metal fundido, el oxígeno del aire oxidará el material, además de que la humedad del aire puede causar porosidad. Otra función importante de los gases de protección es la de facilitar la transferencia del material; además sin un gas de protección, es extremadamente difícil crear un plasma en el arco.

El gas de protección y su composición también determinan la forma en que la energía y la cantidad de ésta es transportada al arco, así como el proceso de fusión del hilo y el material transportado, desde el hilo al baño de fusión.

El efecto del gas de protección, depende de:

- El peso específico del gas.
- Caudal del gas.
- Preparación de bordes.
- Tipo de junta.
- Posición de soldeo.
- Tamaño de la zona protegida.
- Cebado y longitud de arco, etc.

Su influencia (figura 80), es muy importante en:

- Estabilidad del arco.
- Apariencia superficial: proyecciones.
- Efecto de protección de la atmosfera exterior.
- Metalurgia y propiedades mecánicas. Pérdida de aleantes.
- Transferencia de las gotas: tipo y tamaño.
- Geometría del cordón
- Medio ambiente: emisión de humos y gases

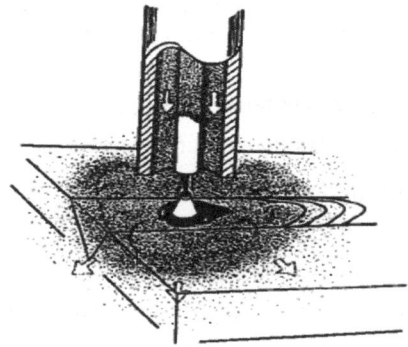

Figura 80. Influencia de los gases de protección en la soldadura MIG.

No obstante, un gas de protección debe dar la protección suficiente incluso cuando estos parámetros varíen dentro de los límites del procedimiento. El plasma del arco, y sus funciones, están influenciadas, entre otras cosas, por las propiedades físicas de los gases de protección o sus mezclas, como:

- Ionización.

- Disociación.

- Conductividad térmica y su dependencia con la temperatura.

- Conductividad eléctrica y su dependencia con la temperatura.

Para la soldadura MIG del aluminio, se puede elegir entre el argón puro, helio puro o mezclas de éstos. La soldadura MIG de la aleación AA 5083, generalmente se efectúa, con un arco largo o spray, debido a la alta conductividad térmica del Al, lo que permite que las gotas solidifiquen rápidamente, y con argón puro como gas de protección. El arco de argón ayuda a eliminar el óxido (alúmina) de la superficie de la aleación durante la soldadura, y la transferencia del metal tiene lugar en forma de gotas muy pequeñas, siendo el arco muy estable. La zona de penetración es afilada y profunda. Con helio puro, se producen gotas más grandes e irregulares, se generan más proyecciones, debido a la inestabilidad del arco, y a menudo el material depositado se oxida. El helio, a causa de su buena conductividad térmica, produce manchas anódicas y correlativamente, fuerzas repulsivas, así la zona de penetración es ancha, a diferencia de la de argón. Sin embargo, los fenómenos están influenciados igualmente por el metal de aportación. El Mg tiene un punto de ebullición tan bajo, que llena de vapor todo el volumen del arco, siendo un factor modificante de las conductividades térmicas y eléctricas del arco. En caso de que tengamos espesores grandes, es mejor usar mezclas de gases helio/argón, siendo la mezcla de 75%He/25%Ar la que mejores resultados y condiciones de soldadura suelen dar, porque permiten mayores velocidades de soldadura y una mayor penetración, para la misma intensidad [34].

6.3.1. CARACTERÍSTICAS Y PROPIEDADES FÍSICAS DE LOS GASES USADOS EN LA SOLDADURA MIG DE LAS ALEACIONES DE ALUMINIO

ARGÓN

El argón, cuyo nombre viene del griego y significa "inactivo", es un gas monoatómico, incoloro, insípido y no tóxico. No tiene compuestos químicos conocidos, es 1,38 veces más pesado que el aire, y es ligeramente soluble en agua. En la atmósfera, está presente, con una concentración del 0,934%. El aire es la única fuente conocida de producción del argón.

El argón se obtiene por destilación fraccionada del aire en una planta de separación de los componentes del aire. En el oxígeno de la columna de destilación, se obtiene un gas compuesto de 10% de argón y 90% de oxígeno, esta parte de la columna es llamada el argón de transición. El gas es enviado a la columna de argón crudo para su futura purificación. El producto es argón puro, con contenidos de 2% oxígeno y 1% de nitrógeno. El oxígeno se elimina a través de combustión catalítica por el añadido de hidrógeno. El gas ahora se encuentra libre de oxígeno y contiene alrededor de 1% de nitrógeno e hidrógeno. El punto de ebullición de estos dos gases está muy lejano del que tiene el argón, por lo que es posible separarlos por rectificación. Esto se realiza en la columna de argón puro, donde el argón líquido se extrae del fondo de la columna.

En forma líquida puede causar serias quemaduras sobre la piel y los ojos, debido a su baja temperatura.

Tabla 33. Propiedades físicas del argón.

Propiedades Físicas	Unidades de medida
Autodifusión a 0 °C y 101,3 kPa	16×10^{-6} m²/s
Punto de ebullición a 101,3 kPa	-185,87 °C
Factor crítico de compresibilidad	0,292
Densidad crítica	535,6 kg/m³
Presión crítica	4874 kPa, abs.
Temperatura crítica	-122,43 °C
Volumen crítico	0,075 m³/kmol
Densidad del gas a 0 °C y 101,3 kPa	1,7838 kg/m³
Punto de congelación a 101,3 kPa	-189,28 °C
Energía de ionización	15,719 eV
Calor latente de fusión en el punto triple	29,5 kJ/kg
Calor latente de vaporación en el punto de ebullición a 101,3 kPa	163,8 kJ/kg
Peso molecular	39,944
Densidad relativa al aire a 15 °C y 101,3 kPa	1,38
Solubilidad en agua vol./vol. a 0 °C y 101,3 kPa	0,056

Aplicaciones del argón:

El argón es uno de los gases más comunes como gas transportador en cromatografía. Muchos tubos de contadores Geiger contienen argón o mezclas de argón con vapores orgánicos u otros gases, por ejemplo 10% de metano en argón. También es usado en mezclas, p. e., con flúor y helio en los láseres excímeros; en el relleno de las lámparas con filamentos incandescentes es uno de los principales gases usados generalmente mezclado con nitrógeno, criptón o neón y en tubos fluorescentes mezclado con neón, helio y vapor de mercurio.

En el proceso AOD (descarburación argón-oxígeno) para el refino de los aceros inoxidables.

En las acerías para prevenir la oxidación de los metales y aleaciones fundidas y para desgasificar y desulfurar los baños de acero y hierro fundidos.

En los procesos de soldadura por arco, es usado solo o mezclado, como gas de protección [35].

HELIO

Su nombre procede del griego y significa "el sol", es un gas monoatómico, incoloro, inodoro, insípido y no tóxico. El helio natural es una mezcla de 2 isótopos, el componente principal es el ^{4}He, y su otro componente es el ^{3}He, con una concentración de 1,3 x 10^{-4}% en volumen; tiene muy baja reactividad y no se le conocen compuestos químicos. Después del hidrógeno, es el elemento más ligero y tiene muy baja solubilidad en el agua, no pudiendo ser quemado ni explosionado.

El helio líquido no solidifica bajo su propia presión de vapor, independientemente de lo baja que sea la temperatura. La solidificación se produce, para el ^{4}He, a una presión mínima de 2,35 MPa, a -272,53 ºC y para el ^{3}He a una presión mínima de 2,95 MPa a -272,83 ºC. La conductividad térmica del helio es aproximadamente 800 veces mayor que la del cobre a la temperatura ambiente. Después del hidrógeno, el helio es el elemento que más abunda en el universo. El contenido de helio de la atmósfera es de 5,24 ppm (0,000524 % en volumen).

La principal fuente de ^{4}He es su extracción del gas natural, que contiene más del 0,4% de helio. También se pueden obtener en las plantas separadoras del aire. El ^{3}He es producido por el bombardeo de neutrones sobre el deuterio, formando el tritio ^{3}H, y el ^{3}He se forma a partir de éste, por irradiación β. El helio se encuentra también en minerales, que contienen elementos que producen radiaciones a, a partir de los cuales puede formarse, y ser liberado por calentamiento o disolución de estos elementos.

El helio se usa en soldadura como gas de protección contra la oxidación, debido a su energía de ionización y conductividad térmica elevadas; bien sólo o mezclado con argón facilita una temperatura elevada en el arco. Así, materiales como el Cu y el Al pueden soldarse sin precalentamiento. Sus efectos asfixiantes, y las precauciones de uso, son similares a la del Argón.

El helio es inerte y el menos soluble de todos los gases en líquidos y, por lo tanto, se utiliza como gas de presurización para:

-   Propelentes de cohetes criogénicos en aplicaciones espaciales/de misiles.

-   Agua pesada en reactores nucleares.

-   Para todos los líquidos a temperatura ambiente o baja.

También se utiliza junto con detectores de fugas para probar la integridad de los componentes y sistemas fabricados

El helio líquido es el elemento más frio que existe y por tanto es usado ampliamente en criogenia, se pueden obtener rápidamente temperaturas más bajas de -272 ºC por vaporización rápida de helio en bombas de vacío de alta velocidad. El ^{3}He se puede usar para alcanzar -272,9 ºC.

La superconductividad en los metales y aleaciones puede ser activada únicamente con la ayuda del helio líquido

Tabla 34. Propiedades Físicas del helio (^{4}He).

Propiedades Físicas	Unidades de medida
Autodifusión a 0°C y 101,3 kPa	$1,5\times10^{-4}$ m^2/s
Punto de ebullición a 101,3 kPa	-268,9 °C
Densidad crítica	69,64 kg/m^3
Presión crítica	233,1 kPa, abs.
Temperatura crítica	-267,96 °C*
Volumen crítico	0,0572 m^3/Kmol
Densidad del gas a 0 °C y 101,3 kPa	0,1785 kg/m^3
Energía de ionización	24,586 eV
Calor latente de vaporación en el punto de ebullición a 101,3 kPa	20,3 kJ/kg
Peso molecular	4,003
Densidad relativa al aire a 15 °C y 101,3 kPa	0,0138
Solubilidad en agua vol./vol. a 21 °C y 101,3 kPa	0,086
Calor específico del gas a 21 °C y 101,3 kPa c_p	5,19 kJ/ (kg °C)
Calor específico del gas a 21 °C y 101,3 kPa c_v	3,11 kJ/ (kg °C)

* Tiene el punto de solidificación más bajo de todos los elementos químicos, siendo el único líquido que no puede solidificarse bajando la temperatura, ya que permanece en estado líquido en el cero absoluto a presión normal. De hecho, su temperatura crítica es de tan sólo 5,19 K o -267.96 °C.

6.3.2. DENOMINACIÓN DE LOS GASES INERTES PARA SOLDADURA MIG SEGÚN NORMA UNE EN ISO 14175: 2009

La norma vigente para denominación dentro de los consumibles de soldadura: Gases de protección para el soldeo por fusión y procesos afines es la UNE EN ISO 14175: 2.009, publicada el 20 de Mayo. En los casos de los gases inertes:

Tabla 35. Propiedades de los gases de protección en soldadura MIG.

Tipo de gas	Símbolo químico	Densidad[a] (aire=1,293) kg/m³	Densidad relativa[a] al aire	Punto de ebullición a 1,01 MPa °C	Reactividad durante el soldeo
Argón	Ar	1,784	1,380	-185,9	Inerte
Helio	He	0,178	0,138	-268,9	Inerte

[a] Especificado a 0 °C y 0,101 MPa (1,013 bar)

Tabla 36. Designación de los gases inertes puros y mezclas según UNE EN ISO 14175.

Símbolo		Componentes en tanto por ciento nominal en volumen Inerte	
Grupo Principal	Subgrupo	Ar (%)	He (%)
	1	100	
I	2		100
	3	resto	0,5≤He≤95

Grupo Principal I = Gases Inertes

Ejemplo de designación:

Ar puro = Ar

He puro= He

Mezclas de gases:

Para una mezcla de gases inertes que contenga 25% de helio en argón

Clasificación UNE EN ISO 14175: I3- ArHe-25

Para una mezcla de gases inertes que contenga 75% de helio en argón

Clasificación UNE EN ISO 14175: I3- ArHe-75

6.3.3. PUREZA DE LOS GASES INERTES PARA SOLDADURA

De acuerdo con la forma de denominar la pureza de los gases, tenemos las siguientes tablas:

Tabla 37. Pureza del argón para la soldadura MIG.

CÓDIGO CALIDAD Ar	4.6	5.0	5.7	6.0
PUREZA % VOLUMEN	≥ 99,996	≥ 99,999	≥ 99,9997	≥ 99,9999
IMPUREZAS (ppm)				
H_2O	≤ 5	≤ 3	≤ 2	≤ 0,6
O_2	≤ 5	≤ 2	≤ 0,5	≤ 0,1
N_2		≤ 5	≤ 0,6	≤ 0,3
H_2			≤ 0,1	≤ 0,1
CO			≤ 0,1	≤ 0,1
CO_2			≤ 0,1	≤ 0,1
C_nH_m	≤ 1	≤ 0,2	≤ 0,1	≤ 0,1

Tabla 38. Pureza del helio para la soldadura MIG.

CÓDIGO CALIDAD H_e	1.8	4.6	5.0	5.6	6.0
PUREZA % VOLUMEN	≥ 98	≥ 99,996	≥ 99,999	≥ 99,9996	≥ 99,9999
IMPUREZAS (ppm)					
H_2O		≤ 5	≤ 3	≤ 2	≤ 1
O_2		≤ 5	≤ 2	≤ 0,5	≤ 0,1
N_2		≤ 20	≤ 5	≤ 1	≤ 0,1
H_2				≤ 0,1	≤ 0,1
N_e		≤ 10	≤ 8	≤ 0,5	≤ 0,5
C_nH_m		≤ 1	≤ 1	≤ 0,1	≤ 0,1

En la soldadura de la aleación AA 5083, los gases a usar son:

-   Ar 4.6 y Ar 5.0
-   He 4.6 y He 5.0

(4.6) indica que la pureza del gas es de 4 nueves y un 6 final, o sea, 99,996 %.

(5.0) indica que la pureza del gas es de 5 nueves, o sea, 99,999 %.

El fabricante o suministrador del gas deberá acompañar un certificado de su laboratorio, indicando las impurezas, que no deben sobrepasar los valores fijados en las tablas.

Desde el punto de vista de seguridad e higiene para el soldador, es importante controlar la generación de ozono principalmente en la soldadura TIG, debido a su efecto cancerígeno [36]. Para la identificación de los gases almacenados en botellas, la norma vigente es la UNE-EN 1089-3:2011.

Gases de respaldo en la soldadura TIG

Un tema muy importante en la soldadura TIG a tope por una sola cara o en tubería es disponer de un gas de respaldo, para asegurar la ausencia de oxígeno y evitar la oxidación del material por la cara opuesta y su posible porosidad y problemas de agrietamiento, en las figuras 81 y 82 podemos observar dos dispositivos.

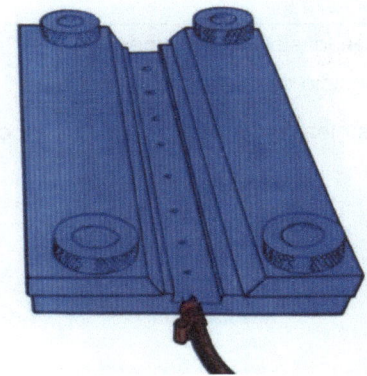

Figura 81. Dispositivo para el gas de respaldo en las soldaduras a tope por una cara.

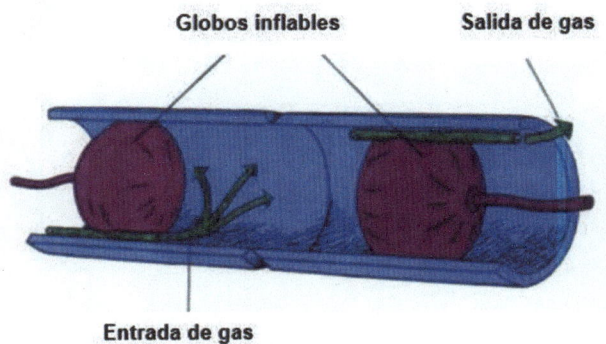

Figura 82. Suministro de gas de respaldo en las soldaduras de tubos.

Tabla 39. Gases de respaldo usados en las soldaduras de tubos y chapas.

Tipo de gas	Densidad absoluta (kg/m³)	Densidad relativa (aire = 1)	
Argón	1,78	1,38	●
Nitrógeno	1,25	0,97	▲
Gas Formier NH 10 (90% N_2 + 10% H_2)	1,13	0,88	▲
Gas Formier NH 10 (90% N_2 + 10% H_2)	1,02	0,79	▲
Argón AH 5 (95% Ar + 5% H_2)	1,70	1,31	●
Argón AH 35 (65% Ar + 35% H_2)	1,19	0,92	▲

● Alimentado desde el final del sistema de tubería.

▲ Alimentado desde el principio del sistema de tubería

En la soldadura TIG de las aleaciones de aluminio se usa como gas de respaldo el argón puro.

CAPÍTULO 7. TIPOS DE TRANSFERENCIAS DE LAS GOTAS AL BAÑO DE FUSIÓN EN EL SOLDEO MIG DE LA ALEACIÓN AA 5083

7.1. INTRODUCCIÓN A LA TRANSFERENCIA

En la soldadura MIG, la misión principal del gas de protección es impedir que el baño de fusión reaccione con los gases del aire, pero el gas tiene también una influencia esencial sobre los fenómenos físicos en el interior del arco, especialmente sobre el mecanismo de transferencia de las gotas, y sobre la penetración. El proceso de transferencia del metal de aportación al baño de fusión es una interacción muy complicada entre muchas fuerzas de distintos tipos [37]. Debido a la generación del calor en el arco, el extremo del hilo se calentará hasta su fusión y se formará una gota de metal, cuya forma y desprendimiento desde el extremo del hilo, dependerá fundamentalmente de los parámetros de soldeo.

La corriente eléctrica pasa al hilo a través de la boquilla de contacto de la pistola de soldar, sigue a través del hilo, pasa por la gota y, a través de la superficie del ánodo, a la cara inferior de la misma, y de ahí al plasma del arco. Análogamente con lo descrito anteriormente, en relación con el plasma del arco y el baño de fusión, en el extremo del hilo fundido también tenemos fuerzas electromagnéticas inducidas (por la corriente y por su propio campo magnético), que influyen en el comportamiento de la gota. Figuras 83 y 84.

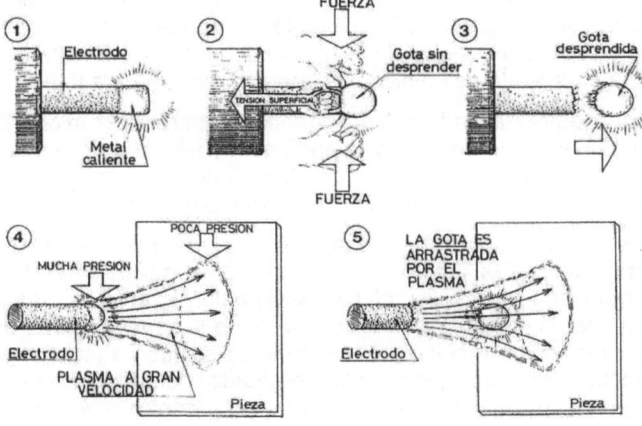

Figura 83. Transporte del material.

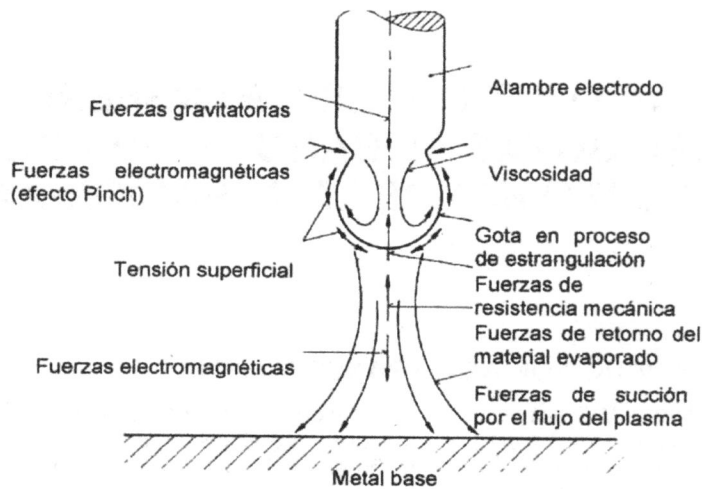

Fuerzas gravitatorias

Fuerzas electromagnéticas
(efecto Pinch)

Tensión superficial

Fuerzas electromagnéticas

Alambre electrodo

Viscosidad

Gota en proceso
de estrangulación
Fuerzas de
resistencia mecánica
Fuerzas de retorno del
material evaporado
Fuerzas de succión
por el flujo del plasma

Metal base

Figura 84. Estrangulamiento y formación de la gota. Fuerzas actuantes.

7.2. TIPOS DE TRANSFERENCIAS. CLASIFICACIÓN IIW

Veamos qué es lo que ocurre en algunos casos típicos. En la figura 85 A, la corriente es tan baja que las fuerzas electromagnéticas se pueden despreciar. El metal fundido del extremo del hilo está influenciado, principalmente, por las fuerzas gravitacionales en dirección descendente y por la tensión superficial, que equilibra la fuerza gravitatoria, mientras que la gota está suspendida.

Como se genera más metal fundido, la gota crece, y cuando su peso excede a las fuerzas de la tensión superficial, la gota se desprende y pasa al baño de fusión. Si aumentamos la intensidad, las fuerzas electromagnéticas igualarán, e incluso superarán, a las fuerzas gravitatorias y puede ocurrir que, si el área del ánodo en la cara inferior es pequeña (figura 85 B), haya una concentración de corriente, originando una presión de gas o plasma elevada contra la cara inferior de la gota.

Estas fuerzas neutralizan la fuerza gravitatoria y el tamaño de la gota crece. Debido al sistema inestable de fuerzas, la gota tiene predisposición a inclinarse hacia un lado y, cuando se desprende, recibe, a ambos lados, un golpe de las fuerzas electromagnéticas, cayendo en movimiento rotatorio hacia la pieza (Arco Repelido).

A veces, se usa una corriente pulsada en el arco, para estabilizar la generación y el desprendimiento de las gotas. Durante una parte del período de pulsación, la corriente se mantiene a un valor relativamente bajo, durante este tiempo se forma una gota pequeña en el extremo del hilo, y durante la segunda parte del período, la corriente aumenta; como resultado de las fuerzas electromagnéticas descendentes del metal fundido, la gota es rápidamente arrebatada y forzada a caer dentro del baño de fusión (figura 85 C). El tamaño de la gota puede controlarse por la velocidad de alimentación del hilo, la frecuencia de pulsación y los niveles de corriente. Esto es muy útil para soldar espesores pequeños en aluminio y así, con este tipo de transferencia, obtenemos desprendimiento de gotas (una por cada pulso) con parámetros de arco en cortocircuitos y forma de spray, que definiremos posteriormente. Este tipo de transferencia se denomina Arco Pulsado. El control electrónico de los parámetros asegura la penetración uniforme, y el perfil o geometría de la soldadura.

Para el aluminio, y con gas de protección argón, el área del ánodo se dispersa sobre una gran parte de la superficie de la gota de metal (figura 85 D). Entonces, no habrá concentración de corriente en la cara inferior de la gota; la concentración está en la parte superior de la misma. Esto hace que las fuerzas electromagnéticas desciendan actuando sobre la gota, mientras que el llamado efecto de ruptura, que también se determina electromagnéticamente, acelere el desprendimiento de la gota.

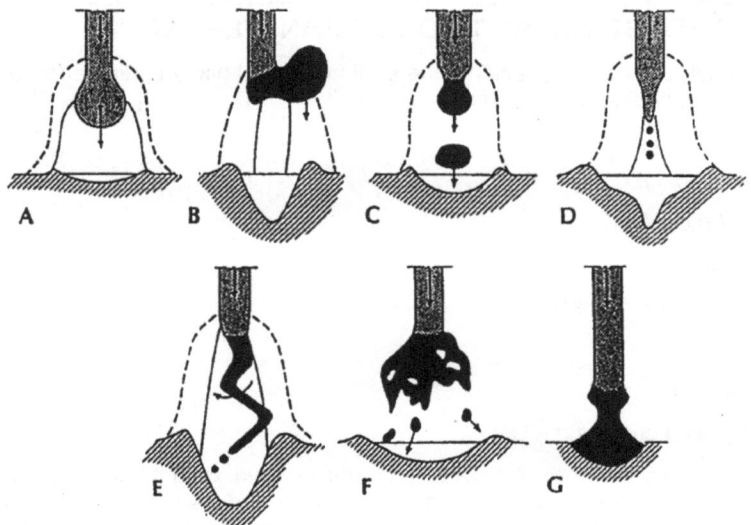

Figura 85. Tipos de mecanismos de transferencia de metal en la soldadura MIG/MAG de acuerdo con la clasificación del IIW, de Schellhase. A: GLOBULAR; B: REPELIDO; C: PROYECTADO O PULSADO; D: SPRAY; E: ROTATIVO; F: EXPLOSIONADO; G: EN CORTOCIRCUITO. Fuente: IIW.

Por tanto, en este caso las fuerzas electromagnéticas se unen a las gravitatorias, de forma que las gotas son expulsadas en un tiempo demasiado corto. El diámetro de la gota, ahora, no será mayor que el diámetro del hilo. Durante la caída la gota, que está dentro del chorro de plasma, tendrá un descenso acelerado, que puede ser superior en diez veces a la aceleración de la gravedad. Una modalidad del Arco Spray, es el Spray a Chorros, en el cual el cuello de la gota no tiene concentración de corriente, pero la corriente eléctrica se expande por la superficie del hilo, hacia el plasma del arco, que aquí tiene forma cónica.

La fusión también hace que el final del hilo tenga forma cónica, con el extremo apuntando hacia abajo. El metal fundido en la superficie del hilo, es conducido hacia abajo por las fuerzas electromagnéticas, hacia el punto del cono, y se separa de éste

en pequeñas gotas, normalmente con un diámetro mucho más pequeño que el del hilo. Las gotas caen tan rápidamente y tan juntas, que podíamos decir que forman una hilera de perlas durante la caída. Si aumentamos la intensidad, hasta el punto de que la densidad de la misma en el hilo excede de un cierto límite, se dobla el hilo hacia un lado y empieza a girar a gran velocidad, originando una caída de gotas en todas direcciones (fig. 85 E). La rotación es debida a las fuerzas electromagnéticas, y a la inestabilidad denominada "retorcimiento". Esta forma de transferencia se denomina Arco Rotativo. Este tipo de transferencia se posibilita también aumentando el stcik-out, o longitud libre de hilo que es la distancia de la boquilla de contacto al extremo del hilo donde se establece el arco.

7.3. RELACIÓN ENTRE EL DIÁMETRO DEL HILO Y EL DIÁMETRO DE LA GOTA SEGÚN EL TIPO DE TRANSFERENCIA

Podemos establecer una relación entre el diámetro del hilo y el diámetro de la gota, en función del tipo de transferencia:

Si llamamos

d = diámetro de la gota

D= diámetro del hilo

tenemos que,

en transferencia globular $d \geq 2D$

en arco spray $d \leq D/2$

en arco pulsado $d = D$

en arco spray a chorros $d \leq D/4$

En algunas condiciones, las gotas del metal pueden, durante su caída, o durante su vuelo libre hacia el baño de fusión, explotar en un gran número de gotas más pequeñas. Estas explosiones de gotas crean las llamadas proyecciones, que distribuyen el metal de aportación y se depositan sobre o fuera del baño de fusión.

7.4. TIPOS DE TRANSFERENCIAS MÁS USADOS EN LA SOLDADURA MIG DE LA ALEACIÓN AA 5083

En la soldadura MIG de la aleación AA 5083-O, los tipos de transferencias más usados son:

- Arco Pulsado.

- Arco Spray.

- Arco Spray Controlado.

- Arco Rotativo

Los esquemas y las fotografías de ambas transferencias se observan en la figura siguiente, (Figura 85):

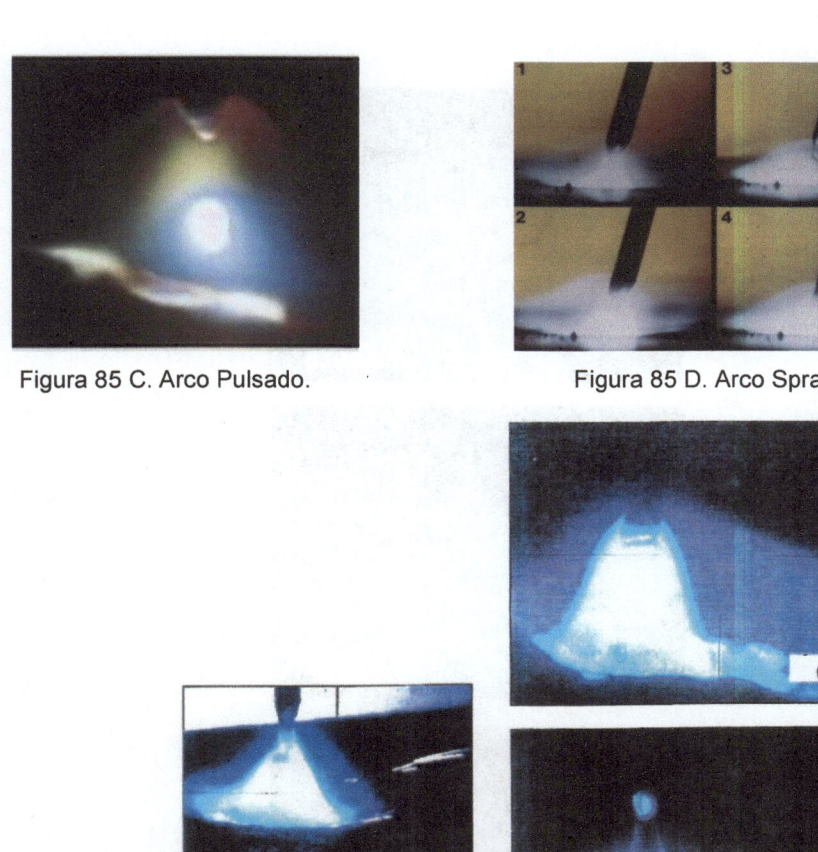

Figura 85 C. Arco Pulsado.   Figura 85 D. Arco Spray.

(a)   (b)

Figura 85 bis D. (a) Spray normal. (b) Spray controlado. Fuente: AGA AB.

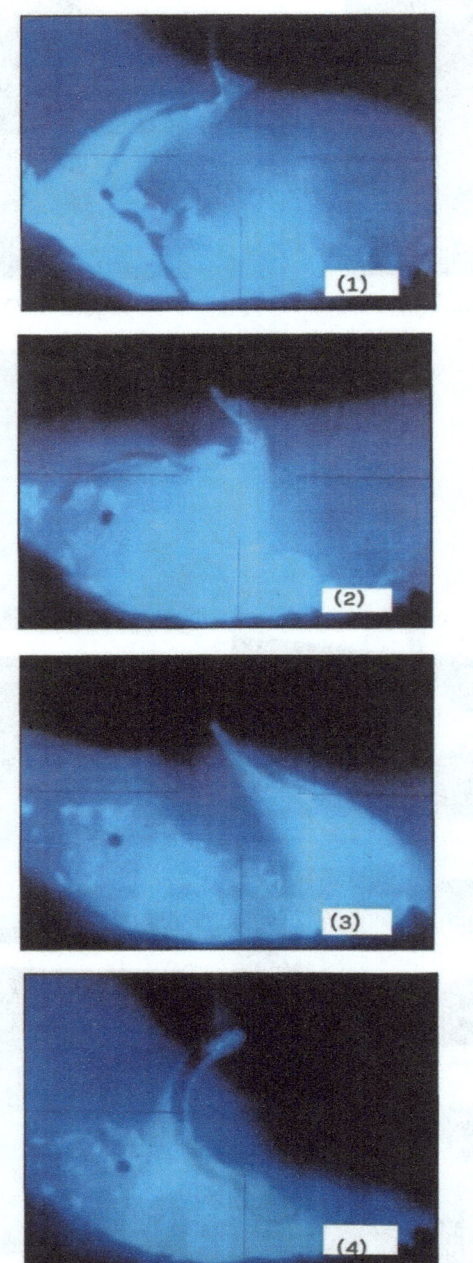

Figura 85 E. Arco rotativo. Fuente: AGA AB.

CAPÍTULO 8. EL PROBLEMA DE LA POROSIDAD DE LA ALEACIÓN AA 5083: EL HIDRÓGENO

8.1. INTRODUCCIÓN

Uno de los problemas más importantes que se presenta en la soldadura de la aleación AA 5083 es la absorción de hidrógeno en el baño de fusión [38-40]; éste puede proceder de varias fuentes. Por ejemplo, el hidrógeno se forma de la disociación de las moléculas de agua (humedad) en los gases de protección, en la superficie de las chapas a unir o en el hilo de aportación. La grasa y el aceite, sobre las chapas o el hilo de aportación, son también fuentes importantes de hidrógeno, el cual, al ser disociado por el calor del arco, es fácilmente absorbido en el baño de fusión, lo que da como resultado porosidad.

Los gases tienen menor solubilidad en el metal sólido que en líquido, y su evolución durante el enfriamiento y la solidificación son las causas de la porosidad.

8.2. INTERACCIÓN GAS-METAL

Las interacciones gas-metal pueden tener lugar de dos formas:

-   Por procesos químicos (en general de naturaleza exotérmica), con formación de un compuesto químico estable (Tabla 40).
-   Por procesos físicos (en general de naturaleza endotérmica).

Las reacciones exotérmicas se pueden dividir en tres grupos, de acuerdo con la solubilidad del producto formado en el baño:

1. Muy solubles.
2. Moderadamente solubles.
3. Insolubles.

El primer grupo no previene la formación de compuestos insolubles en el baño pero, generalmente, introducen tensiones y fragilidad en la unión soldada.

El segundo y tercer tipo de reacciones dan lugar a la formación de compuestos insolubles en el baño de fusión (inclusiones no metálicas), que pueden interferir físicamente en las características de la soldadura.

En el tercer grupo, es necesario prevenir el acceso del nitrógeno y del oxígeno al baño de fusión, para impedir la formación de los productos de la reacción, nitruros de aluminio y alúmina.

Los procesos endotérmicos no afectan por sí mismos a las propiedades del baño de fusión, pero pueden dar lugar a la formación de porosidades, cuando el baño se

satura o por alguna reacción secundaria. También, en algunos casos, pueden dar lugar a tensiones internas y fragilidad en la zona afectada por el calor. El mecanismo de los procesos endotérmicos es de una particular importancia en soldadura, y pueden tener lugar por:

1. Absorción.

2. Reacción.

3. Evolución.

Tabla 40. Solubilidades de hidrógeno, nitrógeno y oxígeno en metales líquidos en su punto de fusión.

Tipo de compuesto		Tipo de gas		
		H₂	N₂	O₂
No se forma compuesto (solución endotérmica)	Gas soluble	Ar, Al, Be, Cd, Co, Cr, Cu, Fe, Mg, Mn, Mo, Ni, Pb, Pd, Pt, Rh, Ru, Sn, W, Zn.		Ag
	Gas insoluble	Au, Hg.	Rb, Cs, Cu, Ag, Au, Zn, Pb, metales platínicos	Au, metales platínicos.
Compuesto formado (solución exotérmica)	Compuesto muy soluble	Sc, Y, metales raros, Ti, Zr, Hf, Tn, V, Nb, Ta, U.	Ti, Zr, Hf, Tn, V, Nb, Ta, U.	Ti, Zr, Hf, Tn, V, Nb, Ta.
	Compuesto moderadamente soluble	Metales de mineral alcalino: Li, Na, K, Rb, Cs, Ca, Sr, Ba.	Co, Cr, Fe, Mn, Mo, W.	Metales alcalinos y de minerales alcalinos: Li, Na, K, Rb, Cs, Ca, Sr, Ba, Cu, Co, Cr, Fe, Mn, Mo, Ni, Pb, Sn, W.
	Compuesto insoluble		Li, Na, K, Be, Mg, Zn, Ca, Al.	Al, Mg, Be, Ca, Sr, Zn, Cd.

8.2.1. ABSORCIÓN

La disolución de un gas diatómico en un metal líquido tiene lugar de acuerdo con la ley de Sievert:

$$S = K P_g^{1/2} \quad \text{(8.1)}$$

donde

S = Solubilidad.

P_g = *Presión parcial del gas.*

K = Constante.

Aumentando la solubilidad con la temperatura.

No obstante, cuando la temperatura del metal fundido se aproxima a la de ebullición, su presión de vapor P_m es apreciable y, para una presión total de 1 atmósfera y con una presión parcial P_g, el valor de la solubilidad S será:

$$S = K [P_g (1 - P_m)]^{1/2} \quad \text{(8.2)}$$

La solubilidad alcanza su máximo cuando la presión de vapor $P_m = 0$; y su valor es cero cuando se alcanza el punto de ebullición, o sea, cuando $P_m = 1$.

La figura 86 muestra la solubilidad del hidrógeno en diferentes metales en función de la temperatura, indicando la máxima solubilidad en cada metal: la parte de temperaturas bajas de las curvas han sido obtenidas a partir de valores experimentales, mientras que las correspondientes a temperaturas elevadas se han obtenido por extrapolación, aplicando las correcciones correspondientes para los valores metálicos [41].

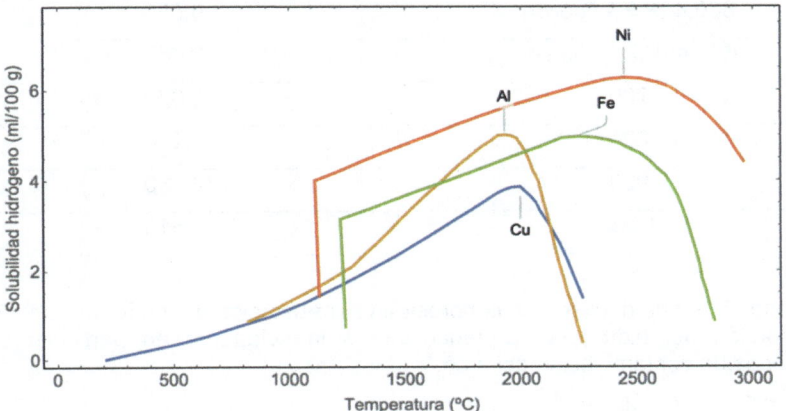

Figura 86. Curvas de solubilidad/temperatura de hidrógeno. La parte de baja temperatura de las curvas se deriva de los datos experimentales conocidos, el extremo alto de temperatura se obtiene extrapolando éstos. (Presión hidrógeno 0,01 atm).

No está determinado el grado en que la absorción de gas en la soldadura corresponde a las condiciones de equilibrio, aunque algunos ensayos efectuados en soldadura TIG han confirmado que la cantidad de H_2 en el baño de soldadura solidificado era aproximadamente igual a la prevista en el punto de equilibrio, a la temperatura de fusión, y proporcional a la raíz cuadrada de la presión parcial del H_2 en la atmósfera del arco [40].

Sin embargo, la concentración de H_2 en el baño líquido es sustancialmente mayor que la solubilidad correspondiente al punto de fusión, estando próxima a la solubilidad máxima para los metales indicados en la figura 86. Es posible que el gas sea absorbido, hasta llegar a la solubilidad máxima en la raíz del arco, y se distribuya a través del depósito de soldadura mediante circulación del metal. Otra explicación es que el H_2 pase desde el arco al baño en estado atómico y, entonces, la ley de Sievert no se puede aplicar, dando lugar a los valores elevados encontrados en el metal líquido (tabla 40).

Por otro lado, la desabsorción en las zonas más frías del baño de fusión es más lenta que la absorción en las zonas más calientes y el baño estará supersaturado de hidrógeno, lo que conduce a la formación de porosidades durante el proceso de solidificación.

Punto de fusión del aluminio puro...... 660,2 °C

Solubilidad según Eichenaver (1.961)

Tabla 41. Solubilidad del hidrógeno en aluminio en c.c. por 100 g de metal.

Temperatura (°C)	c.c. por 100 g metal
400	0,003
500	0,011
600	0,030
660,4 (P.F.) * sólido	0,050
660,4 (P.F.) * líquido	0,460
700	0,630
800	1,240
900	2,180
1.000	3,510

En general, puede decirse que la porosidad por absorción depende del coeficiente de absorción del hidrógeno, perteneciente a la soldadura en particular y las condiciones de contaminación del arco.

(P.F.) * = Punto de Fusión.

8.2.2. REACCIÓN

La probabilidad de reacción entre un gas y un metal, o entre dos gases, viene dada por el diagrama de Ellingham (figura 87), que representa la variación de la energía libre de formación de diferentes óxidos, en función de la temperatura por mol de O_2.

El diagrama de Ellingham [14] muestra la dependencia de la estabilidad de los compuestos con la temperatura. Este análisis se utiliza generalmente para evaluar la facilidad de reducción de óxidos y sulfuros de metales. Estos diagramas fueron construidos por primera vez por Harold Ellingham en 1944. En metalurgia, los diagramas de Ellingham se utilizan para predecir la temperatura de equilibrio entre un metal, su óxido y el oxígeno, y, por extensión, las reacciones de un metal con azufre, nitrógeno, y otros elementos no metálicos. Los diagramas son útiles para predecir las condiciones en las que un mineral metálico será reducido.

La formación de nitruros presenta en general, la misma tendencia que la de los óxidos, pero en el caso del Al, tanto los óxidos como los nitruros son muy estables, por lo que no se presenta porosidad debida al O_2 o al N_2.

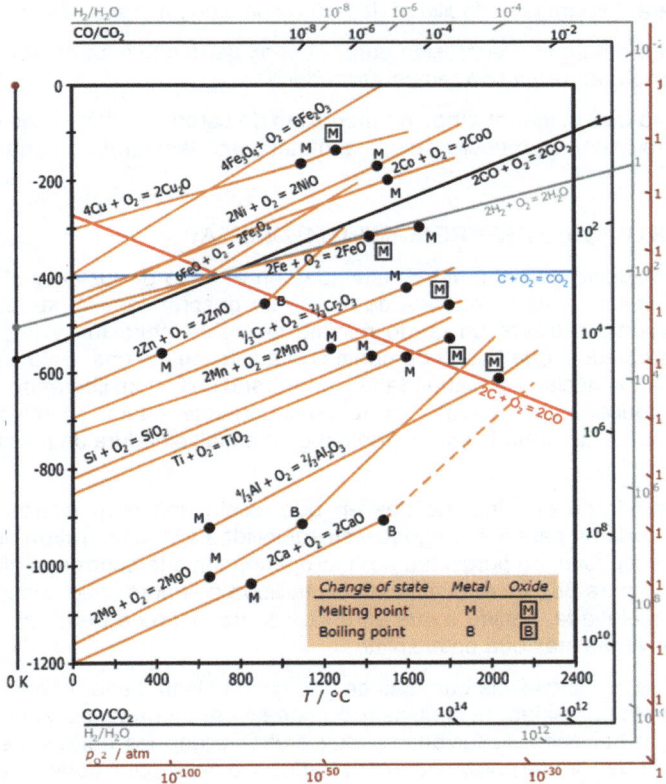

Figura 87. Energía libre de formación de diversos óxidos. Diagrama de Ellingham [42].

Un Diagrama de Ellingham es un gráfico ΔG (energía libre deformación) versus temperatura. Ya que ΔH (entalpía) y ΔS (entropía) son esencialmente constantes con la temperatura a menos que ocurra un cambio de fase, el gráfico de energía libre versus la temperatura puede dibujarse como una serie de rectas, donde ΔS es la pendiente y ΔH es la intersección con el eje Y. La pendiente de la recta cambia, cuando cualquiera de los materiales se mezcla, se funden o se vaporizan.

La energía libre de formación es negativa para la mayoría de los óxidos, y entonces el diagrama se escribe un $\Delta G=0$ en la parte superior del diagrama, y los valores de ΔG mostrados son todos números negativos.

Las temperaturas donde, ya sea el metal o el óxido, se funden o vaporizan están marcadas en el diagrama.

El diagrama de Ellingham, mostrado anteriormente, muestra la reacción de metales para formar óxidos. La presión parcial de oxígeno es tomada como 1 atmósfera, y todas las de las reacciones se encuentran normalizadas para consumir un mol de O_2.

Hay tres grandes usos de los diagramas de Ellingham:

1. Para determinar la facilidad de reducir un óxido metálico dado al metal.

2. Para determinar la presión parcial del oxígeno que está en equilibrio con un óxido metálico a una temperatura dada.

3. Para determinar el rango de monóxido de carbono y dióxido de carbono que será capaz de reducir el óxido al metal a una temperatura dada.

8.2.3. EVOLUCIÓN O DESPRENDIMIENTO DEL GAS

El gas se disuelve a temperaturas elevadas en el baño de fusión y al enfriarse se forma una solución sobresaturada de la que se desprenderá el gas en exceso. El desprendimiento requiere un grado mínimo de sobresaturación y la presencia de núcleos apropiados, que hacen de puntos de evolución del gas. Bajo circunstancias normales, estos núcleos son abundantes en el baño de fusión, liberándose fácilmente cuando la concentración del gas es aproximadamente igual a su solubilidad a una atmósfera, valor confirmado experimentalmente en la soldadura de las aleaciones de aluminio.

Está demostrado que los metales en que existe una gran diferencia entre su máxima solubilidad para el hidrógeno y su solubilidad a la temperatura de fusión, son los más susceptibles de porosidad por hidrógeno, como le ocurren al aluminio y sus aleaciones (figura 88), en el cual la susceptibilidad a la porosidad cuando se suelda por arco, es elevada, debido a que en el líquido del baño de fusión el hidrógeno se disuelve 70 veces más que en el sólido.

La posición, en la cual las burbujas de gas que nuclean, tiene gran importancia en relación con la porosidad. Si la nucleación tiene lugar fuera de los límites o interfase líquido-sólido del baño de fusión, es muy probable que las burbujas escapen y el metal solidifique libre de poros. Por el contrario, si la nucleación tiene lugar en el límite sólido-líquido del baño, las burbujas de gas, muy probablemente, quedarán atrapadas al solidificar el baño.

Esto es lo que ocurre en la soldadura del aluminio, debido al alto grado de sobresaturación de las regiones más frías del baño.

Por último, el gas puede escapar también del metal solidificado por procesos de difusión, hacia el metal base (zona de transición).

Se llama "hidrógeno potencial" al hidrógeno disponible en hilos, gases, suciedad, etc., en forma de humedad o agua de cristalización. La concentración de hidrógeno en la soldadura es proporcional al hidrógeno potencial

$$H = a\ H_p \qquad (8.3)$$

donde

a = factor que depende de las condiciones de fusión, es decir, velocidad de enfriamiento, diámetro del hilo, intensidad, velocidad de soldadura, etc.

H_p = hidrógeno potencial.

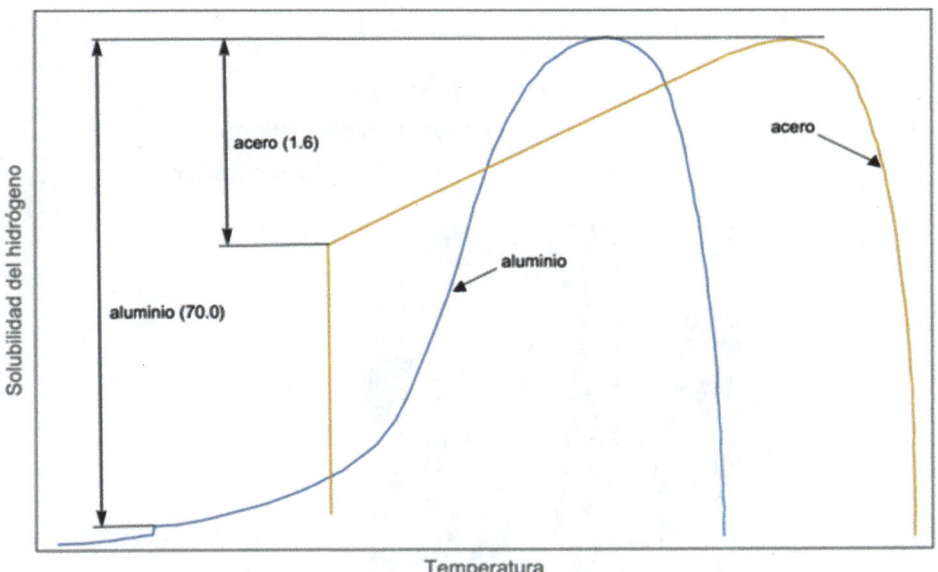

Figura 88. Comparación de curvas de solubilidad/temperatura del hidrógeno para el acero y el aluminio. Las cotas indican los cocientes de la solubilidad en líquido y en sólido.

8.3. CLASIFICACIÓN Y APARIENCIA DE LOS POROS

Las cavidades en el metal de soldadura, o en la zona de fusión, se denominan poros o porosidad (cuando existe un grupo de poros) [43]. Los tipos más comunes son (figura 89):

a) Esféricos.

b) Alargados.

c) Interdendríticos.

La clasificación de los defectos está regulada por distintas normas del IIW, EN, BS 499, ASME, etc. La porosidad se considera como un defecto menor, si no se originan concentraciones de esfuerzos que puedan causar algún tipo de grietas. Sin embargo, la porosidad es importante en situaciones donde:

1. Si la porosidad es lineal, y coincide con la raíz, puede producir una falta de penetración.

2. Si es grande, pueden enmascarar otros defectos, como faltas de fusión en bordes, o faltas de fusión entre pasadas.

3. Poros en superficie, producen, como resultado, un pésimo aspecto.

4. Si las soldaduras son probadas a estanqueidad.

5. En chapas finas, sujetas a esfuerzos cíclicos, las grietas pueden originarse e iniciarse en los poros.

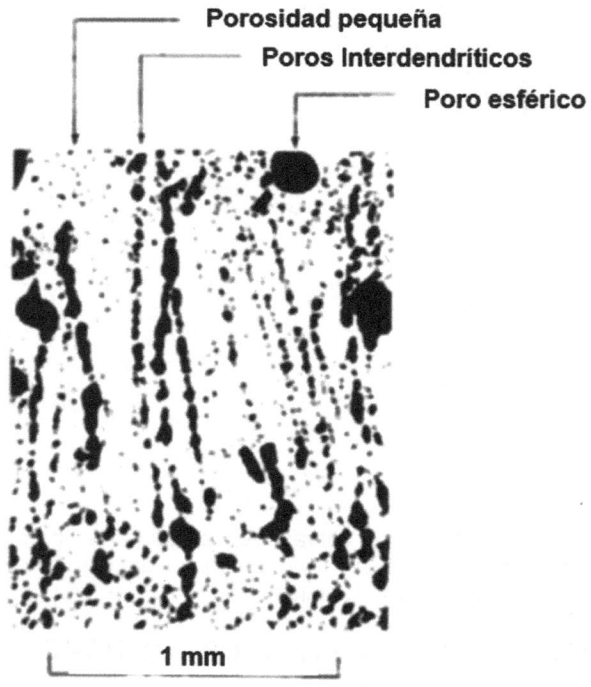

Figura 89. Ilustración de la morfología de las porosidades observadas en la soldadura de la aleación AA 5083.

En las figuras siguientes presentamos algunos ejemplos, seleccionados, entre los más comunes e importantes. Así, en las figuras 90 y 91, se muestran formas de porosidad típica cuando se suelda con respaldo o en una soldadura en rincón.

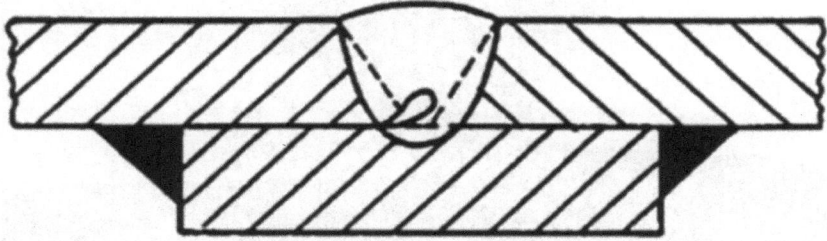

Figura 90. Poro generado por la separación entre el respaldo y las piezas a soldar.

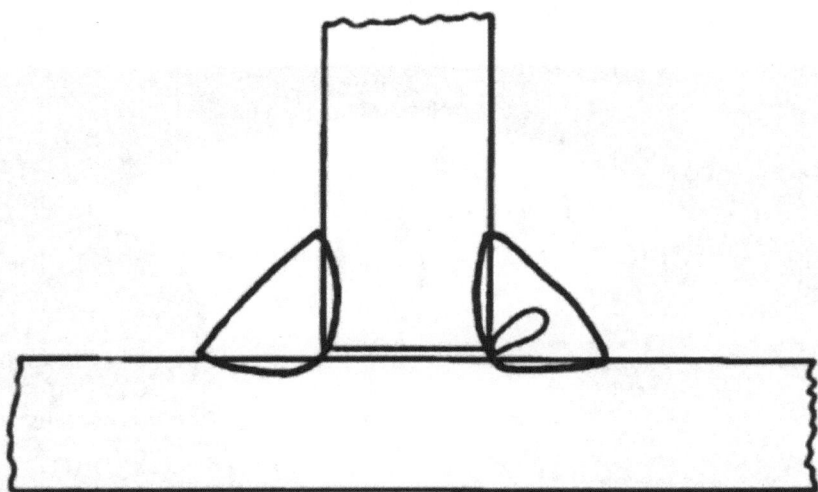

Figura 91. Poro generado por la separación entre las piezas a soldar en ángulo.

La figura 92 nos presenta una porosidad, bastante frecuente en la soldadura a tope con bisel, debida a una falta de fusión, y de la cual realizaremos un estudio experimental completo.

En la figura 93 puede observarse como la porosidad queda atrapada en la soldadura, debido a una solidificación rápida de la zona exterior del cordón. En la figura 94 se muestra el efecto de la posición de la soldadura y de la forma del baño de fusión sobre la porosidad. En la macrografía de la figura 95 pueden observarse todo tipo de poros.

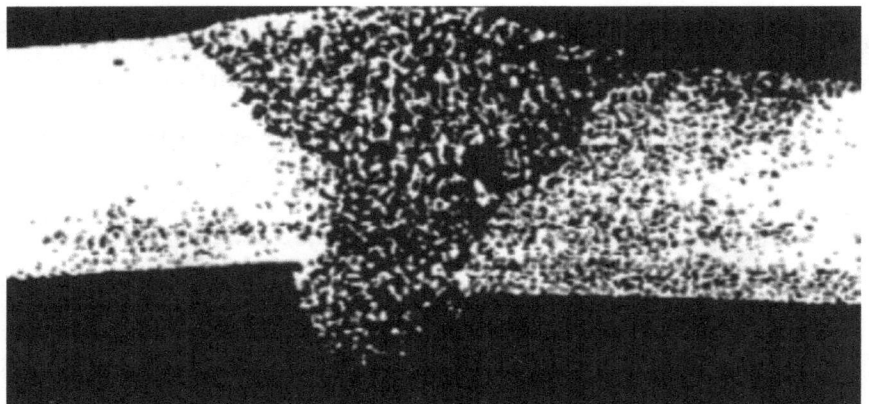

Figura 92. Poro causado por una falta de fusión.

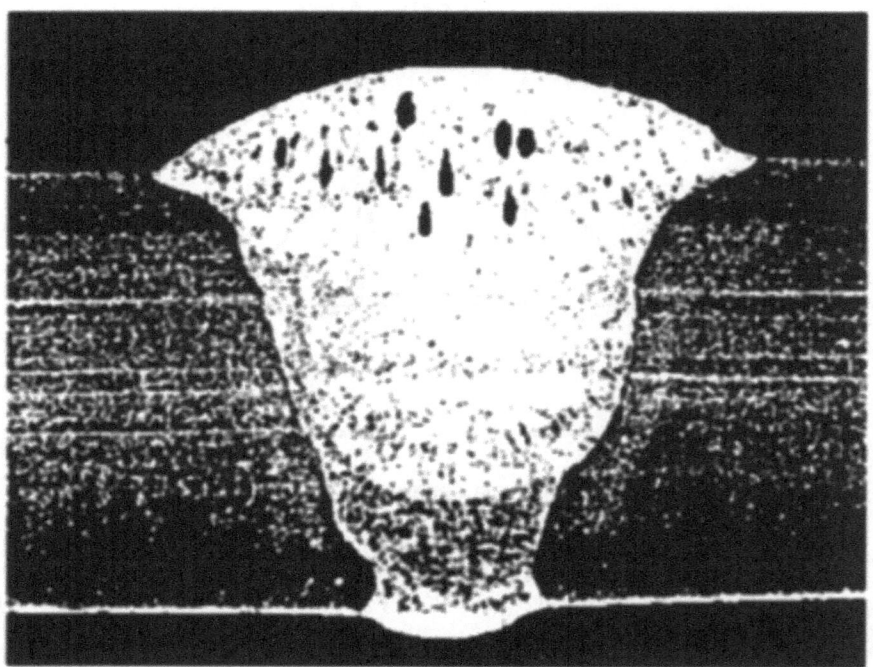

Figura 93. Porosidad atrapada, debido a la rápida solidificación de la
superficie exterior del cordón de soldadura.

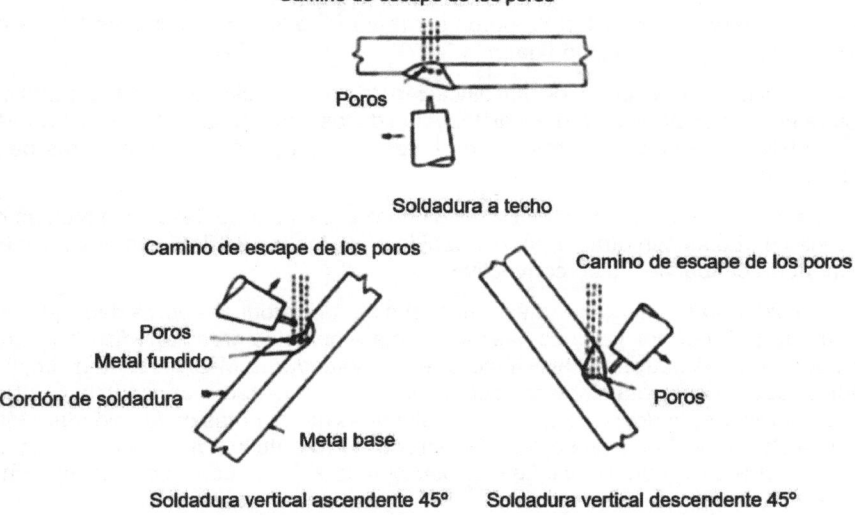

Figura 94. Efecto de la posición de soldadura y de la forma del baño de fusión sobre la porosidad [44].

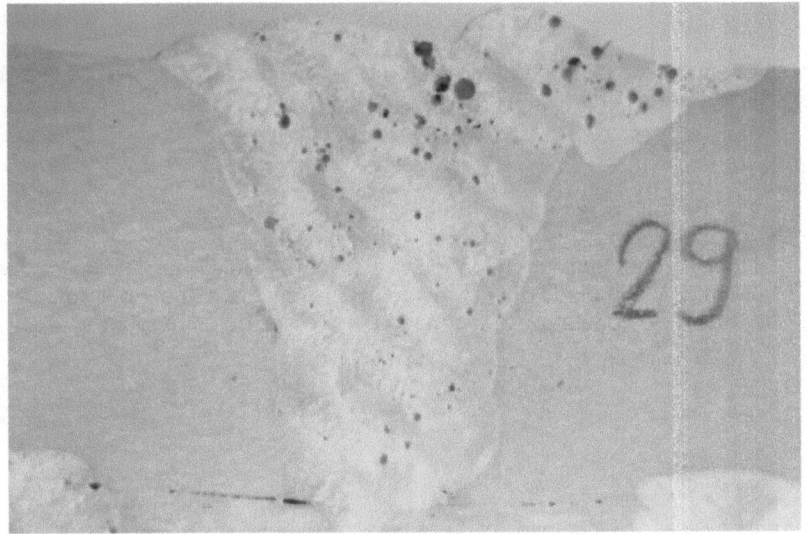

Figura 95. Macrografía de una soldadura MIG automatizada en cornisa mostrando gran porosidad.

8.4. MECANISMOS DE LA FORMACIÓN DE POROSIDAD

El mecanismo de la formación de poros está relacionado con las características de la solidificación de una aleación dada [45–47].

La variación en la forma de solidificación (planar, celular o celular dendrítica) afectará no solo al tamaño, forma y distribución de los poros resultantes, sino también a la posibilidad de que los poros salgan libremente y puedan escapar, antes de la solidificación.

El mecanismo para el crecimiento de las burbujas es por coalescencia o unión de pequeñas burbujas con otras grandes, debido a los rangos de flotación diferenciales y a un fuerte caudal del fluido convectivo.

Las soldaduras MIG son más susceptibles de producir porosidad que las soldaduras TIG, por dos razones básicas. Primeramente, la gran superficie asociada con pequeños diámetros de hilo hace que las soldaduras MIG presenten amplias oportunidades de contaminación superficial por humedad, lubricantes y otros hidrocarburos. Segundo, las temperaturas elevadas de las gotas en la soldadura MIG aumentan la capacidad de absorción de hidrógeno, durante la transferencia del metal a través del arco. Ahora, expliquemos con detalle este mecanismo, que es como sigue:

1. El gas diatómico H_2 se difunde en el chorro de plasma, disociándose, y siendo arrastrado hacia la unión, según la relación:

$$H_2 \text{ gas} \leftrightarrow 2 \text{ H gas} \qquad \textbf{(8.4)}$$

La presión parcial del hidrógeno monoatómico viene dada en función de la presión parcial del hidrógeno diatómico, según la relación:

$$P_H / P_{H2} = K \qquad \textbf{(8.5)}$$

2. El gas monoatómico choca con la superficie del baño líquido, siendo absorbido y empujado por la presión del plasma, de manera que una fracción de superficie líquida queda ocupada por átomos de hidrógeno:

$$2 \text{ H}_{gas} \leftrightarrow 2 \text{ H}_{líquido} \qquad \textbf{(8.6)}$$

La cantidad de gas disuelto en la superficie está ligada a la presión del gas monoatómico, por una relación del tipo:

$$N_{Hlíquido} = P_{Hgas}\ K' \qquad \textbf{(8.7)}$$

3. Ocurre la disolución y difusión del hidrógeno en el volumen del líquido del metal fundido:

$$2\ H_{líquido} \leftrightarrow 2\ H_{interfase} \quad \textbf{(8.8)}$$

La cantidad disuelta en el líquido está relacionada con la tensión superficial por otra expresión:

$$N_{Hlíquido} = N_{Hinterfase}\ k'' \quad \textbf{(8.9)}$$

Escalonando los tres pasos, se obtiene una expresión de la ley de Sievert, de solubilidad de un gas, que recordemos es proporcional a la raíz cuadrada de la presión parcial del gas diatómico.

Una vez el gas está disuelto, es preciso saber si la burbuja a escala microscópica crecerá todavía, hasta formar otra detectable por los ensayos no destructivos (END), y cuál será su tamaño máximo.

La respuesta es que para agrandarse deberá aumentar su superficie, a costa de un trabajo que lo da la presión parcial del gas, superior a la suma de la presión hidrostática, más la tensión superficial, y su tamaño máximo lo dará al llegar al equilibrio.

El trabajo lo proporciona, como hemos dicho, un juego de presiones que se traduce en una variación de la energía total G, en el entorno de la burbuja naciente de manera que tienda el sistema hacia el equilibrio. En todo este proceso la temperatura juega un papel importante, ya que a mayor temperatura la necesidad de trabajo es menor.

Sin embargo, el aspecto del crecimiento de la burbuja debe verse con mayor detenimiento, aplicándolo a un modelo de gota esférica.

El tamaño de la burbuja dependerá de la energía libre de formación y de la energía libre superficial.

La limpieza antes de la soldadura es esencial para conseguir buenos resultados, libres de porosidad. La suciedad, aceites, restos de grasas, humedad y óxidos deben ser eliminados previamente, bien sea por medios mecánicos o químicos. Para trabajos normales de taller se puede elegir el siguiente procedimiento:

1. Eliminación de la suciedad y desengrasado en frío con alcohol o acetona.

2. Lavar con agua y secar inmediatamente para evitar el riesgo de oxidación.

3. Eliminación mecánica mediante:

- Cepillado con un cepillo rotativo inoxidable, y/o grata.

- Raspado con lija abrasiva o lima.

- Por chorreado.

Cuando hay demandas más exigentes respecto a la preparación, se puede realizar una limpieza química según el esquema siguiente:

1. Eliminación de la suciedad.

2. Desengrasado con percloroetileno a 121 °C.

3. Lavado con agua y secado inmediato.

4. Eliminación del óxido de aluminio de la siguiente forma:
- Limpieza alcalina con p.e. NaOH.
- Limpieza ácida con p.e. HNO_3 + HCl + HF.
- Lavado con agua y secado inmediato.
- Neutralización con HNO_3 (después del tratamiento con NaOH).
- Baño en agua desionizada.
- Secado inmediato con aire caliente.

Los métodos químicos requieren equipos costosos para el tratamiento superficial y no se pueden usar siempre por esta razón. Sin embargo, no se debe nunca prescindir de la eliminación del óxido o el desengrasado en el área de soldadura.

8.5. DETERMINACIÓN DE LA POROSIDAD

La porosidad en la soldadura se caracterizará por [48]:

a) El nivel de hidrógeno en el metal base, hilo de aportación y gas de protección.

b) La solubilidad efectiva en sólido del hidrógeno en el metal.

c) El valor del coeficiente de absorción del hidrógeno, perteneciente a la soldadura en particular, y a las condiciones de contaminación del arco.

d) El rango de temperaturas en el cual las burbujas pueden escaparse.

Sin embargo, considerando las puntualizaciones anteriores solamente un metal mostrará la mínima porosidad en la soldadura si está totalmente desgasificada, tiene una alta solubilidad del hidrógeno en fase sólida y bajo coeficiente de absorción de hidrógeno, cosa que no ocurre en la soldadura de la aleación AA 5083.

8.6. EFECTO DE LA POROSIDAD EN LAS PROPIEDADES MECÁNICAS

La mayoría de los investigadores nos demuestran que niveles elevados de porosidad no afectan a la resistencia a la tracción, y en las aleaciones de aluminio muestran que el nivel de porosidad a aceptar es mayor que para el acero.

Los ensayos de fatiga confirman indirectamente el efecto insignificante de la porosidad en la resistencia. Por otro lado, trabajos realizados demuestran que la resistencia a la fatiga, para esfuerzos por encima de 10^4 ciclos, es prácticamente igual a la resistencia a la tracción para niveles del 5% de porosidad. Sin embargo, la porosidad superficial tiene un efecto negativo en la resistencia a la fatiga, especialmente cuando se elimina el sobreespesor.

La radiografía es una de las mejores técnicas para detectar la porosidad, y el porcentaje de pérdida de sección transversal suele aceptarse como el mejor parámetro para asegurar sus efectos durante el servicio.

El porcentaje de reducción en volumen es igual a la reducción del porcentaje principal, en el área transversal de la soldadura. Se admiten niveles del 3 %.

8.7. PUNTO DE ROCÍO

Es de suma importancia controlar el punto de rocío de los gases y sus mezclas, para evitar problemas de porosidad, y recordamos aquí varias definiciones:

"El punto de rocío o *temperatura de rocío* es la temperatura a la que empieza a condensarse el vapor de agua contenido en el aire, produciendo rocío, neblina.

"Temperatura a la cual la presión parcial de un vapor en un gas es igual a la presión de saturación. La condensación ocurrirá si la temperatura continúa disminuyendo o, en caso de que la temperatura sea lo suficientemente baja" [41].

"La temperatura a la que se condensa (o solidifica) el vapor de agua en una muestra de gas a un valor de presión se le llama temperatura de punto de rocío (o de escarcha) y su valor depende de la presión del gas". Éste depende de la concentración de vapor de agua presente y, por tanto, de la humedad relativa y la temperatura del aire. El incremento en la presión del gas incrementa el valor de la temperatura de punto de rocío. La humedad aparece en estado líquido por debajo del punto de rocío y en estado gaseoso por encima del punto de rocío; un ejemplo de esto es la formación y evaporación de la niebla o el rocío, a medida que cambia la temperatura. El contenido de humedad determina la temperatura del punto de rocío.

Para una masa dada de aire, que contiene una cantidad dada de vapor de agua (humedad absoluta), se dice que la humedad relativa es la proporción de vapor contenida en relación a la necesaria para llegar al punto de saturación, expresada en porcentaje. Cuando el aire se satura (humedad relativa igual al 100%), se llega al punto de rocío. Fuente: (https://es.wikipedia.org/wiki/Punto_de_rocio).

Para el cálculo del punto de rocío se puede utilizar esta fórmula:

$$Pr = \sqrt[8]{\frac{H}{100}} \cdot (112 + 0.9 \cdot T) + (0.1 \cdot T) - 112$$

(8.10.)

Siendo:

- *Pr = Punto de rocío.*

- *T = Temperatura en grados Celsius.*

- *H = Humedad relativa.*

Esta temperatura del punto de rocío tiene una correlación con las partes por millón (ppm) de humedad en volumen. Es muy importante que, en el certificado de pureza de gas contenido en un cilindro o botella, se hagan indicación de ella para tener seguridad de las ppm de humedad que tiene el gas.

Tabla 42. Conversión del punto de rocío (D.P.) a ppm en un gas.

D. P. (°C)	ppm	D. P. (°C)	ppm	D. P. (°C)	ppm
-90,0	0,10	-58,3	13,3	-38,9	144
-84,4	0,25	-57,8	14,3	-38,3	153
-78,9	0,63	-57,2	15,4	-37,8	164
-76,1	1,00	-56,7	16,6	-37,2	174
-75,6	1,08	-56,1	17,9	-37,7	185
-75,0	1,18	-55,6	19,2	-36,1	196
-74,4	1,29	-55,0	20,6	-35,6	210
-73,9	1,40	-54,4	22,1	-35,0	222
-73,3	1,53	-53,9	23,6	-34,4	235
-72,8	1,66	-53,3	25,6	-33,9	250
-72,2	1,81	-52,8	27,5	-33,3	265
-71,7	1,96	-52,2	29,4	-32,8	283
-71,1	2,15	-51,7	31,7	-32,2	300
-70,6	2,35	-51,1	34,0	-31,7	317
-70,0	2,54	-50,6	36,5	-31,1	338
-69,4	2,76	-50,0	39,0	-30,6	358
-68,9	3,00	-49,4	41,8	-30,0	378
-68,3	3,28	-48,9	44,6	-24,4	400
-67,8	3,53	-48,3	48,0	-28,9	422
-67,2	3,84	-47,8	51	-28,3	448
-66,7	4,15	-47,2	55	-27,8	475
-66,1	4,50	-46,7	59	-27,2	500
-65,6	4,78	-46,1	62	-26,7	530
-65,0	5,3	-45,6	67	-26,1	560
-64,4	5,7	-45,0	72	-25,6	590
-63,9	6,2	-44,4	76	-25,0	630
-63,3	6,6	-43,9	82	-24,4	660
-62,8	7,2	-43,3	87	-23,9	700
-62,2	7,8	-42,8	92	-23,3	740
-61,7	8,4	-42,2	98	-22,8	780
-61,1	9,1	-41,7	105	-22,2	820
-60,6	9,8	-41,1	113	-21,7	870
-60,0	10,5	-40,6	119	-21,1	920
-59,4	11,4	-40,0	128	-20,6	970
-58,9	12,3	-39,4	136	-20,0	1020

¿Cuánta humedad puede asumirse en el proceso de soldadura?: La norma UNE EN ISO 14175:2009 clasifica los gases y sus mezclas en distintos grupos. Los niveles de humedad admisibles son los siguientes: para el argón puro 40 ppm, para mezclas de dos componentes 80 ppm y para mezclas de tres componentes 120 ppm.

Tabla 43. Requisitos mínimos de contenidos de purezas y humedad de gases y mezclas de gases.

Grupos principales/gas		Pureza % en volumen mínimo	Punto de rocío a 0,101 MPa °C	Humedad volumen máximo ppm
I	inerte	99,99	-50	40
M1ª	gas mezcla	99,9	-50	40
M2ª	gas mezcla	99,9	-44	80
M3ª	gas mezcla	99,9	-40	120

ª Nitrógeno: 1.000 ppm máximo

Nota. - Para ciertas aplicaciones puede recomendarse una pureza superior y/o un punto de rocío inferior para evitar posible oxidación y contaminación.

El aumento de la humedad en el gas de protección es directamente proporcional a la formación de microporos. Este tipo de poros pequeños y de disposición uniforme es típico de la soldadura MIG. En las radiografías es difícil apreciar los poros.

Figura 96. Microporos 1.800 ppm.

Para poder apreciarlos mejor es necesario realizar una serie de macrografías, lo que nos permitirá comprobar la influencia de la humedad. Debido a su reducido tamaño, es fácil que estos poros pasen inadvertidos.

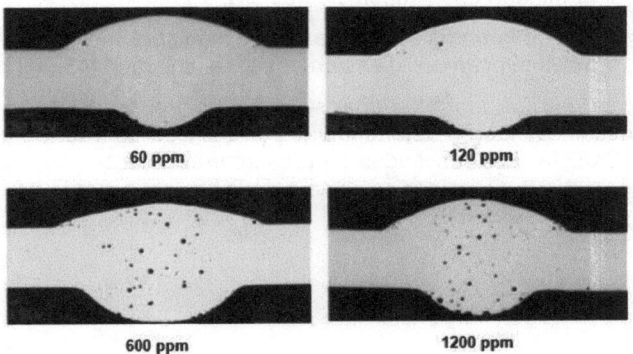

60 ppm   120 ppm

600 ppm   1200 ppm

Figura 97. Macrografías.

La evaluación y clasificación de los poros según su diámetro y frecuencia se realizarán de conformidad con la norma UNE-EN ISO 10042:2018. Soldeo. Uniones soldadas por arco en aluminio y sus aleaciones. Niveles de calidad para las imperfecciones, o con ASME VIII, Apéndice N.

8.8. ESTUDIO EXPERIMENTAL SOBRE POROSIDAD

De todo lo anteriormente expuesto sobre el tema, y de los estudios realizados en probetas de tracción y plegado, una vez efectuados los ensayos y radiografías, vamos aquí a consignar los resultados obtenidos:

- La macroporosidad tiene un efecto mucho mayor que la microporosidad, en la resistencia a la tracción para un grado de porosidad dado, por ejemplo, la porosidad total [39,48].

- Al aplicar la información de los ensayos obtenidos (E.N.D., radiografías), para lograr un valor de referencia y relacionar la macroporosidad visible sobre la radiografía y la microporosidad presente [43]. No se puede establecer una relación, ya que la porosidad depende fundamentalmente de los parámetros y condiciones de soldadura. Tampoco existen claras conexiones entre la macroporosidad de la superficie de la fractura y la porosidad visible en una película de rayos X. En este contexto, Cahn y Nutting postularon la siguiente relación, donde:

$$f_v = (2/3) \ f^{\circ}_a \ (d/t) \qquad \textbf{(8.11)}$$

siendo,

f_v = *Fracción volumétrica de los poros*

f°_a = *Superficie proyectada de los poros sobre una película de rayos X*

d = *Diámetro del poro principal*

t = *Espesor de chapa*

En la tabla 44, se compara la evaluación desde las "Cartas Porosidad " en ASME y la porosidad determinada en la superficie fractura.

La determinación de la porosidad se ha hecho mediante radiografías, secciones metalográficas y gravimétricamente, en porcentaje de volumen [45,46].

El gas que se usó fue argón, al cual se le controló el grado de humedad. Las propiedades mecánicas fueron determinadas por ensayos de tracción y plegado de acuerdo con ASME IX. Los resultados se presentan en la tabla 45. Igualmente, la tabla 46, nos muestra la porosidad máxima permisible, de acuerdo con ASME VIII, Apéndice N.

Tabla 44. Comparación de los resultados de las radiografías, ensayos de tracción y de la porosidad medidos en la superficie de la fractura.

Resistencia tracción (MPa)	Calificación ASME	Resultado rayos X	Microporos %	Macroporos %	Porosidad Total
309	A	Un poro pequeño	2,8	0,0	2,8
331	A	Libre de poros	-	-	-
306	A	Un poro pequeño	4,6	0,0	4,6
332	A	Libre de poros	-	-	-
284	U	Porosidad alineada en raíz	10,6	9,7	20,3
334	A	Libre de poros	-	-	-
277	A	Porosidad pequeña en raíz	16,6	0,2	16,8
316	U	Nidos de pequeños poros	10,2	2,0	12,2
310	A	Libre de poros	-	-	-

Metal Base: AlMg4,5Mn (AA 5083-O)

Metal de Aportación: AlMg4,5Mn (ER 5183)

A= Aceptable   U= Inaceptable   BU= Defectos en la zona de transición

Tabla 45. Comparación de los resultados mecánicos en función del punto de rocío del gas y la porosidad obtenida en porcentaje.

Punto de rocío (ºC)	Porosidad volumen (%)	Resistencia Tracción (MPa)	Límite elástico (MPa)	Alargamiento (%)	Plegado	Rayos X
21,6	4,3	260	114	14	Inaceptable	Inaceptable
18,4	4,0	265	116	15	Inaceptable	Inaceptable
14,2	3,7	273	116	16	Inaceptable	Inaceptable
6,8	2,6	284	123	18	Inaceptable	Inaceptable
-14,3	1,0	295	131	24,5	Aceptable	Aceptable
-40,2	0,2	309	133	25,6	Aceptable	Aceptable

Metal Base: AlMg4,5Mn (AA 5083-O)

Metal Aportación: AlMg4,5Mn (ER 5183)

Gas: Argón Puro

NOTA: Para los ensayos de plegado deben seguirse las normas de ASME y AWS, siendo el radio del rodillo como mínimo de 30 mm para que no se produzcan grietas debido a un plegado deficiente.

Tabla 46. Porosidad máxima permisible para longitudes soldadas de 150 mm (de acuerdo con ASME VIII, apéndice N). Porosidad grande = porosidad de poros de gran diámetro.

Espesor material (mm)	Superficie total de porosidad permisible (mm²)	Diámetro poro con porosidad grande (mm)	Número máximo de poros	Diámetro poro con porosidad media (mm)	Número máximo de poros	Diámetro poro con porosidad pequeña (mm)	Número máximo de poros
3,2	4,84	-	-	-	-	0,36	49
6,4	9,68	-	-	0,63	31	0,35	100
12,7	19,35	2,54	4	0,79	40	0,50	101
19,0	29,03	3,18	4	0,86	50	0,61	99
25,4	38,71	3,18	5	0,99	50	0,70	101
38,1	58,06	3,18	7	1,22	50	0,86	99
50,8	77,42	3,18	10	1,40	51	0,99	100

Equipos usados:

Equipo industrial de Rayos-X, marca Phillips, modelo MACRO TANQUE-K-140 Be, portátil, de haz direccional, con carga regulable entre 20 y 140 KV. A intensidad de 2 mA a 65 mA. Especial para inspección de soldaduras de aluminio.

Compuesto de:
- Pupitre Standard, para su conexión a la red de 220 V con sus cables de interconexión, alimentación y aviso.

- Unidad tanque, con tubo de Rayos-X incorporado, refrigeración interna por aceite y externa por circuito de agua, completo de juego de diafragmas y varilla centradora.

Ensayos de tracción y plegado

Máquina universal de ensayos mecánicos Instron 8033:

- Carga máxima estática: 50 t.

- Carga dinámica: ± 25 t.

- Medidor de punto de rocío: Automatic Dew Point Meter

8.9. INFLUENCIA DE LOS MATERIALES DE LAS MANGUERAS DE SUMINISTRO DE GASES, EN CONTENIDO DE HUMEDAD DEL GAS DE PROTECCIÓN

Las impurezas gaseosas de la atmósfera circundante pueden penetrar en las mangueras de plástico o goma (polímeros), por un proceso denominado penetración a través de los poros. Este proceso tiene lugar en tres etapas:

1. Las moléculas de gas se disuelven en el polímero, por el lado de su mayor presión parcial, es decir, en la superficie exterior de la manguera.

2. Las moléculas se difunden a través del polímero hacia el lado donde la concentración de gas es más baja.

3. Las moléculas de gas se expulsan por el lado de menor presión parcial, es decir, en la superficie interior de la manguera.

Si el material es poroso, las moléculas de gas pueden penetrar a través de los poros. Por otro lado, las moléculas de gas pueden entrar de la misma forma por agujeros y grietas en las mangueras, por acoplamientos en los que existan fugas y, por los extremos abiertos de las mangueras, tan pronto como haya una diferencia de presión parcial del gas en cuestión.

La cantidad de impurezas gaseosas que se difunden a través de una manguera, pueden calcularse por medio de la siguiente ecuación:

$$V = \frac{2\,Q\,L\,(p_2 - p_1)}{ln(D/d)} \qquad \textbf{(8.12)}$$

siendo,

V = Caudal de gas a través del material.

Q = Coeficiente de permeabilidad del gas en el material de las mangueras.

L = Longitud de la manguera.

p_1 = Presión parcial de la impureza dentro de la manguera.

p_2 = Presión parcial de la impureza fuera de la manguera.

D = Diámetro exterior de la manguera.

d = Diámetro interior de la manguera.

La tabla 47 muestra los valores teóricos de los coeficientes de permeabilidad en ciertos materiales ordinarios para mangueras. Obsérvese que el coeficiente de permeabilidad para el vapor de agua es mucho mayor que para el oxígeno. Esto explica por qué el vapor de agua es una impureza mucho más común en los sistemas de suministro de gases, que emplean mangueras de plástico o de goma, a pesar de que la presión parcial de vapor de agua en la atmósfera sea mucho más baja que la del oxígeno.

Tabla 47. Valores teóricos de los coeficientes de permeabilidad (Q) de vapor de agua y de oxígeno.

Material de manguera	Coeficiente de Permeabilidad (Q) x 10^{10} $(N\ cm^3\ mm)\ /\ (s\ cm^2\ (cm\ Hg))$	
	Vapor de agua	Oxígeno
Uretano	3.500 – 125.000	15,2 - 48
Polietileno	120 – 2.100	11 - 59
PVC	2.600 – 6.300	1,2 - 6
Butadieno - Estireno	24.000	172
Teflón	360	-

También se realizaron pruebas sobre la eventual interrupción de gas, a intervalos de una hora, y se obtuvieron las siguientes conclusiones:

- La interrupción del caudal de gas tiene muy poco efecto en el contenido de humedad, cuando se emplean tubos de cobre o acero inoxidable.

- Para las mangueras de plástico y de goma, hay un aumento transitorio del nivel de vapor de agua cuando se abre de nuevo el caudal de argón. Una excepción es el polietileno, donde apenas hay aumento transitorio.

8.9.1. RESULTADOS DE LAS MEDIDAS DE H_2O, O_2 Y N_2 EN p.p.m.

Las figuras 98 y 99, nos muestra los resultados de las medidas obtenidas de las p.p.m., de los contenidos en vapor de agua, oxígeno y nitrógeno en tubos metálicos y mangueras de plástico y goma.

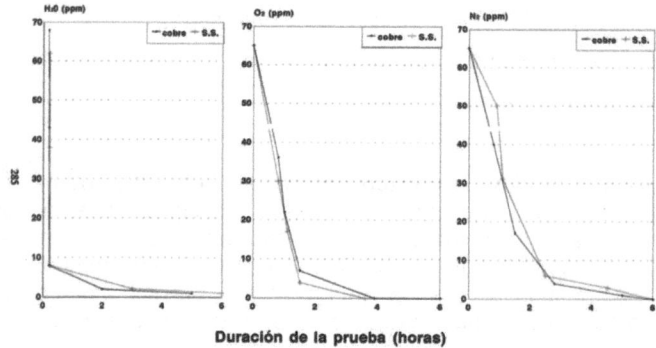

Figura 98. Resultados de las medidas en tubos metálicos.

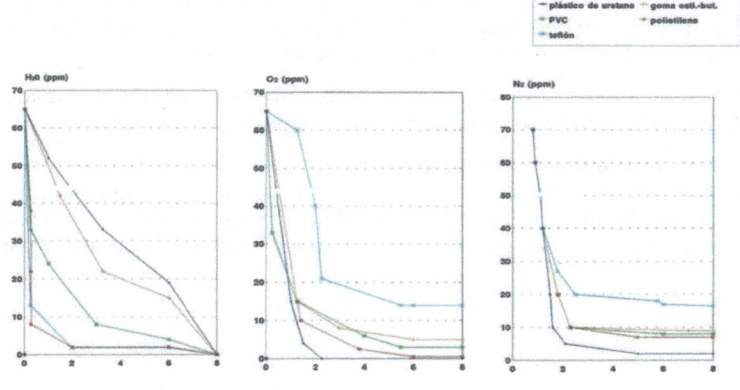

Duración de la prueba (horas)

Figura 99. Resultados de las medidas en mangueras de plástico y goma.

Las dimensiones de la manguera influyen poco en el nivel de impurezas, cuando el material de la manguera es el adecuado para una impureza en particular.

Cuando el material de la manguera no es bueno para un tipo de impureza influirán las dimensiones de la manguera en el nivel de la misma.

El material de las mangueras es más importante que las dimensiones de la misma, para la penetración a través de los poros de impurezas al interior de la manguera (asumiendo unas dimensiones razonables y prácticas de la manguera).

Durante el tiempo necesario para cambiar el cilindro de gas, hay la posibilidad de que, entre aire por la manguera, que queda abierta durante esta operación por un extremo. Así, el oxígeno y la humedad pueden contaminar el gas durante algún tiempo después de abrir de nuevo el caudal de gas.

Las mediciones muestran que el cambio del cilindro de gas causa aumento transitorio del oxígeno y nitrógeno, mientras que no hay ningún aumento del nivel de vapor de agua.

Como resumen, podemos afirmar que:

- Por lo general, el argón y las mezclas se suministran en botellas de una pureza adecuada y no presentan un foco de contaminación por humedad.

- Las canalizaciones a base de tubos de cobre y acero inoxidable dan niveles más bajos de impurezas que las mangueras de plástico o de goma.

- Para las mangueras de plástico y de goma existe un aumento transitorio del nivel de vapor de agua, cuando se abre de nuevo el caudal de gas después de una interrupción prolongada.

- El material de la manguera, es decir, su coeficiente de permeabilidad, es más importante que las dimensiones de las mangueras.

- La goma y el plástico suelen tener una gran permeabilidad para el vapor de agua por lo que no deben usarse en la soldadura MIG de las aleaciones de aluminio.

- Las zonas de unión deben limpiarse por medios mecánicos (cepillado con cepillo de púas de acero inoxidable) y disolventes para eliminar la humedad, el aceite y la grasa. La superficie del hilo también, debe estar limpia.

- Sería de gran interés para mejorar el medio ambiente laboral del soldador utilizar un gas, que reduzca la emisión de ozono en el punto que se genera.

- La influencia de la porosidad en la resistencia mecánica de la aleación AA 5083, en el caso de tracción, es grande y varía en función del volumen ocupado por ésta. En cuanto al límite elástico, su influencia es menor. En el plegado, se obtienen valores aceptables del 1% para abajo, siendo inaceptables a partir del 3%.

CAPÍTULO 9. ANÁLISIS DE PRECIPITADOS Y SEGREGACIONES EN LA ALEACIÓN AA 5083 Y DE LOS GENERADOS DURANTE LA SOLDADURA MIG ALTO DEPÓSITO Y MIG MULTIPASADAS

9.1. SOLIDIFICACIÓN DE LAS SOLDADURAS

La solidificación es, en general, un cambio de fase crítico que ocurre durante la soldadura, y que controla la microestructura del metal soldado, sus propiedades y finalmente la soldabilidad de las aleaciones [49].

En los últimos años se han realizado avances significativos en las teorías de la solidificación, que relacionan a las fundiciones con la rapidez de solidificación de los materiales.

Una de las regiones críticas de una soldadura por fusión es la Zona de Fusión (ZF). Dependiendo de varios factores tales como el diseño de la junta, composición del material y parámetros del procedimiento de soldadura, esta región puede ser el eslabón más débil en una unión soldada por fusión. La integridad de la ZF está controlada por la microestructura y sus propiedades intrínsecas.

El desarrollo de la microestructura en la ZF depende del comportamiento de la solidificación del baño de fusión. Los principios de la solidificación son el control y la forma de los granos, las segregaciones, y la distribución de inclusiones y porosidad. Es también muy crítica en el comportamiento de las aleaciones a formar grietas en caliente.

Ya que existen algunas similitudes entre la solidificación de las fundiciones y la solidificación del baño de fusión, los parámetros importantes en la determinación de las estructuras fundidas en las fundiciones, también determinan el desarrollo de las microestructuras de las soldaduras.

Además, la composición de los aleantes en el metal de aportación, en unión de una soldadura en multipasadas, añade nuevas complejidades a la compresión de las microestructuras de la ZF.

David y Vitek han realizado una revisión al proceso de solidificación del baño de fusión, aplicado al comportamiento de las soldaduras [50].

9.2. GEOMETRÍA DE LAS SOLDADURAS

La geometría de la soldadura viene determinada por el desarrollo de las macros y microestructuras formadas. Sin embargo, la forma y el tamaño del baño fundido están determinados por las condiciones térmicas, en y cerca del baño de fusión, y la naturaleza del flujo de fluido dentro del baño.

Después de los trabajos sobre la modelación de la disipación de calor en una pieza usando una fuente puntual móvil de calor, se han realizado avances significativos, particularmente en los últimos años, para comprender en gran detalle la dinámica del baño fundido y su posterior influencia en el desarrollo de la geometría de la soldadura.

Las condiciones del flujo del fluido en el baño soldado, además de tener influencia en la penetración, pueden también tener importancia en las macrosegregaciones, porosidades y estructura de solidificación. Algunos investigadores han estudiado la influencia de la convección en el baño de fusión, como resultado del empuje, las fuerzas electromagnéticas y la tensión superficial.

Con una aproximación razonable, la ZF en una soldadura puede considerarse como una minifundición. Por consiguiente, parámetros tales como gradiente de temperatura (G), grado de crecimiento (R), subenfriamiento (DT) y composición de la aleación, determinan el desarrollo de las microestructuras en la soldadura.

En la ZF, G y R varían considerablemente desde la línea de fusión al centro de la soldadura y controlan la morfología y balance de las microestructuras.

El desarrollo de las microestructuras en la ZF puede interpretarse por las ideas clásicas de la teoría de la nucleación.

En la solidificación convencional, la nucleación puede discutirse bajo dos categorías diferenciadas, denominadas nucleación homogénea y heterogénea.

Cuando el sólido se forma desde el líquido, sin la ayuda de materiales exteriores, se dice que la nucleación es homogénea. Un proceso tal como éste requiere de una gran energía de conducción, o un gran subenfriamiento equivalente. Sin embargo, si el metal contiene materias sólidas exteriores, procedentes del metal de aportación, tales como óxidos, se facilitará la nucleación del sólido en el líquido.

Esta forma de nucleación se denomina heterogénea, y requiere considerablemente menor energía de conducción. Para que la nucleación heterogénea sea efectiva, los agentes de nucleación deberán ser mayores o iguales al tamaño crítico. En la figura 100 se compara el cambio de la energía libre total con el tamaño de la partícula, para distintas formas de nucleación.

En las nucleaciones homogéneas, la formación de sólido en el baño de fusión ocurre espontáneamente, por crecimiento epitaxial. En las nucleaciones heterogéneas el crecimiento epitaxial puede ocurrir pausadamente; los aleantes del metal de aportación pueden facilitar la nucleación [51].

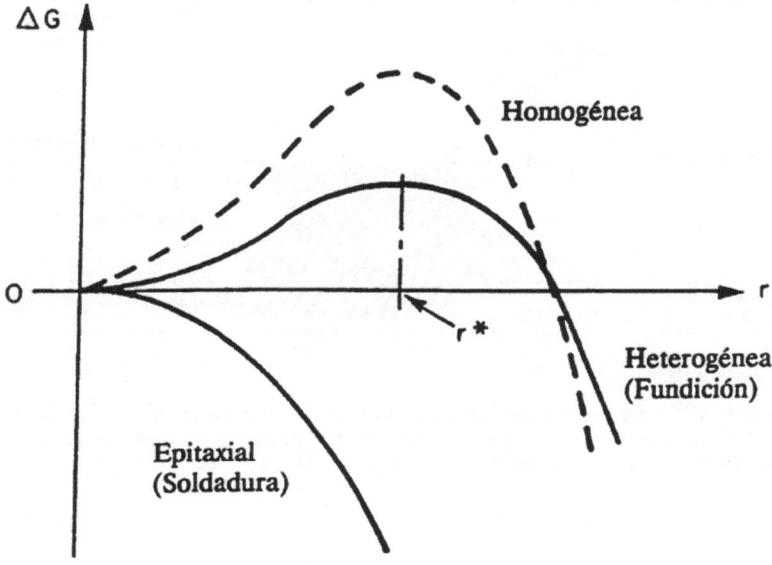

Figura 100. Comparación de la energía libre de formación con el radio de la partícula, r, para nucleaciones homogénea, heterogénea y epitaxial [51].

9.3. CRECIMIENTO DEL SÓLIDO

En presencia de una interfase sólido/líquido, tal como es caso de la soldadura, el crecimiento del sólido ocurre por la adición de átomos desde el líquido al sólido [52]. La facilidad con que esto, puede ocurrir o la cinética de crecimiento se controlan, en gran manera, por la estructura de la interfase sobre el balance atómico. Es conveniente dividir la solidificación de las soldaduras en tres etapas (figura 101).

- Etapa 1: El crecimiento de los cristales ocurre de una forma planar epitaxial, debido a un elevado gradiente de temperatura y alguna turbulencia en el metal fundido.

- Etapa 2: Esta etapa se caracteriza por un menor gradiente de temperatura, y menos turbulencias en el metal fundido, que da lugar a un crecimiento de grano de forma celular.

- Etapa 3: Ahora el gradiente de temperatura, a través del metal fundido, es bajo, y no existen turbulencias. Estas condiciones dan un grado más elevado de superenfriamiento constitucional, el resultado es una microestructura ligeramente dendrítica.

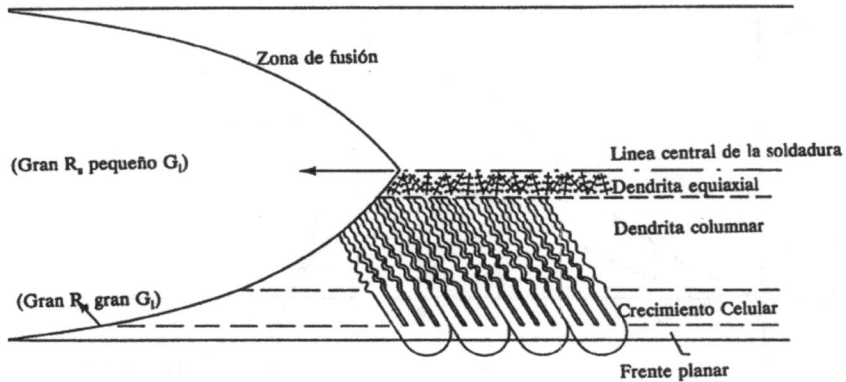

Figura 101. Esquema de la variación de la microestructura de la soldadura a través de la zona de fusión. (G_l =Gradiente térmico en el líquido; R_s = Grado de crecimiento) [52].

9.4. SEGREGACIONES

Durante la solidificación de las aleaciones, tienen lugar extensas redistribuciones del soluto, fenómeno muy importante y que da como resultado segregaciones que pueden afectar a la soldabilidad, microestructura y a las propiedades mecánicas.

Las segregaciones a pequeña escala, del orden del espaciado del brazo dendrítico, se llaman microsegregaciones y a gran escala, del orden de 2 a 3 veces el espaciado de brazo dendrítico, se denominan macrosegregaciones [53].

Es muy importante que la distancia entre brazos dendríticos (DBD) sea lo más baja posible, así en la soldadura MIG con gas de protección, argón, se consiguen en primera pasada DBD= 10^4 nm y en segunda DBD = 8×10^3 nm lo que nos da una media de 9×10^3 nm.

En cuanto a la soldadura MIG con helio, se obtienen DBD del orden de $1,1\times10^4$ nm.

La DBD afecta a la resistencia de las soldaduras, obteniéndose un tamaño más fino de ésta cuando la temperatura de pico del metal en la ZAC es más baja, lo que aumenta el rango de solidificación, disminuye la DBD y aumenta la resistencia de la soldadura.

Si evaluamos la redistribución del soluto, bajo condiciones de crecimiento dendrítico, se deberá considerar en el frente de la punta dendrítica, así como en las regiones interdendríticas. Asumiendo que prevalece el equilibrio en la interfase sólido/líquido, la composición de la punta dendrítica está determinada por su temperatura, siendo fuertemente dependientes del radio de la punta, grado de crecimiento y de otros factores.

En las soldaduras, puesto que las estructuras son más finas que en las fundiciones, porque el grado de crecimiento es más elevado, la contribución total al subenfriamiento de la punta, debido al efecto de curvatura, es más significativo. El efecto del aumento del subenfriamiento en las puntas dendríticas deberá crear el grado de nucleación y de este modo, la extensión de la microsegregación. El análisis de Burden y Hunt [54] trata del problema de la redistribución del soluto a rangos de solidificación elevados, sin olvidar el subenfriamiento de la punta dendrítica.

Considerando la redistribución del soluto en las regiones interdendríticas, también conocida como zona blanda, puede ser adecuado aplicarle los modelos de solidificación para microsegregaciones, originalmente formuladas para las fundiciones. El análisis del crecimiento lateral de dendritas es aproximado para considerar una solidificación planar en un elemento de pequeño volumen.

Asumimos que no ocurre difusión dentro o fuera de este elemento de volumen, y se han propuesto dos modelos diferentes para describir las microsegregaciones dentro del elemento de volumen. El primer modelo fue desarrollado por Tiller y otros autores y fue llevado a las condiciones de soldadura por Lippold y Savage [55]. El segundo modelo es más apropiado para describir las microsegregaciones en las soldaduras.

Como en las fundiciones, las segregaciones a gran escala (macrosegregaciones) ocurren en las soldaduras. Esto se debe a los cambios repentinos en la velocidad de crecimiento, a un gran flujo de soluto enriquecido, o a un agotamiento de líquido. Una forma de presentarse las macrosegregaciones en soldadura es en forma de bandas o tiras; otra forma es la formación de una región de soluto enriquecido a lo largo de la línea central de la soldadura, que a menudo origina la formación de grietas en caliente.

La figura 102 muestra esquemáticamente la secuencia de solidificación del crecimiento celular dendrítico de una fase simple. Se forma un puente sólido en el frente de solidificación, debido al contacto entre dos brazos dendríticos, secundarios y adyacentes, causando de este modo un nivel más alto de impurezas en el líquido residual atrapado. El rectángulo ABCD, que en la figura 102 a) corresponde a la mitad de un brazo dendrítico secundario, se toma como una unidad elemental para análisis.

La solidificación y el crecimiento en dos dimensiones del elemento de volumen pueden verse en la figura 102 b); comienza en el punto C y progresa hasta el punto B. Cuando la solidificación alcanza la línea AD (mitad del proceso), empieza a formarse el puente sólido, y después el líquido residual es confinado en el puente [56].

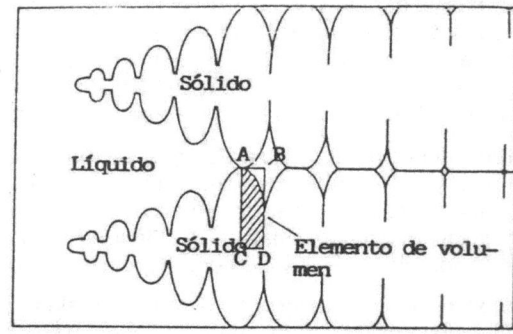

CA = Mitad del espaciado de brazo primario dendrítico.

CD = Mitad del espaciado de brazo secundario dendrítico

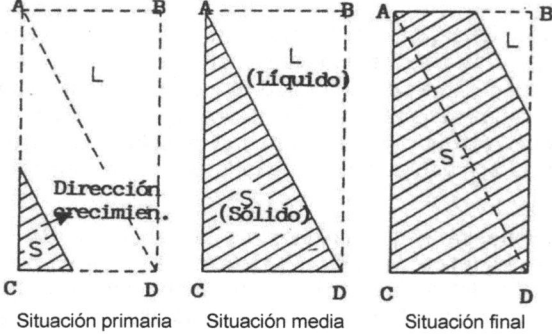

Situación primaria   Situación media   Situación final

Figura 102. Características del crecimiento celular dendrítico basado en las microestructuras de solidificación con enfriamiento rápido, y elemento de volumen usado para el cálculo del modelo de crecimiento en dos dimensiones. Vista general y elemento de volumen ABCD (a). Crecimiento en dos dimensiones del elemento de volumen (b) [56].

9.5. DESARROLLO DE LOS GRANOS DE LA ESTRUCTURA

El desarrollo de los granos de la estructura de la ZF de una soldadura está controlado previamente por los granos de la estructura del metal base y las condiciones de soldadura. El crecimiento inicial ocurre de forma epitaxial en los granos parcialmente fundidos. Los efectos cristalográficos influenciarán el crecimiento del grano a lo largo de direcciones particulares, denominadas "direcciones de crecimiento fácil". Para metales como el aluminio, con estructura cúbica centrada en las caras, las direcciones del crecimiento fácil coinciden con la dirección del flujo de calor.

En las soldaduras los efectos combinados del flujo de calor y las direcciones cristalográficas de preferencia promueven un fuerte crecimiento de grano. Así, en medio de la orientación al azar de los granos en una muestra policristalina, los granos que tienen una dirección cristalográfica <100> favorecerán su crecimiento en las direcciones cristalográficas alineadas con la dirección del flujo de calor.

Trabajos recientes de Rappaz y otros [57], y de David y Vitek [49,50], han examinado el crecimiento cristalográfico y el proceso de selección dendrítico sobre el desarrollo de las microestructuras de la ZF de cristales simples.

Después de la observación de los ordenamientos dendríticos es posible una reconstrucción tridimensional del baño soldado.

En las descripciones comunes del proceso de solidificación se supone lo que en general no es cierto, de se mantiene el equilibrio en la interfase sólido/líquido. En situaciones que involucran una solidificación rápida, como en el caso de las aleaciones de aluminio, y en el nuestro de la aleación AA 5083, se puede romper fácilmente el equilibrio en la interfase sólido/líquido. Como resultado se pueden producir estructuras metaestables. La solidificación del baño de soldadura bajo condiciones de enfriamiento rápido necesita ser examinada a la luz de los progresos que se llevan a cabo en la medida de interrelacionar el grado de extracción de calor al grado de nucleación, subenfriamiento y efectos de apariencia de soluto durante la formación de una microestructura única.

9.6. MICROSEGREGACIONES Y EFECTO DE LOS COMPUESTOS RELATIVAMENTE INSOLUBLES EN LA PRECIPITACIÓN DE LA FASE β EN LA ALEACIÓN AA 5083

La solidificación rápida en la ZF produce elevadas microsegregaciones de ciertos elementos de aleación. El grado de microsegregación se controla mediante el coeficiente de distribución K, que depende de la aleación y de los parámetros de soldadura. En general, el valor máximo de K es 1, que nos indica una segregación de máxima severidad. El coeficiente de distribución (K) de una sustancia, es el cociente o razón entre las concentraciones de esa sustancia en las dos fases de la mezcla formada por dos disolventes inmiscibles en equilibrio. Por tanto, ese coeficiente mide la solubilidad diferencial de una sustancia en esos dos disolventes.

En materiales metálicos impuros como es el caso de las aleaciones, los criterios para describir el comportamiento estable/inestable durante el crecimiento de la intercara, es apreciablemente más complejo debido a la redistribución del soluto que ocurre durante la solidificación, a consecuencia de la segregación de soluto tanto a la microescala como a la macroescala, efecto que conduce a que la temperatura de equilibrio local puede variar a lo largo de esa intercara.

Los compuestos relativamente insolubles se introducen con la adición de Fe, Si, Cr, Mn, y Ti en la aleación básica, para mejorar la resistencia a la corrosión bajo tensiones e inhibir la recristalización. Se ha investigado sobre soluciones de fase β por rangos de temperaturas:

- Las procedentes por encima de 500 ºC.

- Las procedentes en el rango 300-500 ºC.

Se han determinado dichas soluciones principalmente por la medida de su resistividad eléctrica. Lógicamente estas temperaturas, y mayores, se producen durante la soldadura. Existen varios compuestos insolubles en la aleación, que son:

1. Fase α - Al_{12} Fe_3 Si (a= 12,52 Å cúbica)

2. Fase γ - Al (Fe, Mn) Si (a= 12,63 Å cúbica)

3. Fase δ – Al_{18} Cr_2 Mg_3 (a= 14,55 Å cúbica),

y que pueden identificarse por difracción de rayos X.

La precipitación de la fase β (Al_3Mg_2), por envejecimiento a 120 y 250 ºC, se ve afectada por la precipitación de estos compuestos insolubles, acelerándose la precipitación de la fase β por la disminución de la cantidad de estos compuestos. Consecuentemente para la soldadura de las aleaciones AA 5083, la distribución, la cantidad y el tamaño de la fase β y de estos compuestos insolubles está afectada por el procedimiento de soldadura y la energía neta aportada (input térmico).

La diferencia de estas macroestructuras, y de los ciclos térmicos debidos a los diferentes procedimientos de soldadura, tienen una influencia sobre la sensibilidad por corrosión bajo tensiones de la unión soldada.

De lo expuesto se sugiere que la precipitación de la fase β en la zona de los granos de soldadura, para procedimientos con gran input térmicos, sea mucho mayor que en el metal base, lo cual tiene un efecto negativo en las propiedades mecánicas y metalúrgicas de las soldaduras.

9.7. REALIZACIÓN DEL ANÁLISIS SOBRE SEGREGACIONES

9.7.1. SOLDADURA ALTO DEPÓSITO. INTRODUCCIÓN

En primer lugar, se van a mostrar a través de un ejemplo, los diferentes pasos necesarios para analizar las segregaciones existentes en un cordón de soldadura. Realizamos la soldadura de chapas de AA 5083 de 46 mm de espesor, soldada con MIG Alto Depósito y, con doble protección de argón, donde con toda seguridad podremos estudiar sobradamente las segregaciones y precipitados formados [41,58].

9.7.2. PREPARACIONES Y PARÁMETROS DE SOLDADURA

La preparación de soldadura y sus parámetros son los siguientes:

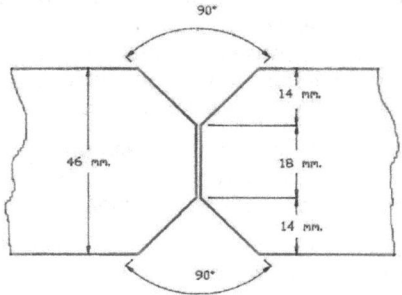

Figura 103. Preparación de la unión.

Metal base = AA 5083.

Metal aportación = ER 5183.

Tabla 48. Composición química de la aleación AA 5083 usada.

	Si	Fe	Cu	Mn	Mg	Cr	Zn	Ti	Al
%	0,15	0,20	0,02	0,64	4,70	0,11	0,01	0,01	94,16

Tabla 49. Composición química del metal de aportación ER 5183 usado.

	Mn	Mg	Cr	Zn	Ti	Al
%	0,75	4,75	0,15	0,01	0,10	94,25

Nº pasadas = 2 (una por cada cara).

Dimensiones cupones: 250 x 700 mm (cada chapa).

Tabla 50. Parámetros de soldadura.

ESPESOR (mm)	∅ HILO (mm)	INTENSIDAD (A)	VOLTAJE (V)	VELOCIDAD (cm/min)	CAUDAL INT. (l/min)	CAUDAL EXT. (l/min)
		1ª cara 720	38	18	60	50
46	4,8	2ª cara 720	38	18	60	50

Gas usado: Argón puro

Errores admisibles:

- $I = \pm 1 \, A$
- $V = \pm 0,2 \, V$
- $v = \pm 0,01 \, cm/min$
- $Caudal = \pm 1 \, l/min$
- $Dimensiones = \pm 0,5 \, mm$
- $Ángulo = \pm 0,5 \, °$

9.7.3. ESTUDIO MACROGRÁFICO

Se han cortado las cabezas de los cupones y, hemos realizado macrografías, haciendo un ataque, previo, con hidróxido sódico en escamas diluidas en agua a 60 °C, durante 1 minuto; después se ha limpiado la zona macrográfica con ácido nítrico, rebajado en agua, durante 5 minutos. La macrografía obtenida se presenta en la figura 104, donde podemos observar la geometría de los cordones, que es muy afilada en la penetración, por lo que, existe el problema de que en algunas ocasiones pudieran estar desalineadas ambas penetraciones y no coincidir.

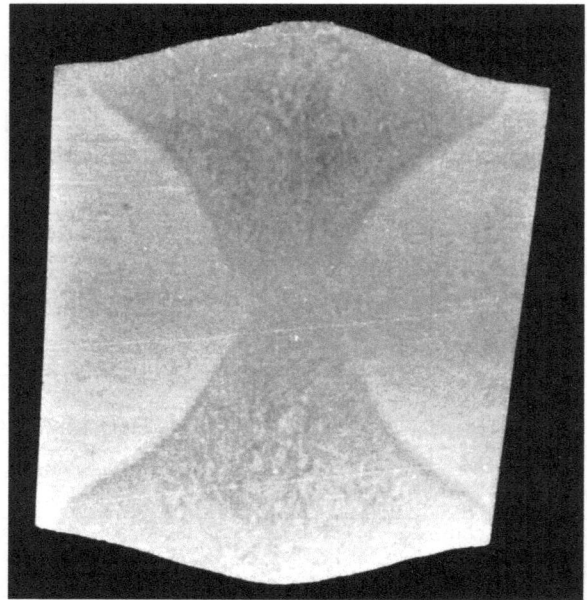

Figura 104. Macrografía de una soldadura MIG de Alto Depósito de chapas de AA 5083, con doble protección de argón puro.

9.7.4. ANÁLISIS MICROGRÁFICO DEL METAL BASE

Una vez estudiada la macrografía, hemos decidido realizar un estudio micrográfico del metal base, mediante un microscopio electrónico de barrido o SEM (Scanning Electron Microscopy), que utiliza un haz de electrones en lugar de un haz de luz para formar una imagen ampliada de la superficie de un objeto. Es un instrumento que permite la observación y caracterización superficial de sólidos inorgánicos y orgánicos. Las imágenes se han obtenido con Electrones Retrodispersados (BSE).

La microscopía electrónica se fundamenta en la emisión de un barrido de haz de electrones sobre la muestra, los cuales interaccionan con la misma produciendo diferentes tipos de señales que son recogidas por detectores. Finalmente, la información obtenida en los detectores es transformada para dar lugar a una imagen de alta definición, con una resolución de 0,4 a 20 nanómetros. Como conclusión, obtenemos una imagen de alta resolución de la topografía de la superficie de nuestra muestra.

Los microscopios electrónicos de barrido (SEM) cuentan con un filamento que genera un haz de electrones que impactan con la muestra. Estos electrones interaccionan con la muestra que se está estudiando, y devuelven distintas señales que son interpretadas por distintos detectores. Con esta información somos capaces de obtener información superficial de:

- Forma y topografía
- Textura
- Composición

La interacción del haz de electrones con la superficie de la muestra se realiza en forma de 'pera'. La penetración dependerá de los kV a los que trabajemos, un estándar es una penetración de 1-5 micrómetros.

En la figura 105, micrografía 1 (Imagen de Electrones Retrodispersados), aparecen alineaciones de inclusiones, del material base, que siguen la dirección de la laminación; también se observa que la muestra no ha sido recocida tras la laminación en frío.

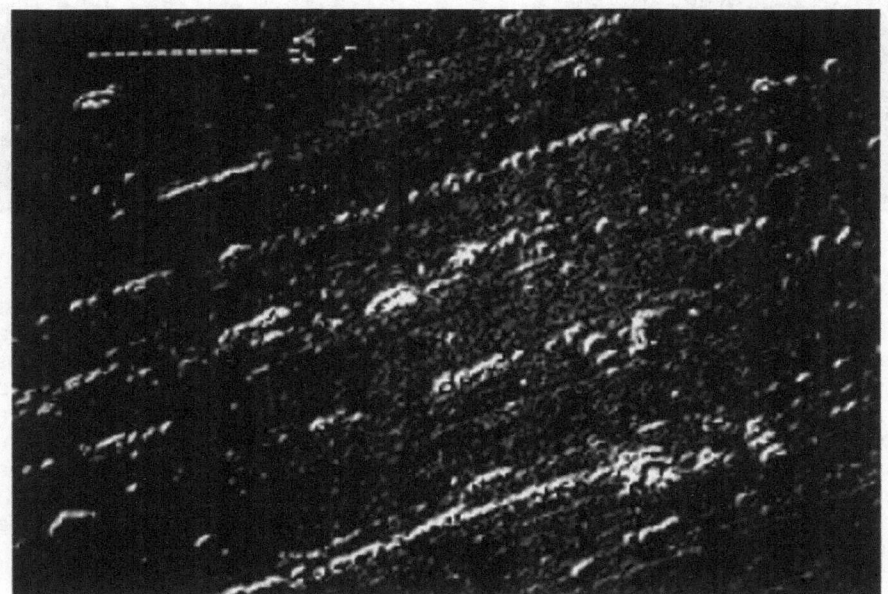

Figura 105. Micrografía 1. (1×500). Imagen de electrones retrodispersados. Material base.

En la figura 106, micrografía 2 (imagen de electrones retrodispersados), detalle de la anterior, se observan algunas de estas inclusiones. Se tratan de inclusiones de Mg_2Si y $(Fe, Mn)_3SiAl_{12}$, que han sido caracterizadas por microanálisis EDX. (Energy Dispersive X-Rays) y a las que más adelante veremos su forma y estructura. Se han realizado los mapas de rayos X de los elementos encontrados por el microanálisis, y los resultados obtenidos junto con la Micrografía 2 se muestran a continuación.

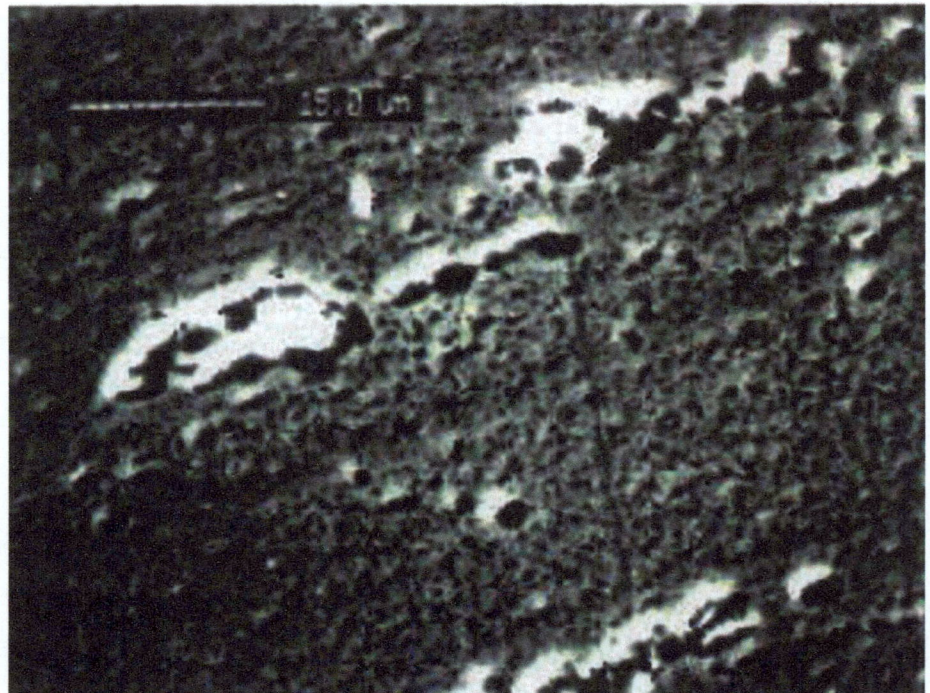

Figura 106. Micrografía 2. Imagen de electrones retrodispersados.

Se puede observar en la figura 107 que, en el mapa de Al, el área de las inclusiones aparece menos brillante que el material base; ello se debe a la presencia de otros elementos en esa zona. En el mapa de Mg, se observan algunos puntos más brillantes que corresponden a inclusiones de Mg y Si. En el caso del Si, se observa una especial concentración de este elemento sólo en las inclusiones; lo mismo ocurre con Fe, Mn, Cr y Cu. Este último elemento, se encuentra en muy baja concentración, por lo que es perceptible el ruido de fondo en el mapa (color azulado en toda el área analizada). El mapeo EDX (analizador de dispersión de energía por rayos X) proporciona una información analítica sobre la composición del total o de zonas de la muestra de hasta unas cuantas micras de diámetro.

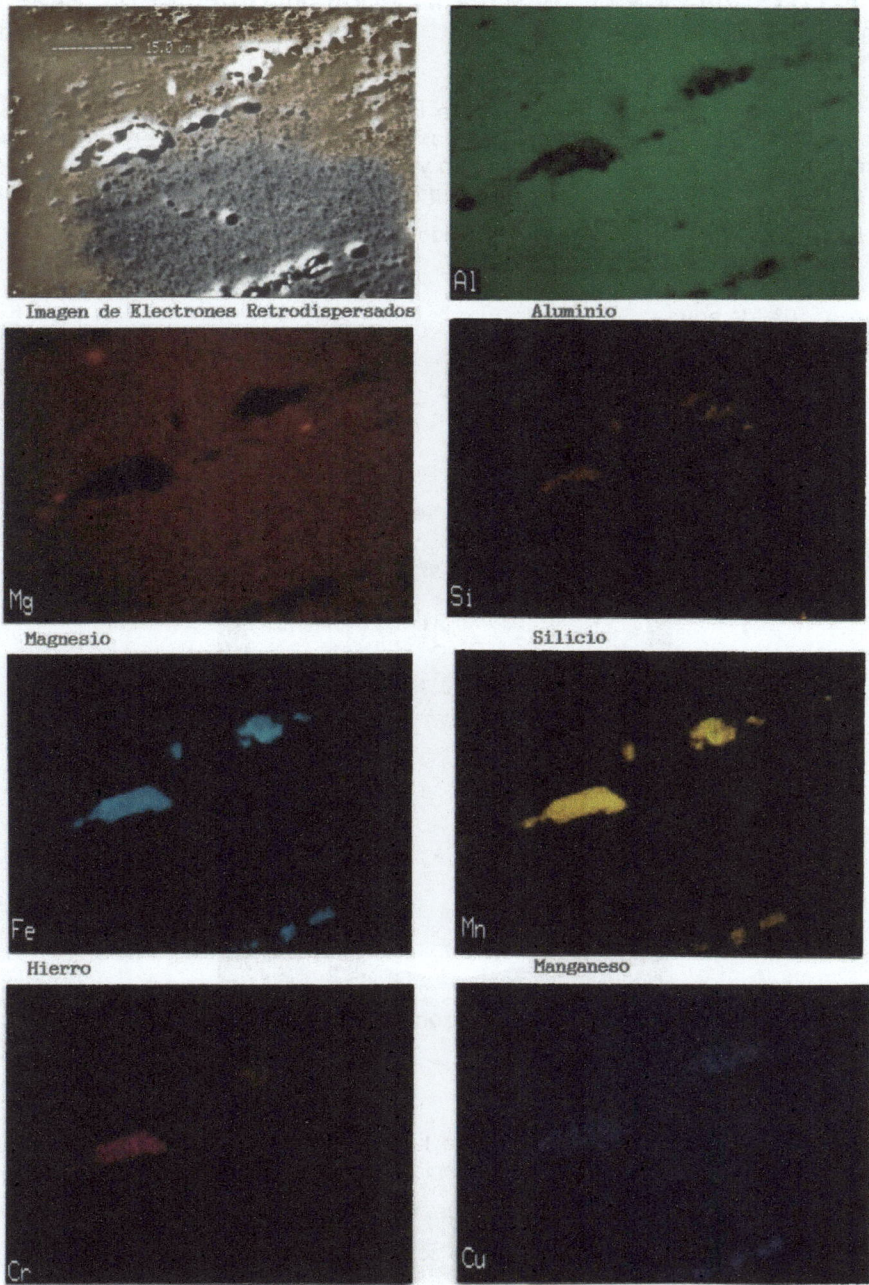

Figura 107. Mapas EDX de componentes en las inclusiones.

9.7.5. CONSTRUCCIÓN DE UN MAPA MICROGRÁFICO DEL METAL BASE Y METAL DE SOLDADURA

La recta AB en la figura 108 nos indica la zona donde se ha tomado el mapa micrográfico. Para ello se ha atacado la probeta por inmersión en un reactivo compuesto por: 90 c. c. de agua destilada y 10 c. c. de ácido sulfúrico, con 95 c. c. de agua destilada y 5 c. c. de ácido fluorhídrico.

Después se ha realizado un electropulido, con una solución de:

- 10% de ácido perclórico
- 10% de agua
- 70% de etanol
- 10% de glicerol.

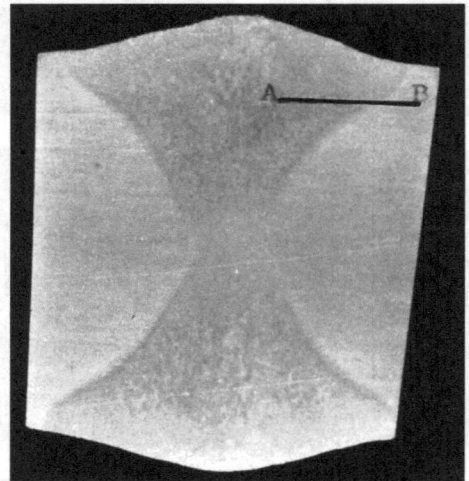

Figura 108. La recta AB indica la zona donde se ha tomado el mapa micrográfico.

En los mapas de las micrografías de las figuras 109, 110 y 111, se pueden observar tres zonas perfectamente diferenciadas:

1. Zona Metal Base (MB) o no afectada.

2. Zona Afectada por el Calor (ZAC) o zona de recristalización:

   2.1. Zona de recocido y maduración.

   2.2. Zona de fusión parcial y resolidificación.

3. Baño de Fusión (BF) o zona fundida (con estructura de fundición).

Al ser la aleación AA 5083 perteneciente a las no tratables térmicamente, no existe la zona de solubilización sólida.

Zona con estructura de fundición (BF)

Es la parte de la soldadura que forma el metal depositado, en mayor o menor grado de dilución con el metal base. En ella, el metal ha fundido y ha vuelto a solidificar, por lo que su estructura se corresponde con la de los productos moldeados. Debido a su gran velocidad de enfriamiento, se obtiene una estructura fina de fundición, con características mecánicas superiores a las piezas moldeadas.

A veces, el enfriamiento de la zona fundida puede dar lugar a segregaciones en los límites de grano de los elementos de bajo punto de fusión que estaban en solución sólida antes del soldeo. La importancia de estas segregaciones depende de la composición química de la aleación y de la velocidad de enfriamiento. En la aleación AA 5083, se observa en la soldadura una disminución sensible de Mg, lo que se traduce en una pérdida de características mecánicas, por lo que se deben usar metales de aportación con contenidos de Mg superiores.

Zona de fusión parcial y resolidificación (ZAC)

Esta zona adyacente a la de fusión total, tiene gran influencia en las características de la soldadura, ya que ha sido llevada a temperaturas comprendidas entre las líneas de solidus y líquidus.

Zona de recocido y maduración

En las aleaciones tratadas mecánicamente, deformación en frío, se considera zona de recocido la que ha alcanzado temperaturas entre 250 y 550 °C; esta parte sufre un tratamiento análogo al que poseía el metal antes del tratamiento mecánico (estado de acritud), con lo que el metal que poseía acritud la pierde de acuerdo con la temperatura alcanzada y el tiempo de permanencia. Este recocido, si la temperatura alcanzada es elevada y el tiempo largo, puede producir aumento en el tamaño de grano, que se traduce en una disminución de las características mecánicas de esta zona.

Se han construido 3 mapas micrográficos (figuras 109, 110 y 111) a 100, 135 y 350 aumentos, respectivamente. El ataque se ha llevado a cabo, tal como se describe en el comienzo de este apartado.

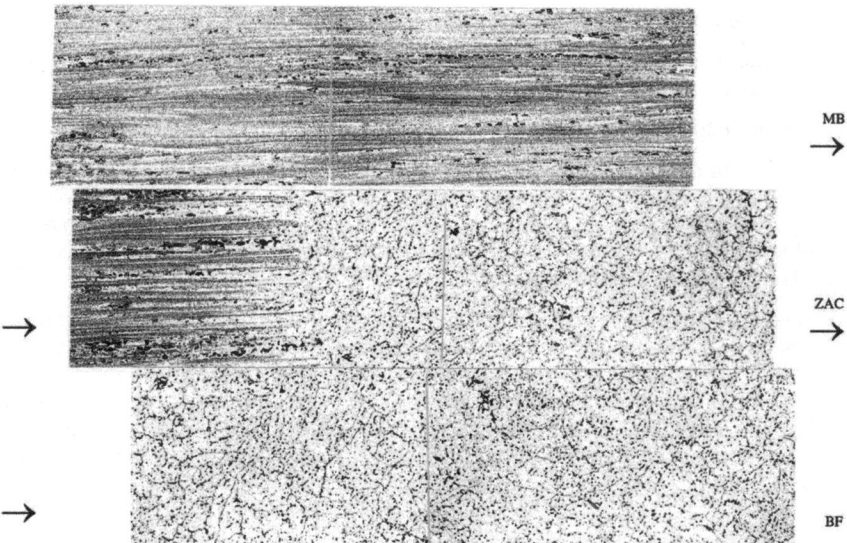

MB →

→ ZAC →

→ BF

Figura 109. Mapa de la microestructura de las distintas zonas de una soldadura MIG de AA 5083 (1×100).

MB →

→ MB + ZAC →

→ ZAC +BF

Figura 110. Mapa de la microestructura de las distintas zonas de una soldadura MIG de AA 5083 (1×135).

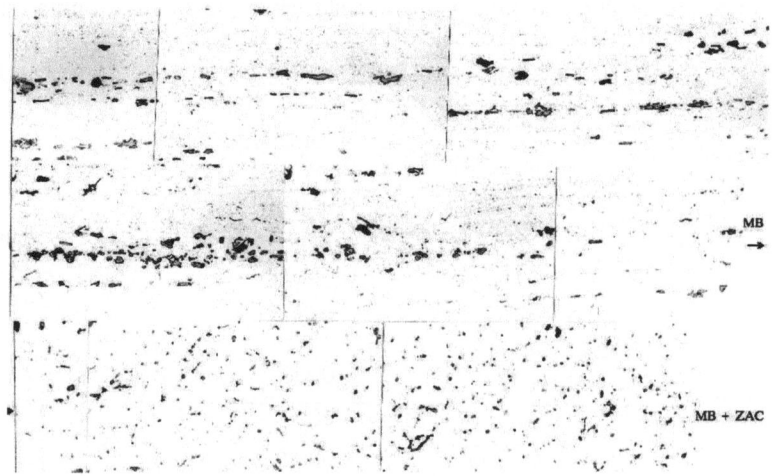

Figura 111. Mapa de la microestructura del MB Y LA ZAC de una soldadura MIG de AA 5083 (1 × 350).

Se ha realizado un estudio del tamaño de grano de la zona fundida de acuerdo con: "Standard Methods for Estimating the Average Grain Size of Metals" de ASTM (Designation: E 112-63. Reapproved 1.969), y se ha comprobado que el tamaño medio de grano es 3,0 con valores extremos de 1,0 y 4,0 (figura 112).

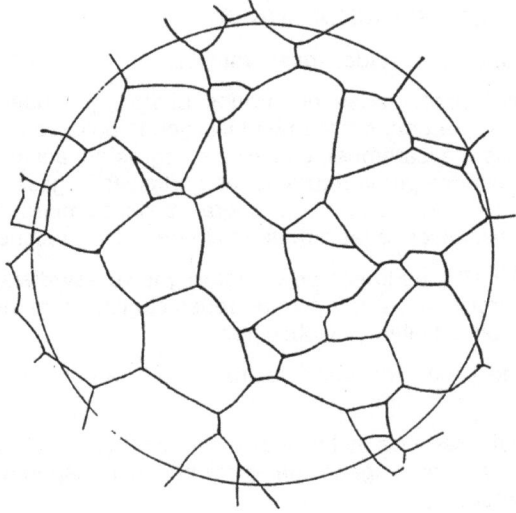

Figura 112. Ejemplo a considerar para aluminio. Tamaño de grano nº 3 a 100X. Fuente: Imagen extraída de ASTM E 112-63.

Relación entre los aumentos usados y el multiplicador de Jeffries, f, para un área de 5.000 mm². (Equivalente a un círculo de 79,8 mm de ⌀).

Tabla 51. Relación entre los aumentos y el factor multiplicador.

Aumentos M	Multiplicador f
1	0,0002
10	0,0200
25	0,1250
50	0,5000
75	1,1250
100	2,0000
150	4,5000
200	8,0000
250	12,5000
300	18,0000
500	50,0000
750	112,5000
1000	200,0000

9.7.6. ESTUDIO DE LAS SEGREGACIONES

A la vista de los mapas construidos, observamos:

a) En el metal base, zonas de granos bastos que pueden ser partículas insolubles, y que denominaremos inclusiones brillantes (cuya micrografía y microanálisis realizaremos), con zonas negras adyacentes que pueden ser huecos originados por la rotura de las partículas frágiles anteriores, durante el laminado en frío. Las áreas negras aisladas pueden ser otro tipo de partículas insolubles, a las que denominaremos inclusiones obscuras.

b) En la ZAC + BF, las líneas de contorno gris se estudiarán, al igual que las partículas precipitadas, que forman redes continuas en los límites de grano, y las inclusiones brillantes y obscuras.

Con la ayuda de un microscopio electrónico de barrido, se han efectuado las micrografías:

-   Correspondientes a las inclusiones brillantes (figuras 113 a y 113 b) que han sido realizadas con imágenes de electrones: retrodispersados y secundarios, respectivamente.

-   La micrografía de la figura 114 corresponde a inclusiones obscuras.

-   La micrografía de la figura 115 corresponde a la de las partículas que forman redes continuas en los límites de grano.

Después, se han realizado microanálisis y, por los resultados obtenidos, se puede afirmar que:

1. Las inclusiones brillantes en el metal base corresponden a $(Fe\ Mn)_3SiAl_{12}$ (Figura 113 (c)).

2. Las inclusiones obscuras en el metal base son de Mg_2Si (Figura 114 (b)).

3. Las líneas de contorno gris son partículas de $MnAl_6$ (Figura 115 (c)).

4. Las partículas precipitadas en los límites de grano son de Al_3Mg_2 (Figura 115 (b)).

5. Las inclusiones brillantes en la zona B. F. corresponden a $Al_{12}(Cr,\ Mn)$ y $Al_{12}Fe_3\ Si$ (Figura 113 (d)).

6. Las inclusiones obscuras en B. F. contienen $Mg_2\ Si$ y $Al_{12}Mn_3Si$ (Figura 114 (c)).

Las micrografías de segregaciones brillantes de $(Fe\ Mn)_3SiAl_{12}$ en el metal base se muestran en las Figuras 113 (a) y (b).

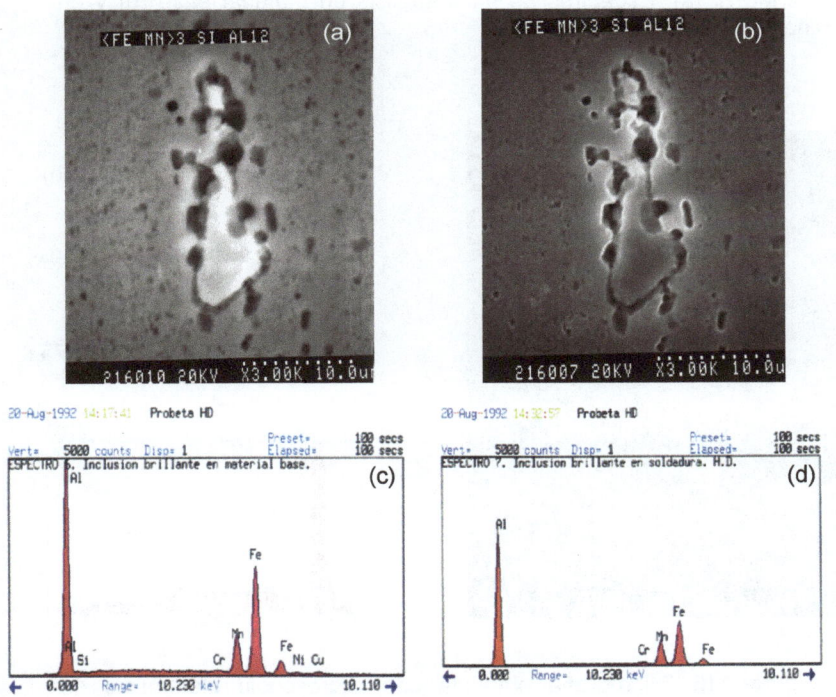

Figura 113. Imagen de electrones retrodispersados (a), imagen de electrones secundarios (b). Espectro de microanálisis en material base (c). Espectro de microanálisis en inclusión brillante (d).

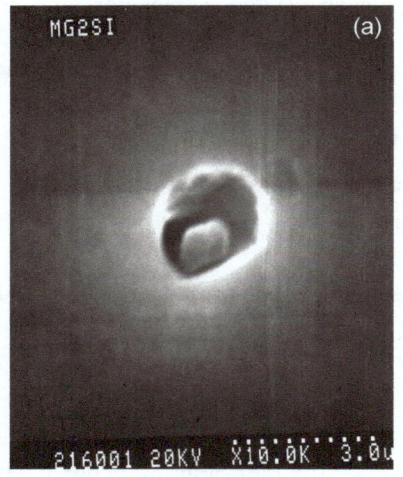

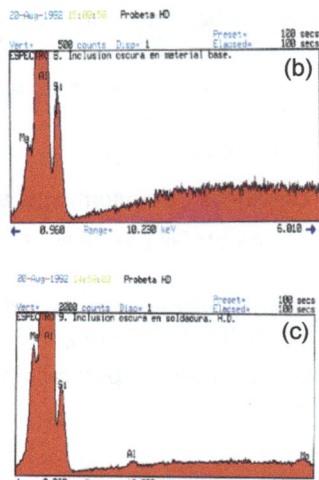

Figura 114. Micrografía de una segregación obscura, en el metal base, de Mg$_2$Si (a). Espectros de microanálisis en material base (b) y en inclusión oscura (c).

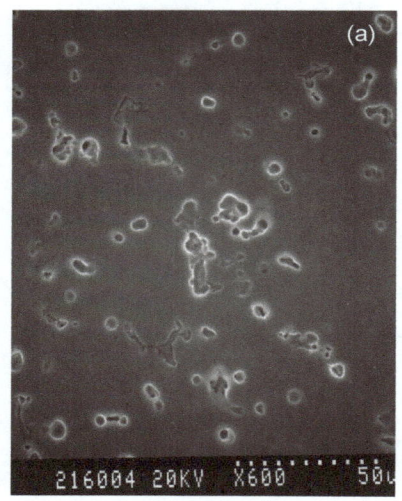

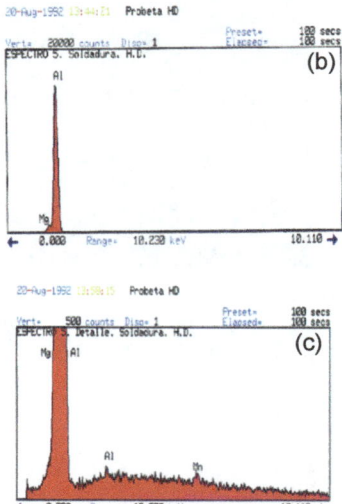

Figura 115. Micrografía obtenida con microscopio electrónico de barrido que nos muestra los precipitados en los límites de grano de Al$_3$ Mg$_2$, debido al elevado input térmico (a). Espectro de microanálisis (b). Detalle de la señal de fondo del espectros de microanálisis (c).

9.8. SOLDADURA MIG EN MULTIPASADAS

Una vez efectuado el estudio de una soldadura de alto depósito, vamos a realizar un estudio similar en una soldadura de multipasadas, pero que además tiene la particularidad de que posee una gran cavidad, asociada a una falta de fusión.

La preparación de soldadura, y sus parámetros son los siguientes (figura 116):

Metal base: AA 5083.

Metal aportación: ER 5183.

Espesor: 31 mm.

Dimensiones cupones: 250 x 700 mm (cada chapa).

Nº pasadas: 11 (5 de cara y 6 de raíz).

Posición: Cornisa 45º.

(Ver figuras 117 y 118).

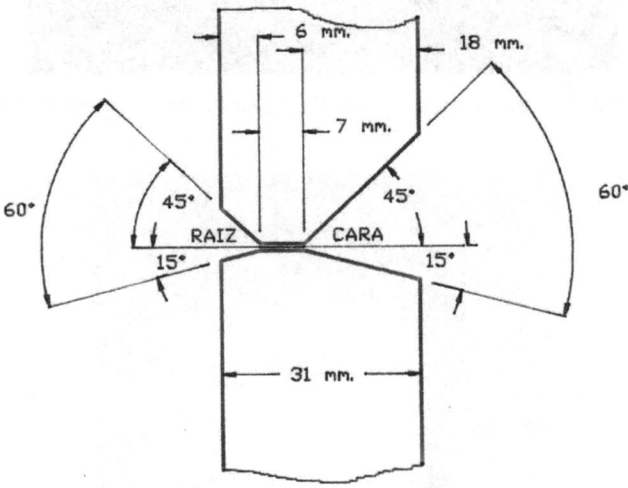

Figura 116. Preparación para el soldeo.

Parámetros soldadura:

1ª Pasada:

- $I = 220\ A$
- $V = 28\ V$
- $v = 0,87\ cm/s$
- Sin oscilación.
- Energía neta aportada = 509,8 kJ/m
- $\phi_{hilo} = 1,6\ mm$

Caudal de gas:

- *Interior (75% He + 25% Ar) 40 l/min.*

- *Exterior (Ar puro) 40 l/min.*

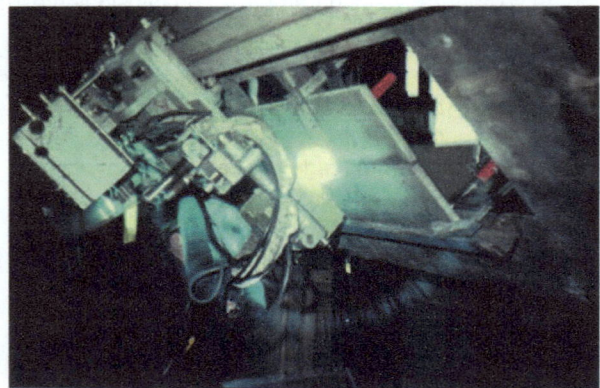

Figura 117. Soldadura de una probeta de AA 5083 en posición cornisa 45º.

Figura 118. Macrografía de la soldadura en cornisa 45º sin defectos internos.

9.8.1. ESTUDIO MACROGRÁFICO

Realizado en las mismas condiciones que en el apartado 9.7.3.; las macrografías se pueden observar en las figuras 119 y 120, una por cada cara de la probeta de ensayo.

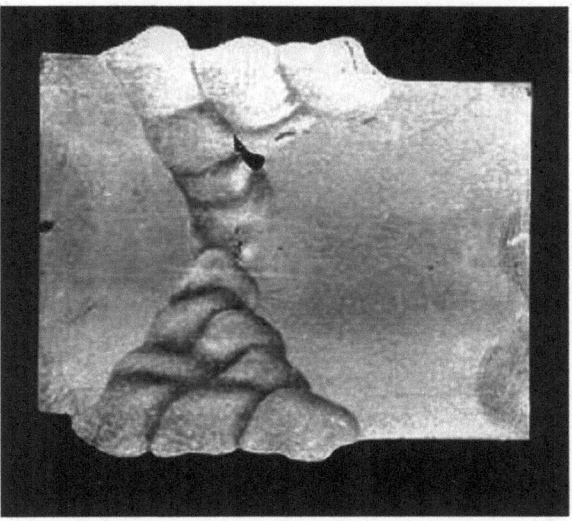

Figura 119. Macrografía de una soldadura MIG de AA 5083 en chapas de 31 mm de espesor, en posición cornisa multipasadas, en la que puede observarse un defecto de porosidad pasante.

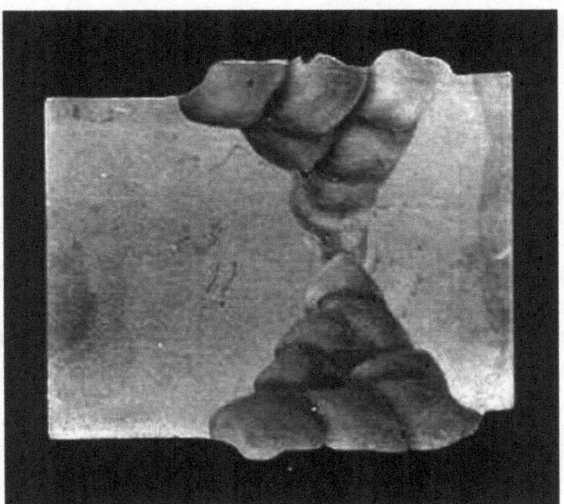

Figura 120. Macrografía de la soldadura anterior vista por la cara opuesta, donde se sigue observando la porosidad pasante.

9.8.2. ESTUDIO DE LAS MICROSEGREGACIONES EN LAS PROXIMIDADES DEL PORO DE GRAN TAMAÑO

Estudio Micrográfico

En este caso, se han realizado los mapas de Rayos X por E.D.X. en las proximidades del poro de gran tamaño que hay en la muestra. En principio, este poro podría haberse producido por segregación de alguno de los elementos presentes. La micrografía de la zona analizada se observa a continuación y corresponde a una imagen de electrones retrodispersados (figura 121).

Figura 121. Micrografía. Imagen de electrones retrodispersados.

Se puede observar que, en el mapa EDX (figura 122) de Al, el área de las inclusiones aparece menos brillante que el material base, también aparecen menos brillantes las zonas en que presumiblemente se encuentran los límites de grano. En el mapa EDX de Mg, se observan algunos puntos más brillantes que corresponden a las inclusiones de Mg y un ligero enriquecimiento en los límites de grano. En los casos del Fe y Mn, se observa una especial concentración de estos elementos, sólo en las inclusiones. Este último elemento, Mn, se encuentra en muy baja concentración, por lo que es perceptible el ruido de fondo en el mapa (color rojizo en toda el área analizado).

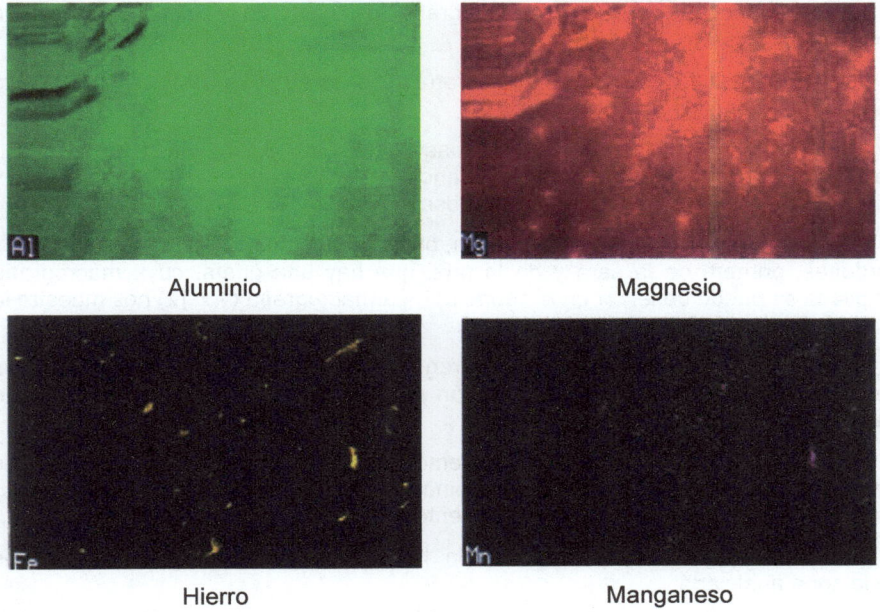

Figura 122. Mapas EDX de componentes en las inclusiones.

Para estudiar con detenimiento la cavidad formada, hemos realizado una ampliación de la macrografía (1 x 11), y en ella se ve perfectamente la geometría superficial de aquella y una lasca de metal de soldadura, que oculta el fondo de la cavidad, en la parte izquierda, que procederemos a eliminar, así como un agrietamiento en la terminación de uno de los bordes (figura 123).

Una vez eliminada la lasca, en la macrografía (1 x 20) de la figura 124, realizada con el microscopio electrónico de barrido, se pueden observar la geometría de la cavidad conforme se avanza en profundidad a través del material, y distintos tipos de inclusiones, así como algunas porosidades secundarias asociadas a la falta de fusión.

Las micrografías de la figura 125 (1 x 1.000) y de la figura 126 (1 x 1.500), nos muestran, claramente, la porosidad en las zonas asociadas a la falta de fusión. Las causas de la generación de este defecto son:

-   Preparación inadecuada.

-   Mal estado superficial de los bordes.

-   Incorrecta elección de los parámetros de soldadura y del caudal de gas.

-   Incorrecta inclinación de la pistola de soldadura.

Las micrografías de la figura 127 (1 x 2.000) y 128 (1 x 3.000) nos muestran inclusiones obscuras y brillantes respectivamente, cuyos microanálisis hemos realizado.

En las figuras 129 aparece una micrografía de la pared de la cavidad, en contacto con el metal base.

En las figuras 130 se ve una micrografía de la pared de la cavidad, en contacto con la zona de fusión de la soldadura.

Las inclusiones brillantes son partículas de $(Fe\ Mn)_3\ Si\ Al_{12}$, $Al_{12}\ (Cr,\ Mn)$ y Al_{12} $Fe\ Si$, que ya habían sido detectadas anteriormente en la probeta de alto depósito, y además $Al\ (Mn,\ Fe)\ Si$. Las inclusiones obscuras son de $Mg_2\ Si$.

Para terminar el estudio de la probeta, observamos en la zona de la unión de los cordones, primero de la cara y de la raíz, que hay una grieta, cuya macrografía ampliada se puede observar en la figura 131. La macrografía (1 x 12) nos muestra la grieta,

La grieta está asociada con microsegregaciones de Mg, producidas en los límites de grano, debido a una rápida solidificación y a la formación de material eutéctico, de bajo punto de fusión [17,18].

Otros autores han investigado y demostrado que las soldaduras realizadas transversalmente a la dirección de la laminación experimentan mayor agrietamiento en caliente, que las realizadas paralelamente a aquella.

Mapas de Rayos X de Al, Mg, Fe, Mn. Imagen de Electrones Retrodispersados de la zona analizada.

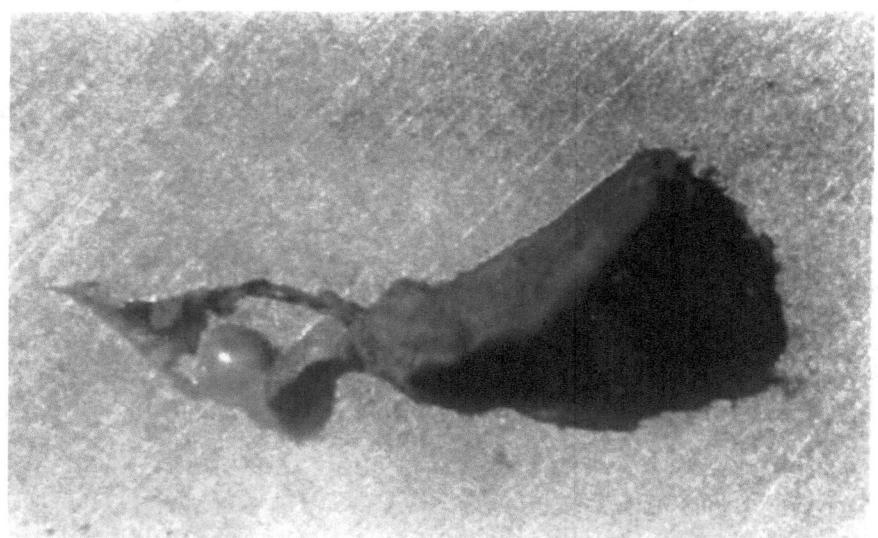

Figura 123. Macrografía de la porosidad (1 x 11), en la que a la izquierda y en su terminación puede observarse un agrietamiento.

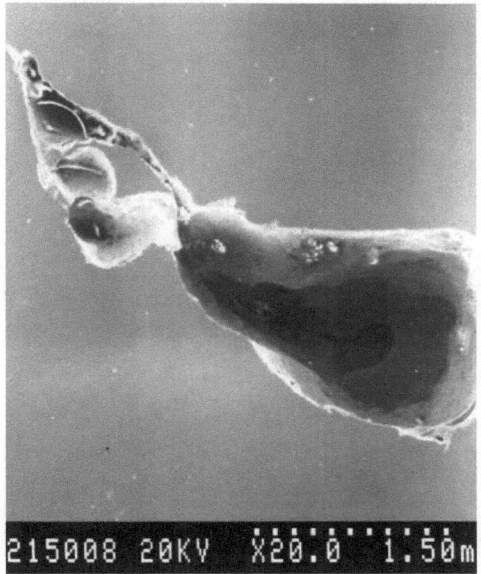

Figura 124. Macrografía de la porosidad (1 x 20), que nos muestra la profundidad de la cavidad, una vez eliminada la lasca de metal de soldadura.

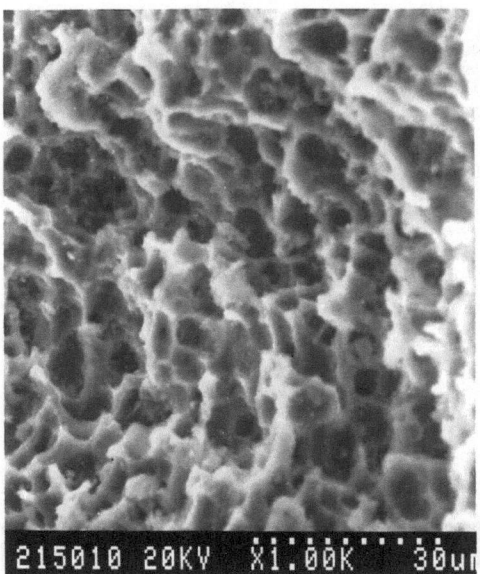

Figura 125. Micrografía que muestra las microporosidades en las zonas asociadas a la falta de fusión (1 x 1.000).

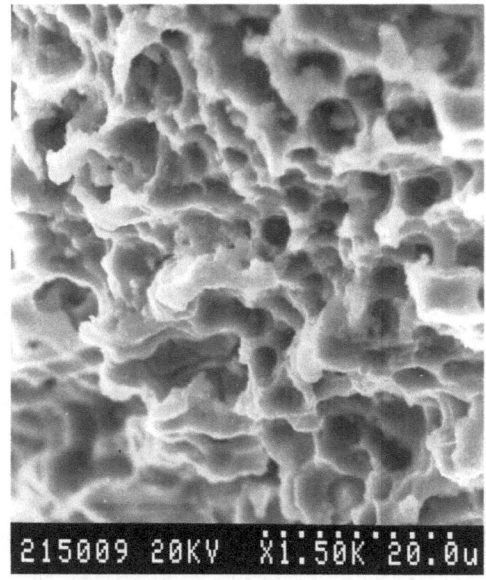

Figura 126. Micrografía anterior en detalle (1 x 1.500).

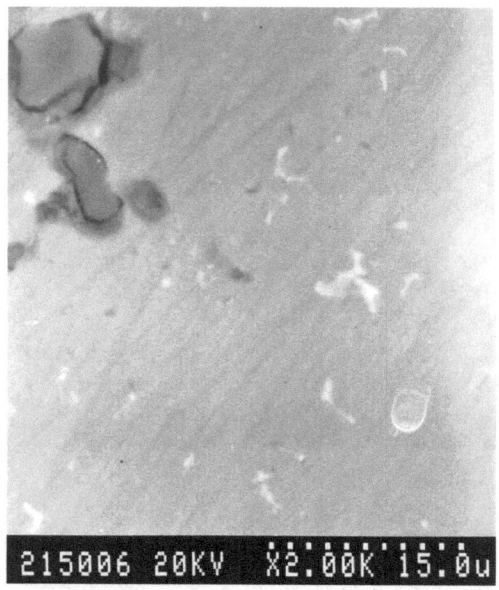

Figura 127. Micrografía de inclusiones obscuras en la superficie de la cavidad (1 x 2.000).

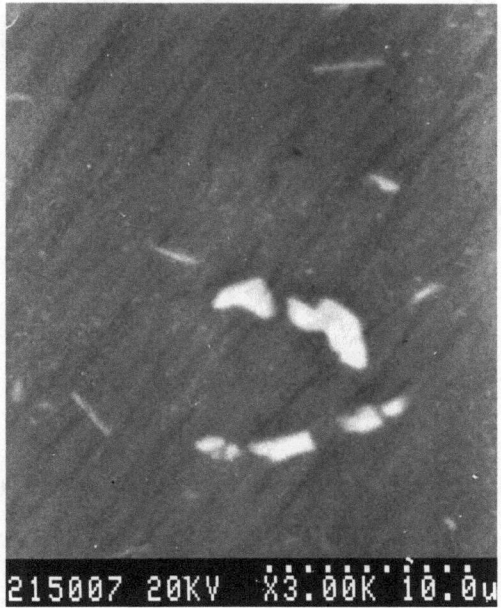

Figura 128. Micrografía de inclusiones brillantes en la superficie de la cavidad (1 x 3.000).

Figura 129. Micrografía de la pared de la porosidad que limita con el metal base (1 x 500).

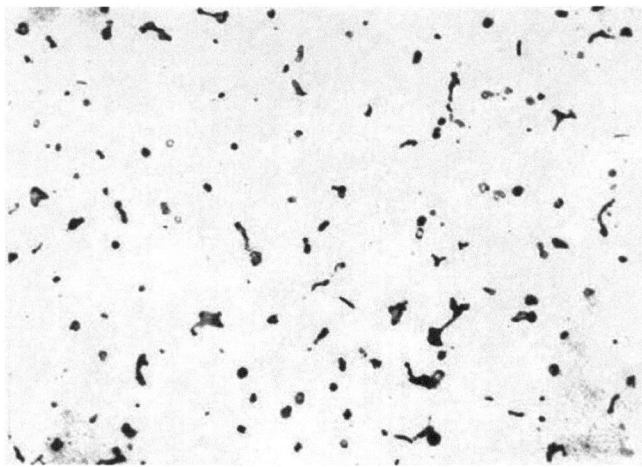

Figura 130. Micrografía de la pared de la porosidad que limita con la zona de fusión (1 x 500).

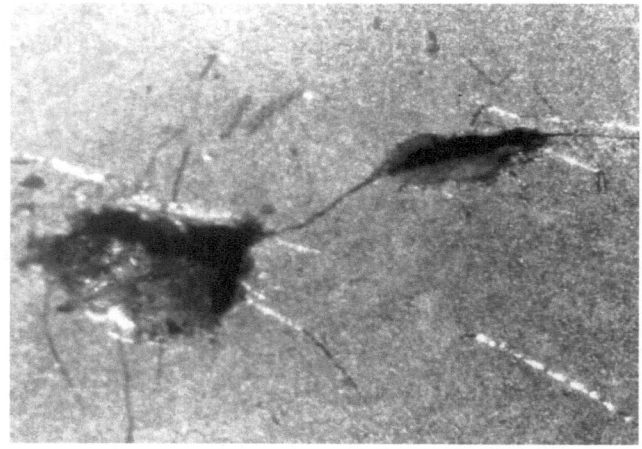

Figura 131. Macrografía (1 x 12) de una fisura en la zona de fusión, situada en la unión de la cara y la raíz de la soldadura.

Equipos usados:

Metalografía:

Microscopio Metalográfico: REICHTER - JUNG. Me F - 3.

Técnicas de observación: Campo claro, campo oscuro, contraste interdiferencial, polarización.

Equipo fotográfico: Cámara automática de 35 mm y portaplacas de 4" x 5". Control automático de la cámara y del tiempo de exposición.

Oculares gran campo WPK 10x.

Objetivos:

Plan Fluor 2,5x/0,075

Plan Fluor 5x/0,1 EPI LWD

Plan Fluor 10x/0,2 EPI LWD 1K.

Plan Fluor 20x/0,4 EPI LWD 1K.

Plan Fluor 50x/0,8 EPI LWD 1K.

Plan Fluor 100x/0,9 EPI LWD 1K.

Circuito cerrado de TV.

Determinación de tamaño de grano según Norma ASTM E 112, método comparativo.

Microscopía electrónica y microanálisis:

Microscopio Electrónico de Barrido: HITACHI. S - 570 Large Stage.

-Equipado con detector de electrones retrodispersados ROBINSON RBH - 570 ML.

- Potencial de aceleración: 0,5 a 30 KV.

-Aumentos:

20 a 100.000 x (WD = 35 mm).

500 a 200.000 x (WD = -2 mm).

-Resolución máxima de 350 nm, con imagen de electrones secundarios.

-CRT de fotografía de alta resolución. Equipada con cámaras MAMIYA 6x7 y POLAROID 545.

Sistemas Microanalíticos:

Microanalizador KEVEX - 8000 equipado con:

-Detector EDS Kevex con ventana de Be de 8 mm.

-Detector WDS Microspec - 2A.

-Automatización SESAME.

-Programas para análisis químico cuantitativo.

-Programas para adquisición de imágenes ópticas y electrónicas.

-Programas para análisis de imágenes.

9.8.3. CONSIDERACIONES FINALES

Estos resultados se pueden resumir como siguen:

-La aleación de aluminio AA 5083 estudiada, contiene muchos tipos de compuestos relativamente insolubles, debido a impurezas y a los elementos de adición Si, Mn, Fe, Cr, etc., tales como $(Fe, Mn)_3SiAl_{12}$; $Al_{12}(Cr, Mn)$; $Al_{12}Fe_3Si$ (fase α), Mg_2Si (fase β') y $Al(Mn, Fe)Si$ (fase γ), se identifican principalmente por análisis de difracción de rayos X y se pueden distinguir por su tamaño. Así, por ejemplo, los compuestos de las series Fe-Si tienen tamaño relativamente grande, y las series Cr-Mn son de tamaño intermedio. Los compuestos de gran tamaño son de 50.000 nm; y los de tamaño relativamente pequeño de 4.000 a 15.000 nm, estos compuestos se consideran generalmente como inhibidores de la recristalización y del crecimiento del cristal.

-Cuando se calienta la aleación por encima de la temperatura de solución de la fase β $(Al_3 Mg_2)$, como ocurre durante la soldadura, los compuestos relativamente insolubles, por encima de 500 °C, muestran el comportamiento de la solución y en el rango de 340 a 500 °C, el comportamiento de la precipitación.

-La precipitación de la fase β, por envejecimiento a 120 °C y 250 °C, está afectada por la disolución o precipitación de estos compuestos relativamente insolubles, y entonces la precipitación de la fase β se ve acelerada con la disminución de la cantidad de estos compuestos. Por lo tanto, ello sugiere que la precipitación de la fase β, en las uniones soldadas con procedimientos de alta energía transferida, como en el caso de la soldadura de alto depósito, es muy superior a la que hay en el metal base, lo que tiene un efecto negativo en las propiedades químicas y mecánicas de las soldaduras.

-El alto contenido en Mg de la aleación (4,7%), hace que la susceptibilidad al agrietamiento en caliente sea medianamente elevada.

-Durante la solidificación de la soldadura, las microsegregaciones de Mg dan como resultado la formación de material eutéctico, de bajo punto de fusión, que se observa en las paredes de las grietas, que se propagan en la zona de fusión donde existe suficiente crecimiento de tensión, lo que produce la ruptura del material solidificado, separado de bolsas de líquidos eutécticos a lo largo de los límites de grano.

-Las soldaduras, realizadas transversalmente a la dirección de laminación, experimentan mayor susceptibilidad al agrietamiento en caliente que las realizadas paralelamente a la dirección de laminación.

CAPÍTULO 10. ANÁLISIS EXPERIMENTAL DE LA SOLDADURA MIG A. D.: PARÁMETROS Y SU INFLUENCIA EN LA GEOMETRÍA DEL CORDÓN. SANEADO DE RAÍZ. TENSIONES.

10.1. INTRODUCCIÓN SOBRE LOS PARÁMETROS DE SOLDADURA

Con el fin de determinar la geometría del cordón de soldadura, hemos realizado un análisis experimental para determinar la influencia que tienen los **parámetros** de soldadura en la formación de ésta. Sabido es que la intensidad influye fuertemente en la penetración, hasta unos valores en los cuales el baño de fusión es tan fluido y grande que se adelanta al arco e impide que se penetre más. Por otro lado, a mayor voltaje implica mayor anchura de cordón, y en cuanto a la velocidad, una mayor velocidad implica menor penetración y menor anchura de cordón [16]. Pero lo que queremos determinar cómo interactúan a la vez estos parámetros y que efectos producen. Las figuras 132, 133, 134 y 135 muestran los efectos producidos Empezaremos determinando su influencia en solitario, fijando el resto de los parámetros, y la consecuencia es la siguiente:

- El ajuste de la INTENSIDAD se realiza variando la velocidad de salida del hilo, si aumentamos ésta, influirá en un arco más corto y ruidoso, una fusión del hilo más rápida, mayor penetración y cordón más estrecho, aumento del sobreespesor y mayor volatilización de los elementos aleantes. La disminución de la INTENSIDAD tendría el efecto contrario.

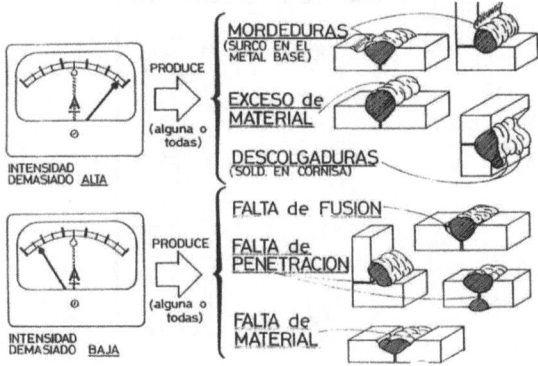

Figura 132. Influencia de la INTENSIDAD en el cordón y sus efectos en la unión.

- El ajuste de la TENSIÓN (VOLTAJE) se realiza de acuerdo a las características de cada máquina de soldar en uso. Un aumento de éste implica un arco más largo y más ruidoso, un cordón más ancho y menos elevado, un baño de fusión menos viscoso y mayor volatilización de los elementos de aleación. La disminución del VOLTAJE tendrá el efecto contrario.

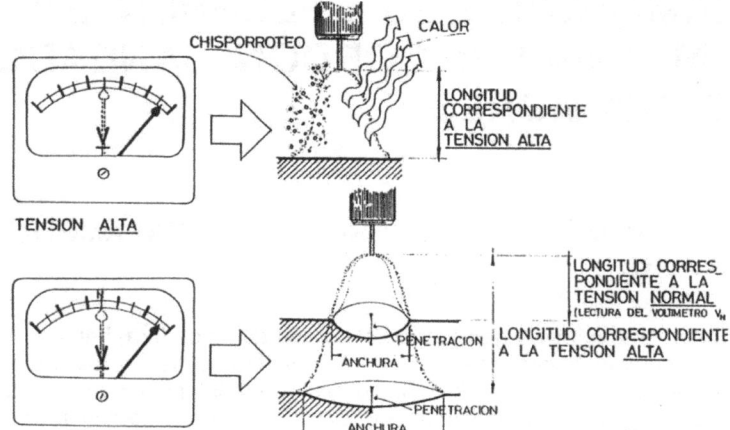

Figura 133. Influencia de la TENSIÓN en el cordón y sus efectos en la unión.

- El ajuste de LA VELOCIDAD DE LA SOLDADURA se realiza mediante, el desplazamiento de la mano del soldador a mayor o menor rapidez, o un potenciómetro o variador de velocidad que posee el motor de un equipo automatizado. Un aumento de ésta implica una menor penetración, un cordón más estrecho y elevado, falta de fusión y disminución de la aportación de calor al baño fundido. La disminución de la VELOCIDAD DE SOLDADURA, si tendrá el efecto contrario.

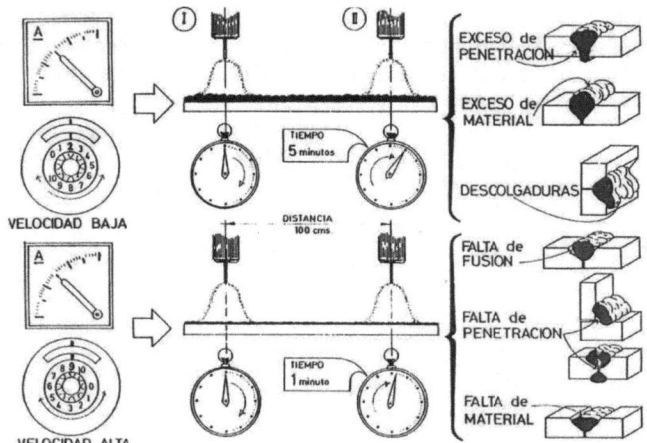

Figura 134. Influencia de la VELOCIDAD DE SOLDADURA en el cordón y sus efectos en la unión.

- El ajuste del CAUDAL DE GAS se realiza mediante un caudalímetro. Un aumento de éste implica una menor penetración, un cordón más estrecho y elevado, falta de fusión y disminución de la aportación de calor al baño fundido. La disminución del CAUDAL DEL GAS si tendrá el efecto contrario.

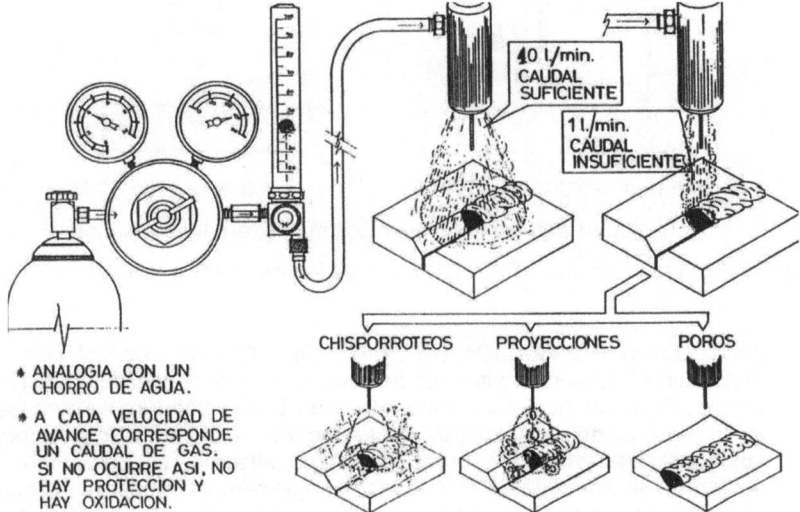

Figura 135. Influencia del CAUDAL DE GAS en el cordón y sus efectos en la unión.

10.1.1. OTROS PARÁMETROS

Las figuras 136 a 141, ambas incluidas muestran cómo actúan otros parámetros a considerar:

- STICK OUT (Longitud de hilo libre o extensión del hilo electrodo): Es la distancia desde la punta de la boquilla de contacto hasta la punta del hilo o comienzo del arco; otros autores lo definen como la distancia de la boquilla de contacto a la superficie de las chapas a unir. Si la velocidad de salida del hilo y el voltaje se mantienen constantes, el cambio de la longitud de hilo libre provocará cambios en la intensidad de corriente, consecuencia de la variación de la resistencia eléctrica del hilo, lo que se traduce en un aumento del voltaje y una disminución de la intensidad, lo que genera deposiciones elevadas y una pequeña disminución de la penetración.

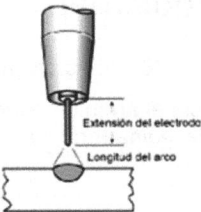

Figura 136. Representación del STICK OUT o extensión del electrodo.

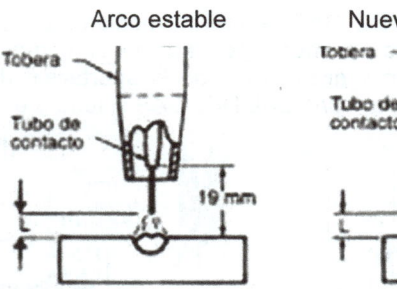

Arco estable   Nueva estabilidad del arco

L= 6,5 mm; V= 30 V; I = 300 A   L= 6,5 mm; V= 32 V; I = 275 A

Velocidad alimentación hilo= 9,4 m/min, en ambos casos

Figura 137. Variación del STICK OUT y sus efectos en los parámetros.

- ÁNGULO DE INCLINACIÓN DE LA PISTOLA: El ángulo de inclinación de la pistola en el sentido longitudinal de la soldadura depende de la posición de soldeo. El ángulo no debe ser inferior a 45º. En la soldadura a derechas, que es la más usada en soldadura de los aceros, se dirige la pistola hacia la soldadura realizada y se produce una penetración más profunda. En la soldadura de izquierdas, se dirige la pistola en sentido opuesto a la soldadura ya realizada, siendo la que se emplea en la soldadura de las aleaciones de aluminio y en chapas de acero delgadas.

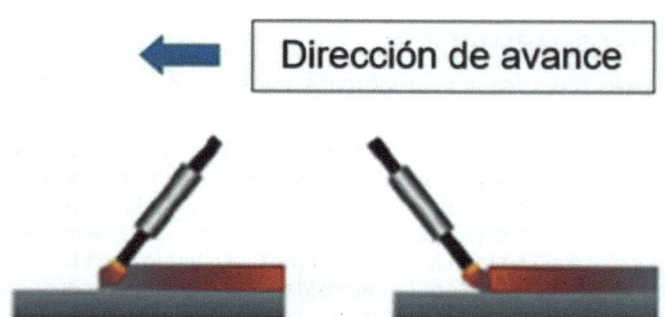

Dirección de avance

Soldadura a izquierdas   Soldadura a derechas

Figura 138. Realización de las soldaduras.

También tiene importancia el ángulo de inclinación de la pistola con relación a la perpendicular del cordón de soldadura. La inclinación conrelación a la superficie superior deberá ser de 90º.

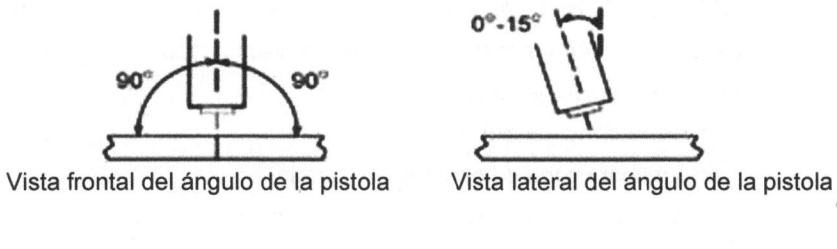

Vista frontal del ángulo de la pistola   Vista lateral del ángulo de la pistola

Vista frontal del ángulo de la pistola   Vista lateral del ángulo de la pistola

Figura 139. Variación del ángulo de la pistola en soldadura a tope y en ángulo.

- POSICIÓN DE LA PISTOLA EN SOLDADURA DE PIEZAS EN ROTACIÓN

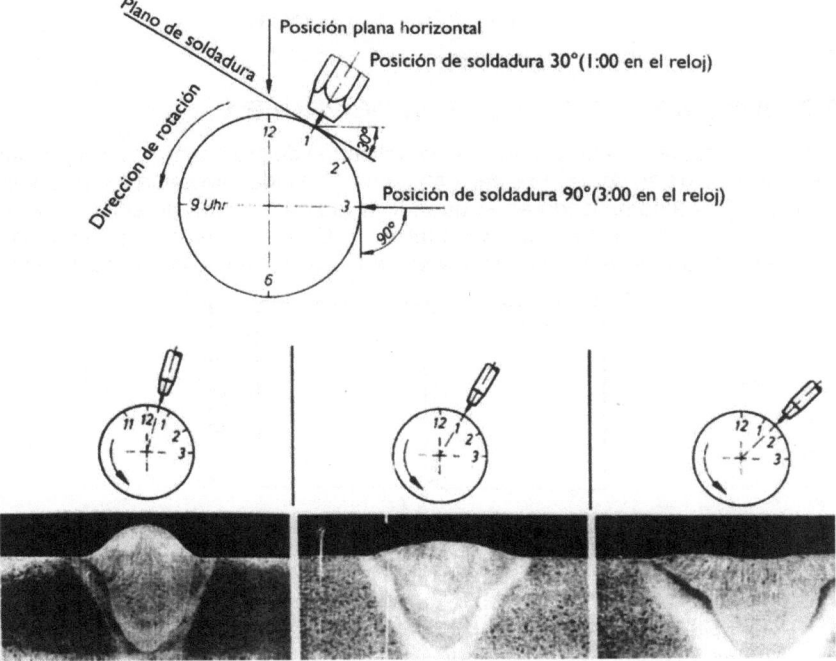

Figura 140. Posición de la pistola en soldadura de piezas en rotación.

- DIÁMETRO DEL HILO: Al aumentar $\varnothing$ hilo, con el resto de parámetros fijos:

  - Se produce menor penetración a una intensidad dada.

  - El arco se puede desestabilizar.

  - Es más difícil establecer el arco.

  - Existe menor riesgo de perforar las chapas.

  - Es más aceptable usar niveles de intensidad más elevado.

- RELACIÓN ANCHO DE CORDÓN Y PENETRACIÓN:

  La relación entre el ancho de cordón y la penetración debe de estar entre 1 y 4. Si no ocurre así, se pueden generar fisuras en caliente.

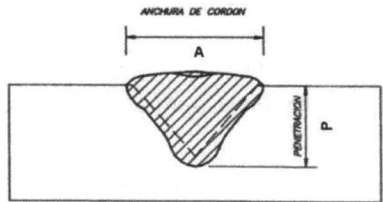

Figura 141. Relación: ancho de cordón y penetración.

$$1 < (A/P) < 4 \qquad \textbf{(10.1)}$$

10.2. DESCRIPCIÓN DEL CUPÓN DE PRUEBA

En la figura 142, se muestra la geometría del cupón de prueba empleado y se indican los parámetros de soldeo que se han empleado. La soldadura se ha realizado usando un equipo MIG automatizado en el que todos los parámetros de soldeo, incluida la velocidad, pueden ser medidos con precisión. El gas de protección empleado es Argón con un caudal de 12 litros/min, y el diámetro del hilo sólido es de 1,2 mm.

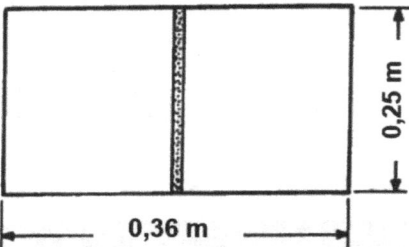

Dimensiones: 0,36 x 0,25 x 0,0066 m; Intensidad: 170 A; Tensión: 23,4 V; Velocidad de soldadura: 1,1 cm/s; Proceso: MIG: Factor eficiencia: 0,643; Metal Base: AA 5083-O; Posición: plana; Nº pasadas: 1

Figura 142. Datos geométricos y de soldeo de la probeta empleada.

Las figuras 143, 144, y 145 nos muestran la preparación, limpieza, embridamiento de las probetas, equipo de soldadura y modo de saneado de raíz; como se ve, el proceso usado ha sido MIG automatizado.

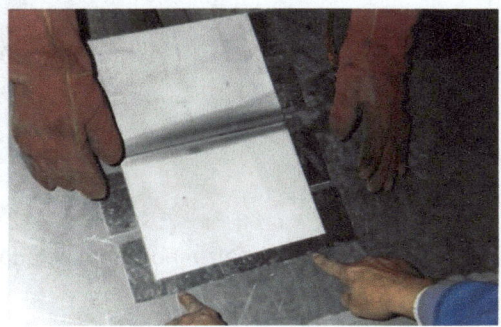

Figura 143. Preparación y limpieza de los bordes de las planchas.

a)

b)

Figura 144. a) Embridamiento de la soldadura para evitar deformaciones y b) equipo automatizado y preparado para el inicio de la soldadura en posición plana de multipasadas.

Figura 145. Saneado de la raíz mediante amolado.

10.3. MACRO Y MICROGRAFÍAS

Hemos realizado una macrografía con un ataque electrolítico en ácido fluobórico. En la figura 146 se muestra ampliada (1 x 25), donde podemos observar las distintas estructuras y granos formados en las zonas: BF/ZAC/MB.

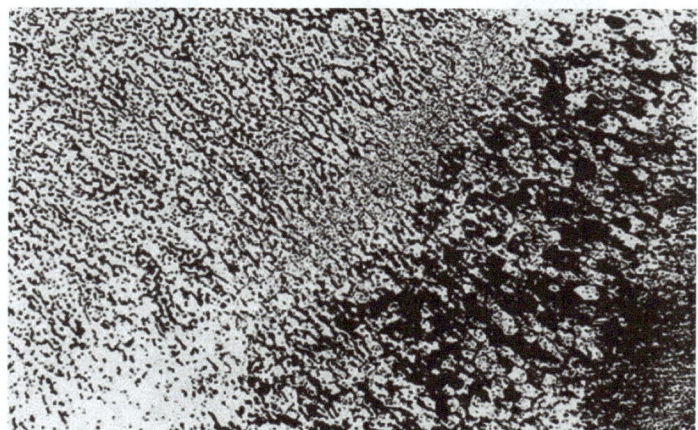

Figura 146. Macrografía (1 x 25), realizada con microscopio óptico, muestra las zonas BF/ZAC/MB, en ellas se pueden observar las distintas estructuras y granos formados. Se ha realizado un ataque electrolítico con ácido fluobórico.

Después se han realizado varias micrografías, que corresponden a la ZAC, figuras 147 (1 x 200) y 148 (1 x 470), donde pueden observarse con detalle los precipitados en los límites de grano de Al_3Mg_2, y las figuras 149 (1 x 50) y 150 (1 x 50), donde se pueden contemplar las microsegregaciones que se detectaron anteriormente.

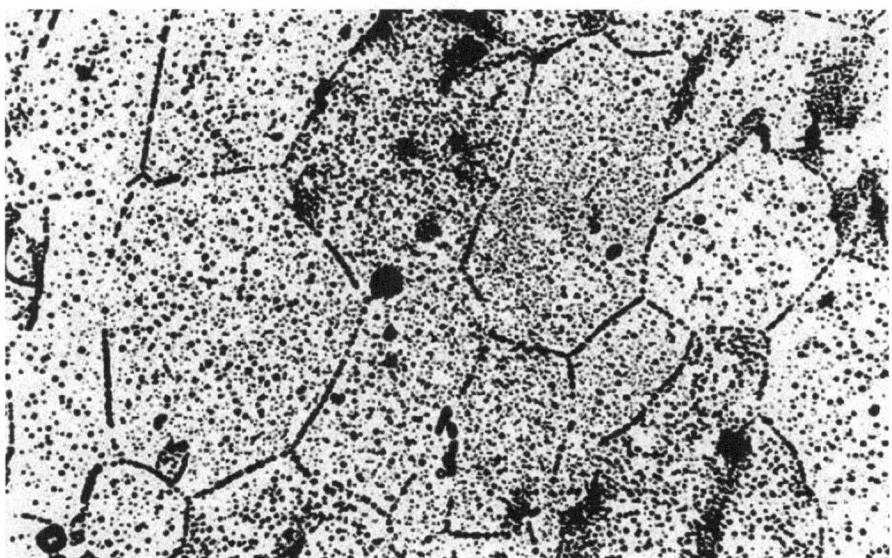

Figura 147. Micrografía (1 x 200) de la ZAC, obtenida con microscopio óptico. Se ha realizado un ataque electrolítico con ácido fluobórico.

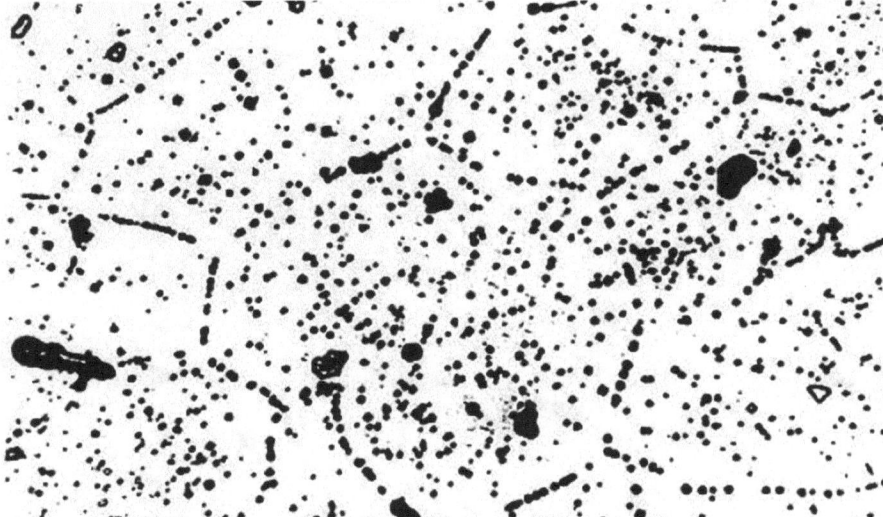

Figura 148. Micrografía (1 x 470) de la ZAC. Pueden observarse con detalle los precipitados en los límites de grano de Al_3Mg_2.

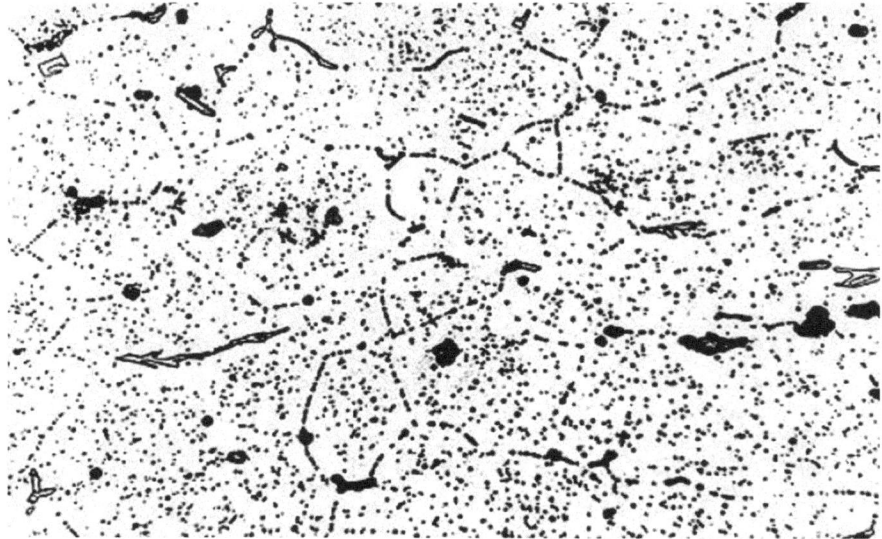

Figura 149. Micrografía (1 x 50) de la ZAC, obtenida con microscopio óptico. Se ha realizado un ataque electrolítico con ácido fluobórico.

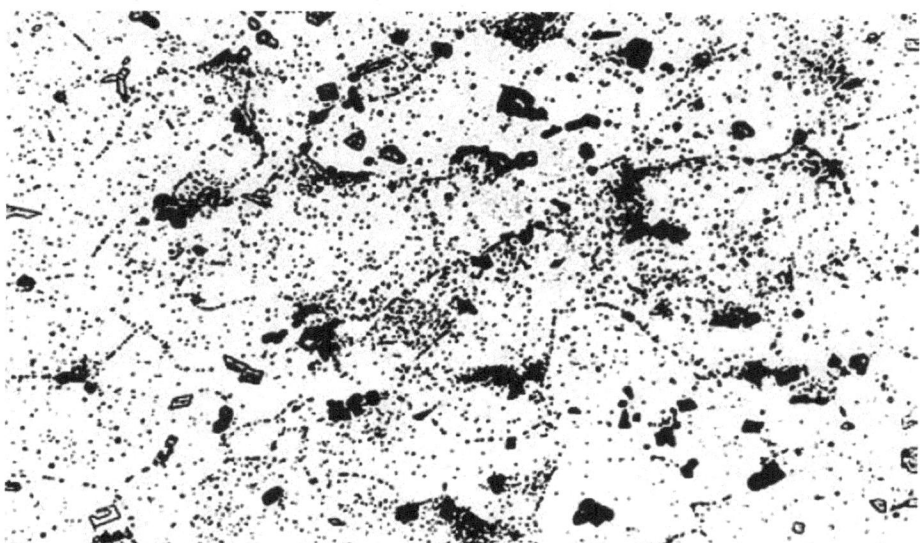

Figura 150. Micrografía (1 x 50) de la ZAC, obtenida como la anterior y situada en la zona superior.

La figura 151 (1 x 470) muestra la zona del BF, donde se aprecian los límites de grano y las microsegregaciones generadas.

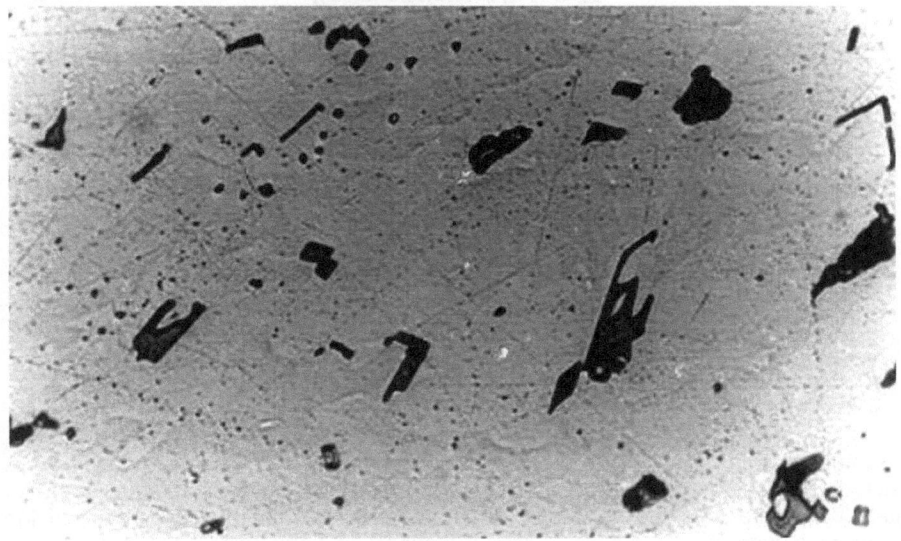

Figura 151. Micrografía (1 x 470) del BF, obtenida con microscopio óptico. Se ha realizado un ataque electrolítico con ácido fluobórico.

10.4. PARÁMETROS DE SOLDADURA

En este procedimiento es especialmente importante el control de los parámetros tipo para producir un cordón adecuado. Por esto, hemos realizado, con el auxilio de unas probetas al efecto, un estudio de penetraciones y anchuras de cordón, cuyas probetas y resultados pueden observarse en las figuras 152 y 153.

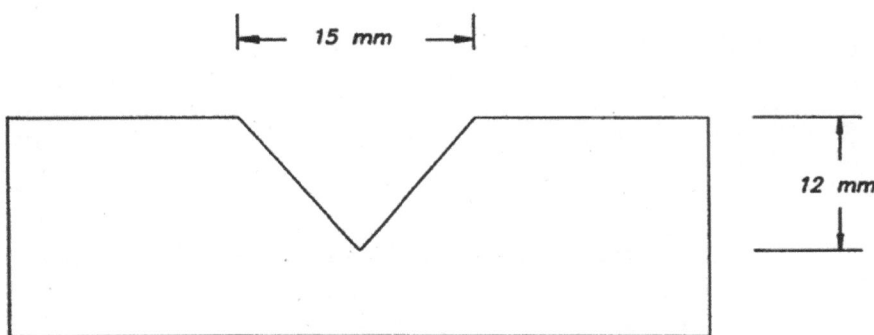

Figura 152. Probeta de estudios de penetraciones que incluye las dimensiones bisel.

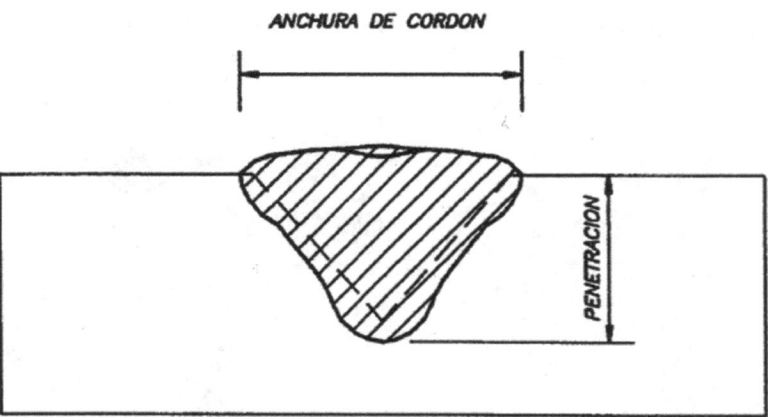

Figura 153. Definiciones de parámetros para el estudio de la geometría del cordón.

Examinando las gráficas de la penetración en función de la intensidad y de la velocidad de soldadura (vel. del carro). En la figura 154, observamos que, a mayor intensidad, para igualdad del resto de parámetros, obtenemos mayor penetración tomando la curva una forma hiperbólica. En cuanto, a la variación de la velocidad de soldadura para igualdad del resto de parámetros observamos, que a menor velocidad mayor penetración, esto se cumple hasta un cierto valor 0,32 m/min, a partir de éste disminuye la penetración y a continuación se mantiene constante por mucho que queramos disminuir la velocidad, ya que el material fundido solidifica rápidamente, y aunque la velocidad sea muy lenta, lo único que conseguimos es amontonar material, pero no penetrar más.

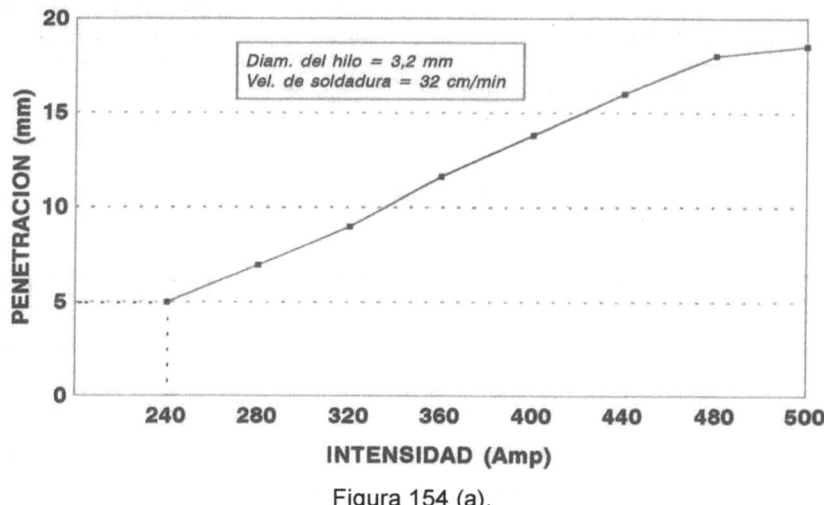

Figura 154 (a).

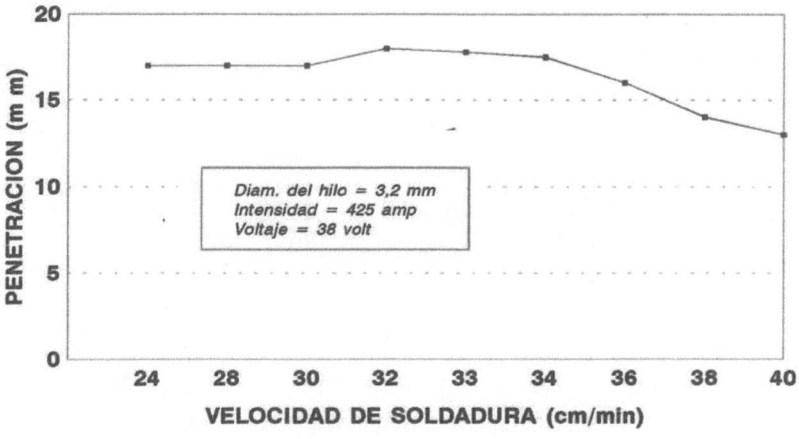

Figura 154 (b).

La figura 154 (c) y (d) muestra la variación de la anchura del cordón en función de la intensidad y de la velocidad de soldadura. En las gráficas vemos, que a mayor intensidad se obtiene mayor anchura de cordón, con un crecimiento parabólico, lo que ocurre siempre. En cuanto a la velocidad de soldadura, tenemos que, a menor velocidad mayor anchura de cordón, que también es lo habitual. Los valores anteriores, obtenidos experimentalmente, una vez tabulados nos van a dar la figura final del cordón, y han sido tenidos en cuenta, así como la tensión, para construir una tabla de parámetros en función de la geometría de la unión. Tenemos que hacer mención especial a la elaboración de las curvas experimentales, que son de inestimable utilidad. Igualmente incluimos la tabla de parámetros de soldadura tabla 52, obtenidos experimentalmente, con la que se puede determinar la geometría del cordón, con muy poco margen de error, definiendo la profundidad de saneado a realizar, así como los parámetros de la segunda pasada.

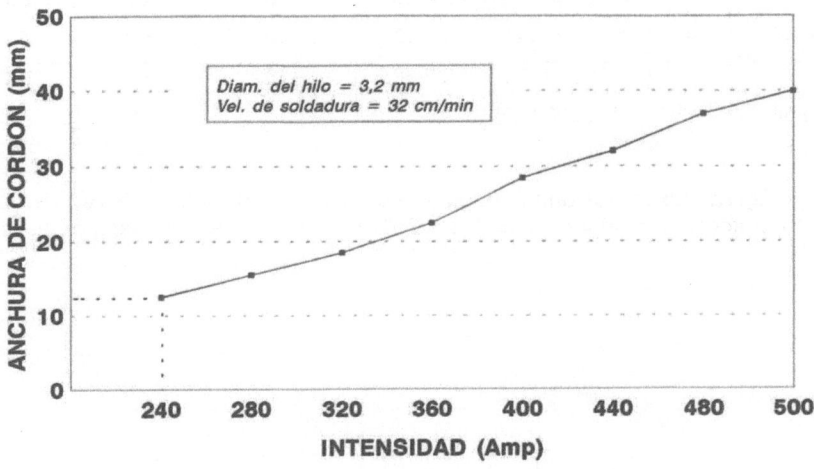

Figura 154 (c).

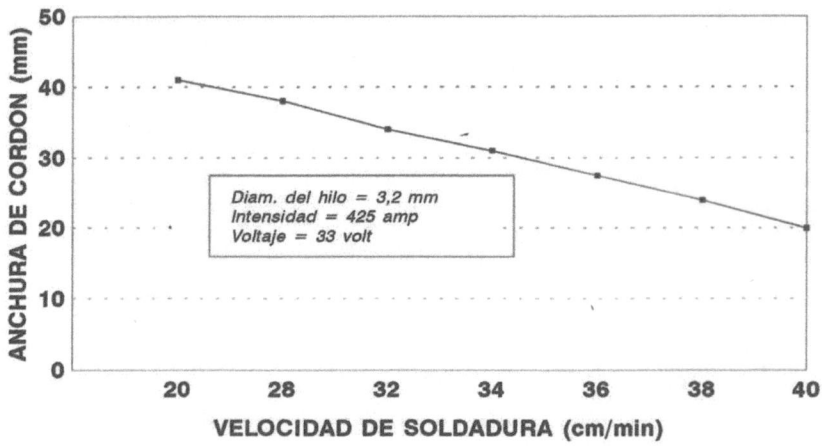

Figura 154 (d).

Tabla 52. Parámetros de soldeo obtenidos experimentalmente.

ESPESOR (mm)	Ø HILO (mm)	INTENSIDAD (A)	VOLTAJE (V)	VELOCIDAD (cm/min)	CAUDAL INT. (l/min)	CAUDAL EXT. (l/min)
18-20	3,2	1ª P. 500-525	31-33	30	60	60
		2ª P. 550-575	32-34	30	60	60
20-30	3,2	1ª P. 550-575	32-34	28	60	60
		2ª P. 600-625	33-35	28	60	60
30-40	4	1ª P. 650-575	34-36	25	60	80
		2ª P. 700-725	35-37	25	60	80
40-54	4,8	1ª P. 750-775	36-38	18	60	100
		2ª P. 800-825	36-38	18	60	100

En la figura 155 vemos una macrografía de una soldadura de MIG-AD, realizada con una protección interior de 75% He + 25% Ar y una protección exterior de argón puro.

- 174 -

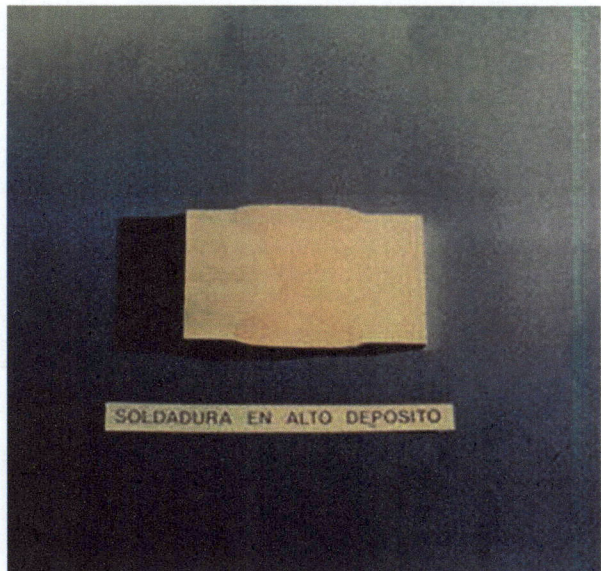

Figura 155. Macrografía de una soldadura de MIG-AD realizada con doble protección gaseosa: 75% He + 25% Ar (protección interior) Y Ar puro (protección exterior).

10.5. SANEADO DE RAÍZ

Antes de efectuar la pasada de raíz, debemos realizar un saneado de raíz para asegurarnos que no existirá falta de penetración. El procedimiento empleado para ello merece una especial atención: saneado por Arco-Plasma [59]. En un rápido vistazo a este procedimiento, diremos que utiliza una fuente de corriente de un plasma de corte y la misma antorcha, pero cambiándole la boquilla de corte por otra diferente, figuras 156, 157, 158 y 159.

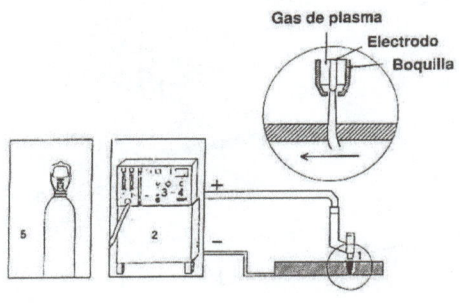

1. Torcha
2. Suministro de energía
3. Unidad de control
4. Generador de alta frecuencia
5. Cilindro de gas

Figura 156. Componentes del equipo de corte con plasma.

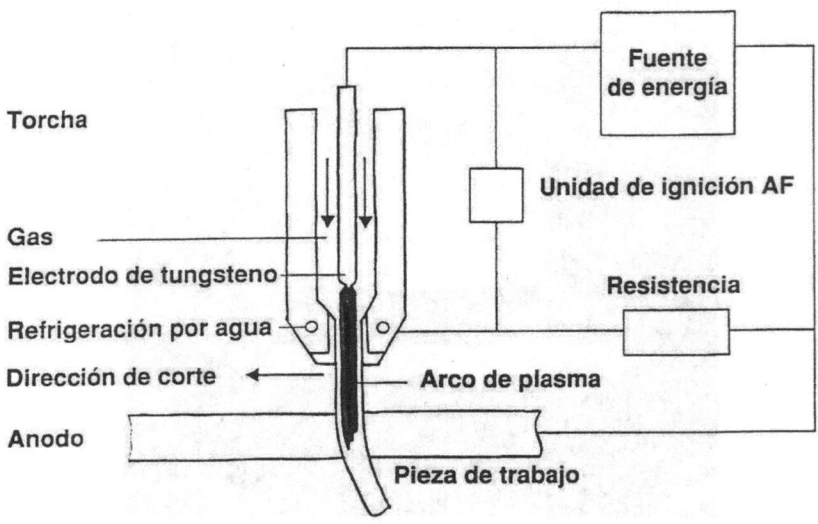

Figura 157. Esquema del proceso de corte con plasma.

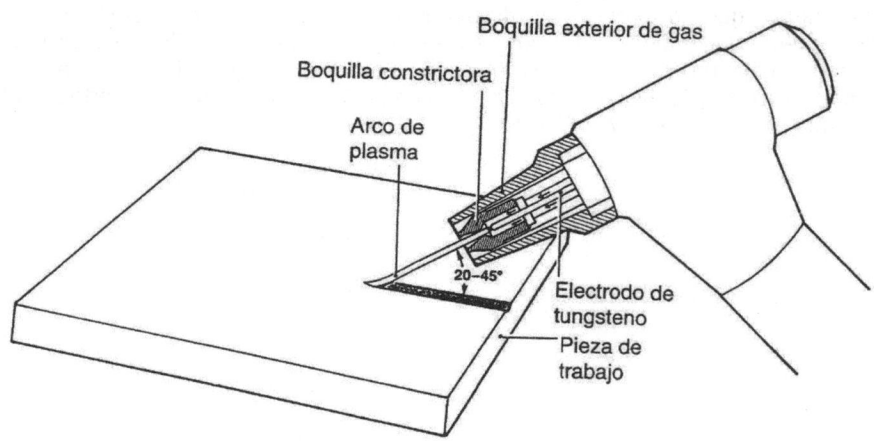

Figura 158. Principio del resanado con arco-plasma.

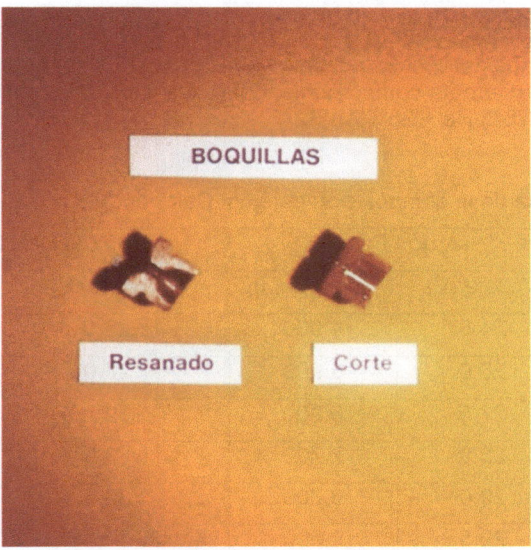

Figura 159. Sección de dos boquillas, una para resanado y otra para corte con plasma de la aleación AA 5083.

La técnica consiste en inclinar la antorcha unos 45° sobre el chaflán a sanear y cebar el arco sobre la chapa, que, en su avance, expulsará el material, dejando un canal de aspecto parecido al del arco-aire en acero, figura 160.

Figura 160. Probetas de distintos resanados con arco plasma para la determinación de la raíz en la soldadura MIG de la aleación AA 5083.

10.6. ELECCIÓN TIPO DE GAS

La elección adecuada del tipo de gas de protección es un factor fundamental. La tabla 53 nos muestra el diferente comportamiento de dos tipos de gases: a) Argón puro y b) Una mezcla de 75% He + 25% Ar [32].

Tabla 53. Influencia de la composición del gas. Calor aportado.

Intensidad (A)	Argón Puro		75% He +25%Ar	
	Voltaje (V)	Energía (J)	Voltaje (V)	Energía (J)
200	24,5	4.900	26,0	5.200
225	26,0	5.900	28,0	6.300
250	27,5	6.900	32,5	8.100
275	28,0	7.700	33,0	9.100
300	29,0	8.700	33,5	10.000
325	29,5	9.600	34,5	11.200

Observamos que el arco es más "caliente" en el caso de la mezcla. A un mismo valor de la intensidad, los valores de la tensión son mayores, y con ello la energía aportada. Por supuesto, la mayor aportación de calor, influye en la forma del material fundido.

En la figura 161, vemos una sección del cordón tipo, que se produce utilizando argón puro o mezcla. La geometría producida por la mezcla es más fiable, al evitar que un descentre de cordones opuestos pudiera producir una falta de fusión o de penetración.

Argón puro

75% He + 25% Ar

Figura 161. Secciones tipo del cordón de soldadura.

También se puede utilizar como gas de protección helio puro, pero su precio es mayor y el arco es muy inestable, además de que, al tener un peso específico muy bajo, hay que poner unos caudales de gas muy elevados para proteger adecuadamente la zona de soldadura [33].

La figura 162 a), b) y c), nos muestran tres macrografías de soldaduras realizadas con los tres tipos de gases.

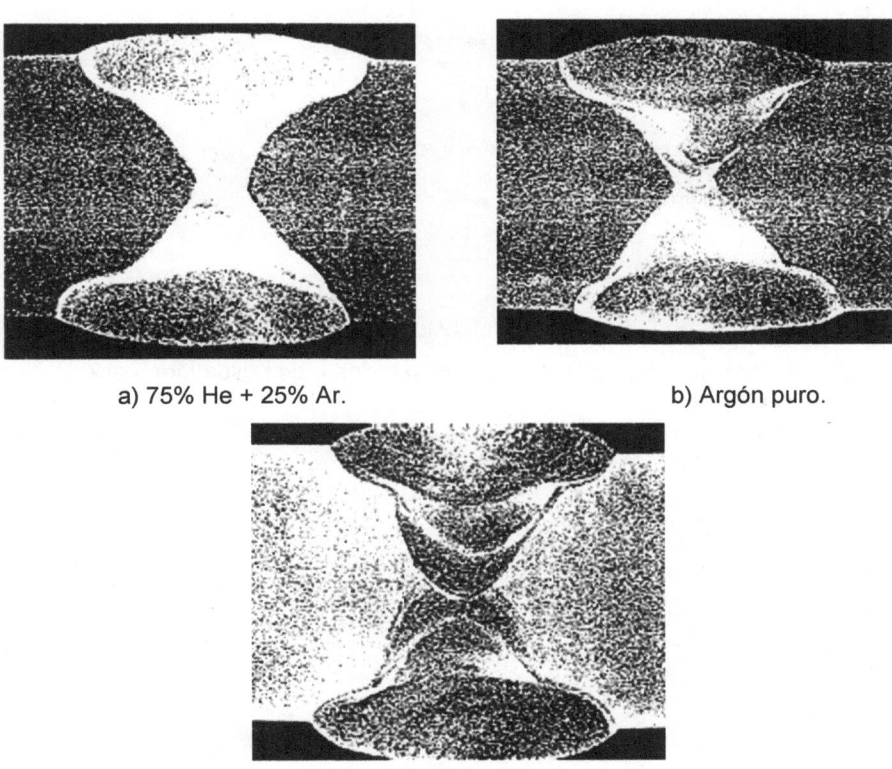

a) 75% He + 25% Ar.   b) Argón puro.

c) Helio puro.

Figura 162. Macrografías de soldaduras MIG a tope en posición plana de planchas de 26 mm de espesor, de AA 5083 usando hilo de aportación ER5183 de 3,2 mm, con diferentes gases y mezcla de ellos.

En la figura 163 (a) y (b), se puede ver la relación intensidad velocidad de soldadura, de la que podemos sacar como conclusión de que, para aumentar la velocidad de soldadura, conservando el input térmico, con la misma intensidad, es fundamental utilizar mezclas ricas en helio, siendo la mezcla ideal la de 75% He + 25% Ar, para el uso de hilo de 3,2 mm de diámetro. Esto es debido a que, para igualdad de parámetros, variando sólo el tipo de gas, con helio se consiguen del orden de 2 V ± 0,1 más que con argón puro, lo que lógicamente mantiene aproximada

su proporcionalidad con las mezclas, por ejemplo, una mezcla de 75% He + 25% Ar, se obtendría en el arco, a igualdad de parámetros del orden de 1,5 ± 0,075 V más que con argón puro, lo que conlleva que para mantener el input térmico debemos aumentar la velocidad de la soldadura, con lo que conseguimos un ahorro de tiempo.

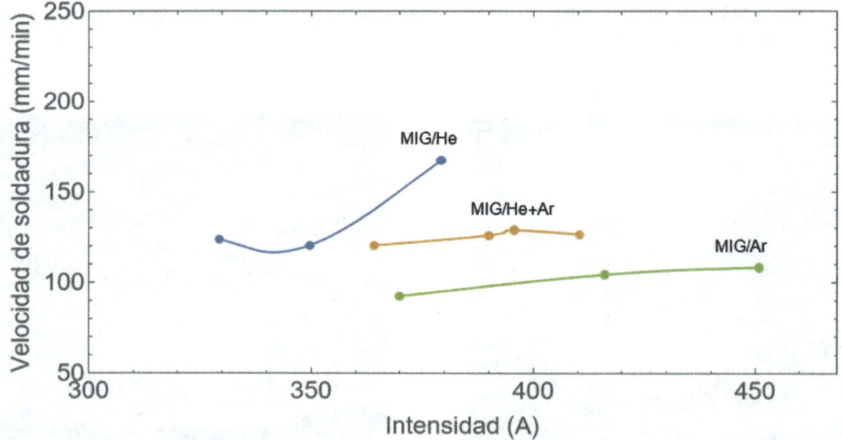

Figura 163 (a). Relación intensidad-velocidad de soldadura para distintos gases.

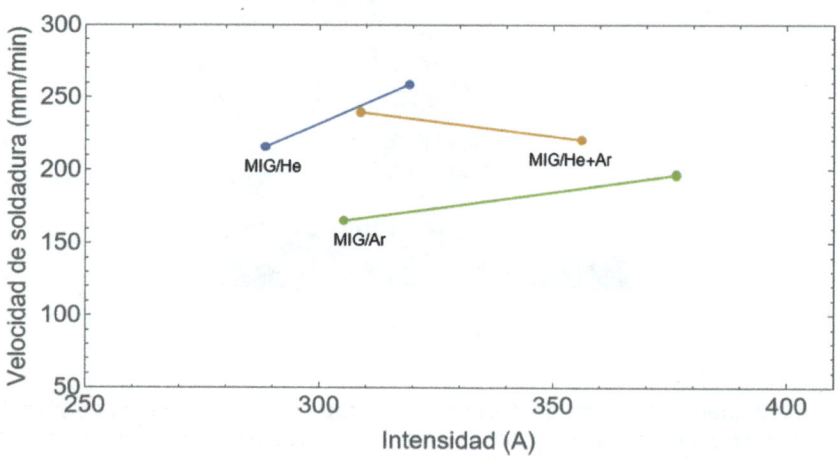

Figura 163 (b). Relación intensidad-velocidad de soldadura para distintos gases.

Otro estudio realizado ha sido la influencia del tipo de gas en la dureza de las zonas soldada y afectada por el calor [60], cuyas macrografías y gráficas de dureza se pueden ver en las figuras 164, 165, 166 y 167.

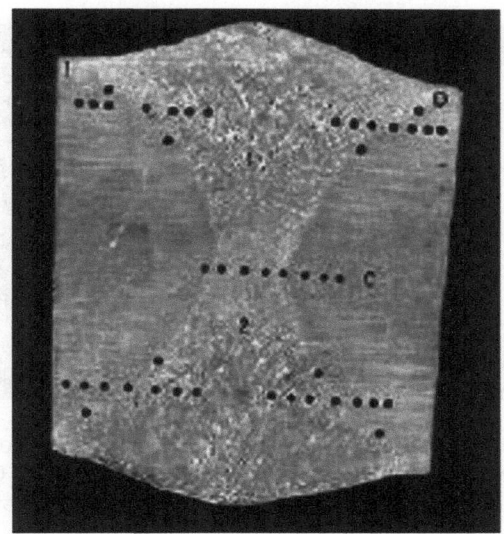

Figura 164. Macrografía de una soldadura MIG Alto Depósito con doble protección gaseosa de argón puro.

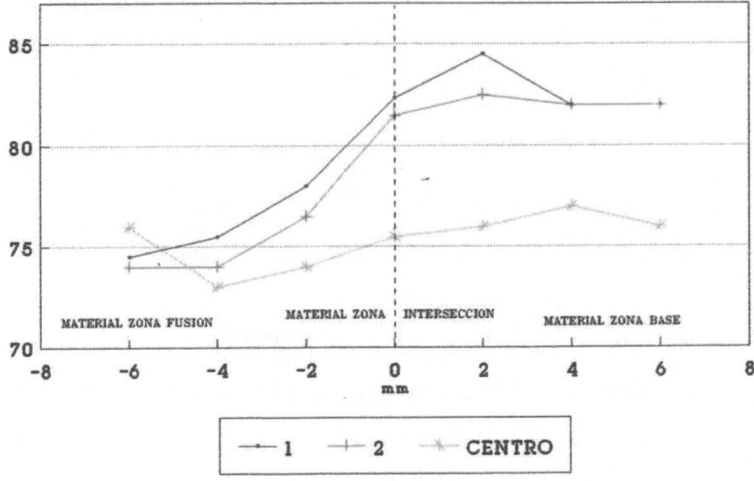

Figura 165. Gráficas de dureza de la probeta anterior (Vickers. 10 kg).

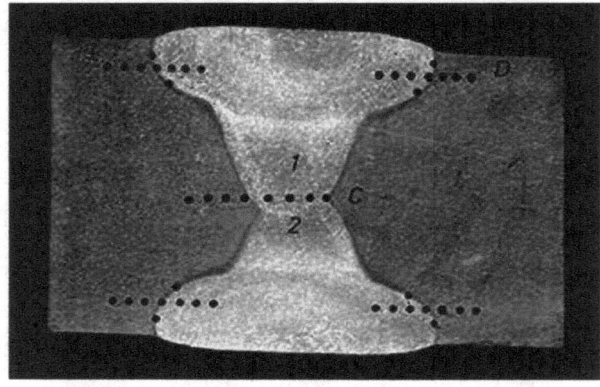

Figura 166. Macrografía de una soldadura MIG Alto Depósito con doble protección gaseosa: 75 % He + 25 % Ar (interior) y Ar puro (exterior).

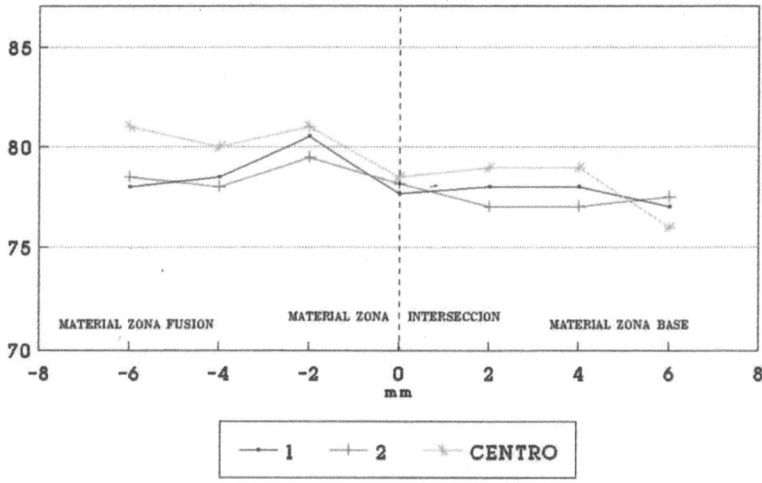

Figura 167. Gráficas de dureza de la probeta anterior (Vickers. 10 kg).

La figura 164 corresponde a una soldadura con argón puro; los valores de dureza en el metal fundido son menores que en el caso de la mezcla, no así en la zona de transición y en el metal base, donde los niveles de dureza son mayores (tablas 54 y 55). En general, en la zona central la dureza para el caso de la mezcla es mayor. Lo que es lógico y nos dice bien a las claras que al variar el tipo de gas varía substancialmente la energía neta aportada, y por tanto las características mecánicas del metal aportado.

Tabla 54. Valores de dureza correspondiente a las gráficas de la figura 165.

	Valores de Dureza HV 10 kg								
	Material zona fusión			Material intersección			Material zona base		
Punto de medida	-6	-4	-2	0A	0B	0C	2	4	6
1D	75	75	79	84	83	82	84	83	83
1I	74	76	77	81	81	83	85	81	81
2D	73	74	75	82	81	81	82	82	83
3I	75	74	78	81	81	82	83	82	81
Centro	76	73	74	75	-	76	76	77	76

Tabla 55. Valores de dureza correspondiente a las gráficas de la figura 167.

	Valores de Dureza HV 10 kg								
	Material zona fusión			Material intersección			Material zona base		
Punto de medida	-6	-4	-2	0A	0B	0C	2	4	6
1D	78	79	79	79	78	79	80	80	77
1I	78	78	82	77	77	76	76	76	77
2D	78	79	80	78	78	79	78	77	78
3I	79	77	79	78	77	79	76	77	77
Centro	81	80	81	-	78	-	79	79	76

Equipo usado:

Durómetro Vickers AKASHI.AVK. C 1 equipado con:

- Ocular de lectura automática.
- Cámara de TV de alta resolución.
- Monitor TV de 9".
- Presentación digital de la medida de las diagonales y del valor de la dureza.
- Cargas de ensayo: 0,3; 0,5; 1; 2; 5; 10; 20 kgf.
- Tiempos aplicación cargas: 5; 10; 15; 20; 25; 30 s.
- Objetivos: 5x; 10x; 25x.
- Aplicaciones obtenidas en el monitor TV:
- 600x (con el objetivo de 25 x).
- 240x (con el objetivo de 10x).

- 183 -

10.7. TENSIONES

Como consecuencia directa del aporte de calor no uniforme y el posterior enfriamiento que tiene lugar en el proceso de soldadura (figura 168), se desarrolla un estado complejo de tensiones térmicas y residuales que quedan en el interior del material al soldar y se producen cuando las piezas están sometidas a embridamiento, que puede mermar directa o indirectamente, la resistencia de la estructura soldada [61]. En particular, las tensiones elevadas de tracción en las proximidades del cordón de soldadura favorecen la rotura frágil y pueden originar cambios sensibles en lo que a resistencia a fatiga se refiere. Las tensiones residuales de compresión, en combinación o no con las distorsiones originadas, reducen la resistencia a la inestabilidad. Las tensiones residuales se minimizan con una secuencia de soldadura adecuada [62].

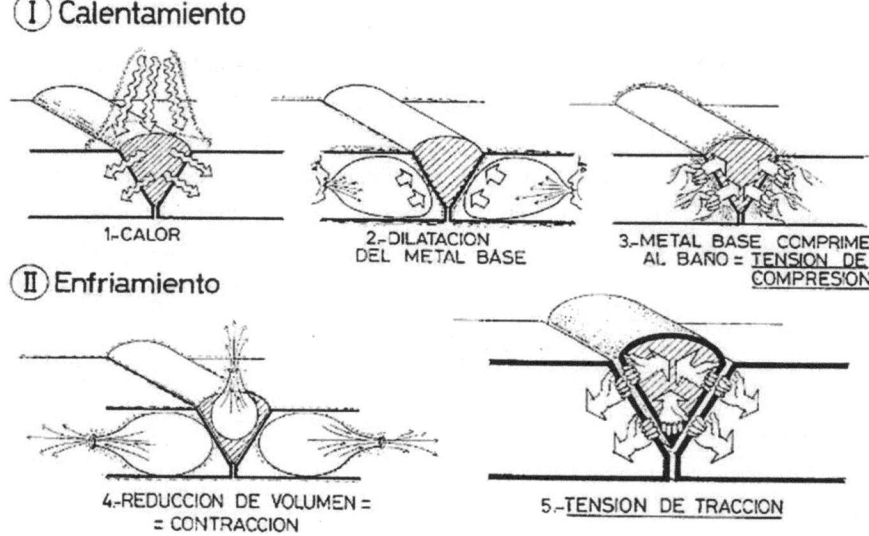

Figura 168. Tensiones en el cordón de soldadura.

De todo ello, se desprende el enorme interés que para el diseñador tiene el conocer de forma cualitativa y cuantitativa dicho estado tensional. Por otro lado, el conocimiento del mismo permitiría un uso más racional de los procedimientos para alivio de dichas tensiones. La evaluación de las tensiones térmicas y residuales asociadas a la unión soldada resulta un problema complejo de resolver, porque son muchas las áreas de conocimiento que se ven implicadas en el problema en cuestión. Así, resulta preciso conocer la distribución de temperatura que tiene lugar como consecuencia del aporte térmico, que obviamente será función del tiempo. Para cada instante de tiempo, y en función del campo térmico, debemos determinar el estado tensional que se origina. Para la determinación del mismo, debemos tener presente efectos tales como la dependencia de las propiedades con la temperatura, y el comportamiento viscoelastoplástico del material, así como los problemas asociados a cambios de fases.

De lo dicho anteriormente, se desprende la imposibilidad de realizar un tratamiento analítico del problema, ya que sería imposible obtener una solución, dada la enorme complejidad de las ecuaciones de gobierno del problema. Como alternativa a la resolución analítica, técnicas numéricas como el MEF (Métodos de Elementos Finitos), se han empleado profusamente en las últimas décadas, y en paralelo se han desarrollado técnicas experimentales, que además de la utilidad por sí de las mismas, permiten tener un aceptable nivel de confianza sobre los resultados numéricos obtenidos [63].

Conviene hacer notar, no obstante, que la resolución numérica del problema no es trivial, siendo preciso introducir una serie de hipótesis simplificadoras en orden a hacer factible la modelación del problema y minimizar el tiempo total de resolución de este. La validez de dichas hipótesis, deben ser contrastadas experimentalmente.

Hemos resaltado su importancia, pero creemos que su estudio es tan necesario, que requiere una exposición aparte de este libro.

10.8. CONSIDERACIONES FINALES

- La soldadura MIG - Alto Depósito es la más económica, ya que admite grandes aportaciones de material en una sola pasada.

- El control de los parámetros es fundamental para producir un cordón adecuado a la geometría que se quiere conseguir.

- Debido a la elevada cantidad de baño de fusión que se produce en las soldaduras de grandes espesores con hilos de 5 y 6,4 mm, de diámetro es necesario soldar de forma ascendente con un ángulo de 5° para evitar el adelantamiento del baño.

- El método más adecuado para el saneado de raíz es el de Arco Plasma.

- La mejor mezcla de gases para la protección interior es 75% He + 25% Ar, siendo la protección exterior de argón puro.

Los problemas que se presentan y las soluciones que se pueden utilizar, podríamos resumirlos en los siguientes puntos básicos:

1. Elección de un equipo adecuado a las necesidades de espesores y posiciones.

2. Eliminación exhaustiva de cualquier elemento que pueda aportar hidrógeno a la soldadura (secado de chapas, hilos correctamente almacenados, gases con adecuado punto de rocío, conducciones de gas correctas).

3. Utilización de los parámetros de soldadura correctos y vigilancia constante sobre los mismos para su inmediata corrección, con el fin de asegurar la calidad metalúrgica de la unión soldada y de sus valores de resistencia mecánica.

4. Secuencias de soldadura adecuadas y automatización del proceso para disminuir las tensiones residuales debido a la imposibilidad de eliminar el embridamiento.

5. Personal muy bien adiestrado e identificado con los problemas de calidad.

6. Es fundamental, antes de soldar, tener una idea muy aproximada de la geometría del cordón que vamos a generar, con el fin de no aumentar el peso del metal aportado, y obtener un cordón adecuado en cuanto a sus medidas; esto se basa en la experiencia y en realizar algunos cupones de prueba, para obtener macrografías y observar su geometría.

CAPÍTULO 11. CASOS PRÁCTICOS

11.1. CONSTRUCCIÓN Y SOLDADURA DE UNA ESFERA DE AA 5083-O PARA TRANSPORTE DE GNL

Una vez repasados los elementos que intervienen fundamentalmente en la elección de un sistema adecuado de soldadura, procederemos al soldeo de una esfera de aleación AA 5083-O y empezaremos por su despiece y proceso productivo [29].

En primer lugar, observaremos como es la esfera de aleación de aluminio AA 5083-O (figura 169).

Figura 169. Esfera de AA 5083-O. Fuente: General Dynamics
(https://nassco.com/)

La figura 170 nos muestra un esquema del proceso productivo que se sigue para realizar este tipo de esferas.

Podemos observar que se parte inicialmente de chapas con forma de trapecios esféricos. Debido a las dimensiones y espesores en que nos movemos, el emparejar chapas de las mayores dimensiones posibles, es el primer problema a plantearse.

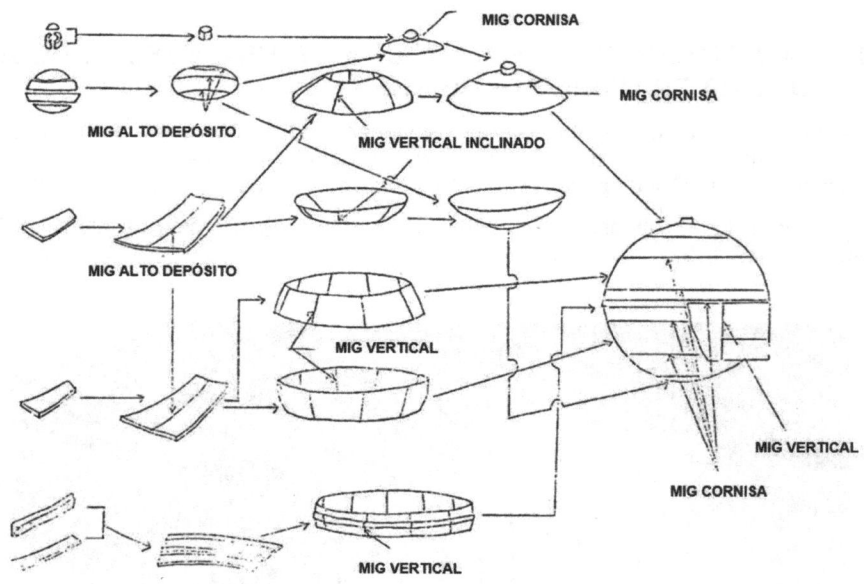

Figura 170. Despiece de la esfera y posiciones de soldeo.

En este primer paso del proceso, utilizaremos el proceso MIG Alto Depósito (AD.). Conseguidas las parejas, éstas se ensamblan para formar trozos que unidos formarán un anillo completo, cuyas uniones deben ser soldadas en vertical, lo cual nos presenta un nuevo problema: la soldadura en vertical de espesores grandes.

Finalmente, el montaje y unión de unos anillos a otros, para formar la esfera nos presenta una nueva posición: "la cornisa".

Estudiaremos a continuación, con más detalles, los elementos que intervienen y los problemas que presenta esta construcción.

11.1.1. SOLDADURA PLANA O BAJO MANO CON MIG ALTO DEPÓSITO

Como en cualquier construcción metálica, la soldadura bajo mano es la más económica, pues, generalmente es la única que admite aportaciones grandes en una sola pasada. Especialmente para este tipo de construcciones en aleaciones de aluminio, se ha desarrollado una técnica denominada soldeo MIG Alto Depósito y que en esencia es un equipo MIG de los descritos, en los que las dimensiones mayores de sus componentes son su característica principal.

El objetivo principal consiste en soldar espesores elevados (hasta 100 mm) en solo dos pasadas (una por cada cara), siendo su rendimiento muy positivo, como podemos observar en la tabla 56. Para ello la fuente de alimentación del conjunto será de 1000 A al 100% (75 kVA) de intensidad constante y va provisto de una antorcha de doble protección gaseosa como se ha descrito anteriormente.

Tabla 56. Comparación de Soldaduras MIG Automático y Alto Depósito.

ESPESOR (mm)	POSICIÓN	PROCESO	N.º PASADAS	VELOCIDAD MEDIA DE SOLDEO (cm/min)	TIEMPO ARCO/m (min)
54	Vertical	MIG Aut. Oscilación Lineal	10	20	50
54	Plana	MIG A. D.	2	18	11

Debemos hacer mención especial a los sistemas de "velocidad lenta de arranque" y de "relleno final de cráter". Además, para hilos de 6,4 mm de $\varnothing$ deben ir provistos de una unidad de alta frecuencia para el cebado del arco. En las figuras 171, 172 y 173 aparecen esquemáticamente el conjunto de sus componentes básicos.

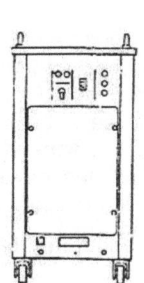

Figura 171. Fuente de corriente.

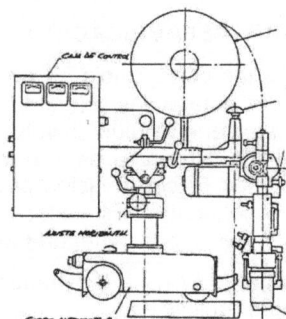

Figura 172. Máquina automática.

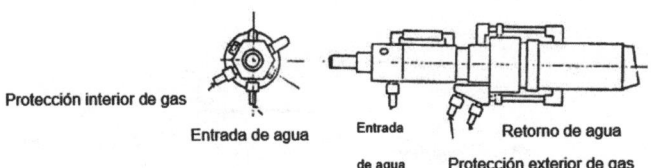

Figura 173. Antorcha de soldadura.

Parámetros

En este proceso es muy importante el control de los parámetros tipo para producir un cordón adecuado. En la tabla 57 se pueden observar las preparaciones y parámetros para una soldadura MIG AD.

Tabla 57. Parámetros y preparaciones de soldeo.

ESPESOR (mm)	∅ HILO (mm)	PREPARACIÓN	INTENSIDAD (A)	VOLT. (V)	VEL. (cm/min)	CAUDAL INTERNO (l/min)	CAUDAL EXTERNO (l/min)
18-20	3,2	SIN	1ª P. 500-525	31-33	30	60	60
			2ª P. 550-575	32-34	30	60	60
20-30	3,2	En X con talón	1ª P. 550-575	32-34	28	60	60
			2ª P. 600-625	33-35	28	60	60
30-40	4	En X con talón	1ª P. 650-675	34-36	25	60	80
			2ª P. 700-725	35-37	25	60	80
40-54	4,8	En X con talón	1ª P. 750-775	36-38	18	60	100
			2ª P. 800-825	36-38	18	60	100

11.1.2. SUBPREFABRICACIÓN

Si nos fijamos por ejemplo en un espesor medio de 40 mm, observamos que las intensidades empleadas son de I ≈ 700 A, con hilo de 4 mm de ∅. El baño de fusión formado mantiene fundido un volumen apreciable de material, el cual, por otra parte, es muy fluido. Debido a esto, el plano de las chapas a soldar se debe mantener inclinado unos 5° con relación al plano horizontal, en la dirección ascendente del cordón de soldadura. Este efecto debe combinarse con las formas de trapecios esféricos de las chapas y tendremos que resolver un problema de posicionado.

En las figuras 174 y 175 se muestran un gráfico general y un esquema del trabajo en la subprefabricación.

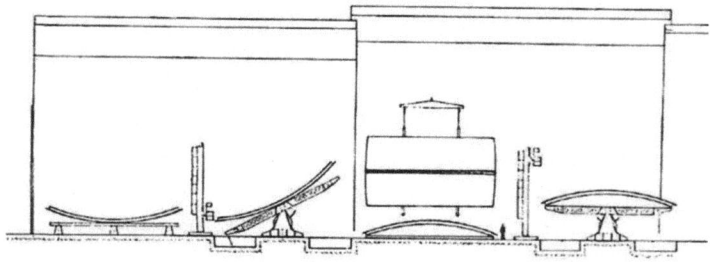

Figura 174. Gráfico general de trabajo en subprefabricación.

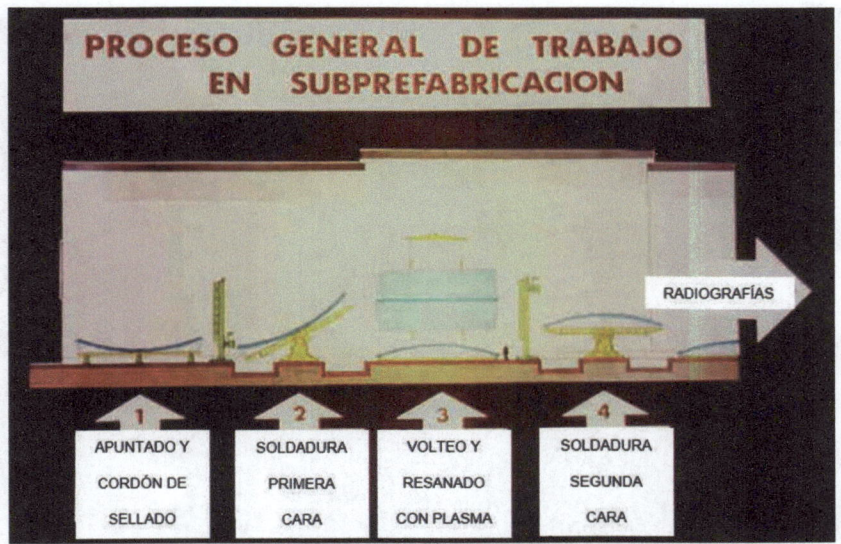

Figura 175. Proceso general de trabajo en subprefabricación.

Las chapas se puntean en una cama por la cara cóncava y son colocadas posteriormente sobre un posicionador, cuya misión es colocar el plano tangente en el punto de soldadura a cinco grados del plano horizontal, a lo largo de la curvatura del chaflán.

Una vez terminada la primera pasada, las chapas se sacan de la cama cóncava (figura 176), se voltean posteriormente se colocan sobre una cama convexa (figura 177).

Figura 176. Cama cóncava.

Figura 177. Cama convexa.

El conjunto se sitúa de nuevo sobre un manipulador, cuya misión sigue siendo la misma, pero antes de proceder a su soldeo debemos realizar un saneado de raíz para asegurarnos que no tendremos falta de penetración.

El proceso para realizar el saneado merece una atención especial: "saneado por arco plasma". En un rápido vistazo a este proceso, diremos que utiliza una fuente de corriente de un plasma de corte y la misma antorcha, pero con diseño de boquilla distinto, tal como el que se muestra en la figura 178.

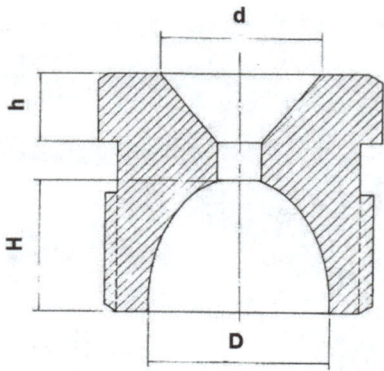

Figura 178. Boquilla especial para saneado por plasma.

La técnica consiste, en inclinar la antorcha unos 40° sobre el plano de la cara opuesta de la soldadura realizada, y cebar el arco plasma sobre la chapa, el cual en su avance expulsará el material dejando un canal de aspecto muy similar al de arco aire en acero, que puede tener la forma y medidas que se indican en la figura 179.

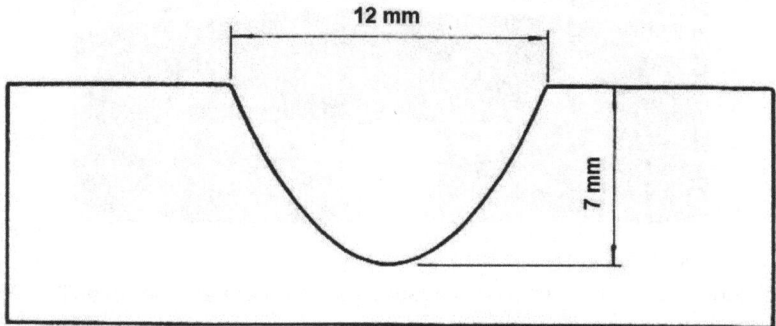

Figura 179. Resultado del saneado con plasma.

En la tabla 58, se indican los parámetros más importantes a considerar.

Tabla 58. Parámetros que considerar en el saneado por plasma.

PRUEBA Nº	DISTANCIA BOQUILLA CHAPA (mm)	ÁNGULO INCLIN. PISTOLA	PARÁMETROS			CAUDAL GAS (l/min)	SANEADO	
			INT. (A)	VOLT. (V)	VEL. (cm/min)		PROF. (mm)	ANCH. (mm)
1	25	40°	80	140	105	90	3	4
2	25	40°	115	150	105	90	7	12

Una vez finalizada esta operación, se procederá a limpiar y soldar la segunda cara, cuyos parámetros serán una consecuencia de los resultados obtenidos en la primera cara y del saneado de raíz que se ha efectuado.

La figura 180 muestra un par de chapas soldadas para formar parte de un anillo la figura 181 muestra un polín, con varias subprefabricaciones soldadas para formar anillos

Figura 180. Par de chapas soldadas para formar parte de un anillo.

Figura 181. Subprefabricaciones para formar anillos.

Una vez soldadas las parejas de chapas son desmontadas de la cama y sometidas a una inspección radiográfica al 100%. Los defectos más frecuentes suelen ser las faltas de penetración y la fisuración en caliente. Los primeros son fáciles de solucionar mediante una selección adecuada de parámetros, y los segundos eligiendo un metal de aportación con un contenido en Mg mínimo, dentro de los valores de la norma y un estudio de la geometría del chaflán para disminuir las tensiones residuales.

Podemos añadir que apenas se nos han presentado estos defectos, por otro lado, la porosidad no es frecuente en este proceso debido al gran baño de fusión que permite la eliminación más lenta del hidrógeno diluido.

11.1.3. FORMACIÓN DE ANILLOS

El paso siguiente en nuestra secuencia de fabricación es la formación de anillos, figuras 182 y 183, partiendo de las parejas soldadas con MIG AD.

Figura 182. Formación de anillos.

Figura 183. Anillos superiores terminados.

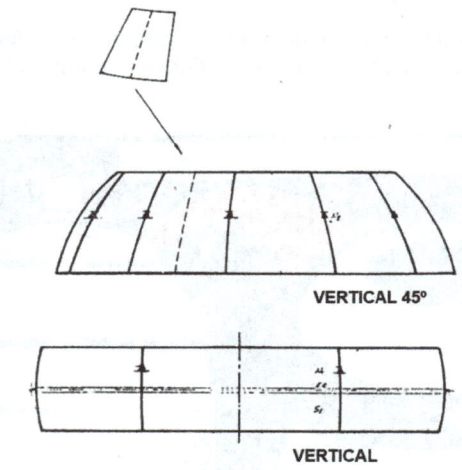

VERTICAL 45º

VERTICAL

Figura 184. Soldaduras en vertical.

Ahora el problema es soldar los espesores de 18 a 54 mm en posición vertical (Figuras 184 y 185). El equipo es un MIG, con fuentes de alimentación de intensidad 400 A al 100% (40 kVA) y la antorcha podrá llevar o no doble protección gaseosa. Añadimos, eso sí, un nuevo elemento: el oscilador.

Figura 185. Soldaduras en vertical automatizadas.

El oscilador:

Es un elemento imprescindible en la soldadura vertical de grandes espesores. En la tabla 59, comparamos dos soldaduras en vertical, una con oscilador y otra sin él, apareciendo unos resultados favorables en el uso de éste.

Tabla 59. Comparación soldaduras.

ESPESOR (mm)	POSICIÓN	N.º PASADAS	MIG	TIEMPO ARCO/m
54	VERTICAL	25	SIN OSCILACIÓN	70
54	VERTICAL	10	CON OSCILACIÓN	58

Existen dos tipos de oscilador a considerar:

- Oscilador Lineal. En él la oscilación es producida por un mecanismo al que se fija solidaria la antorcha de soldadura y realiza un movimiento semejante al que realiza la mano del soldador, cuando ejecuta una soldadura en vertical ascendente. La figura 186 muestra un esquema del movimiento de este oscilador.

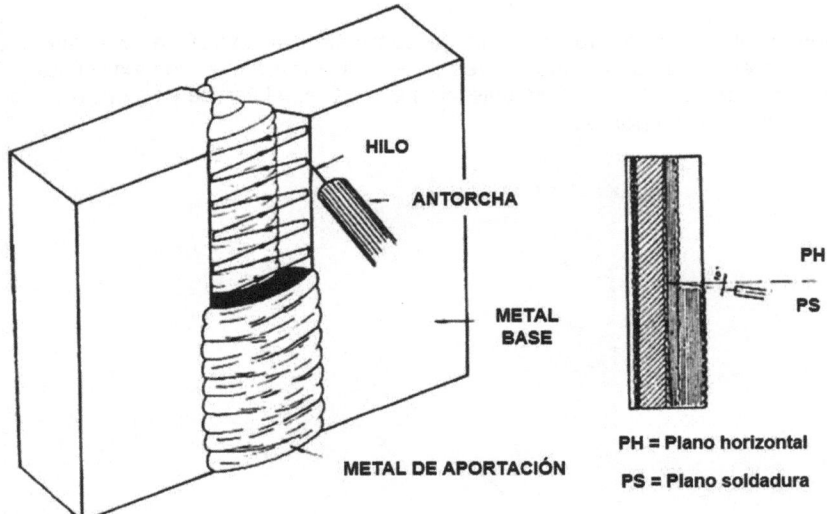

Figura 186. Oscilador lineal.

A los parámetros conocidos de I, V y v, debemos añadir la frecuencia y amplitud de la oscilación y los tiempos de parada en los extremos.

- Oscilador Delta. En lugar de oscilar según una línea, lo hacen en un plano, describiendo, como se ve en la figura 187, un triángulo que se adapta a la geometría del chaflán.

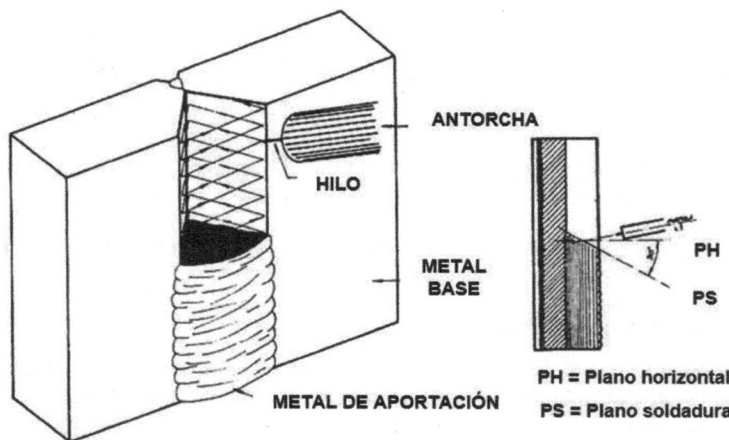

PH = Plano horizontal

PS = Plano soldadura

Figura 187. Oscilador delta.

Tenemos ahora un nuevo aumento de parámetros a considerar y añadiremos, como se ve en la figura 188, los valores de X, Y, PE (parada en los extremos) y PC (parada en el centro), pudiéndose seleccionar la PC en el vértice y en el centro de la base a la vez o por separado.

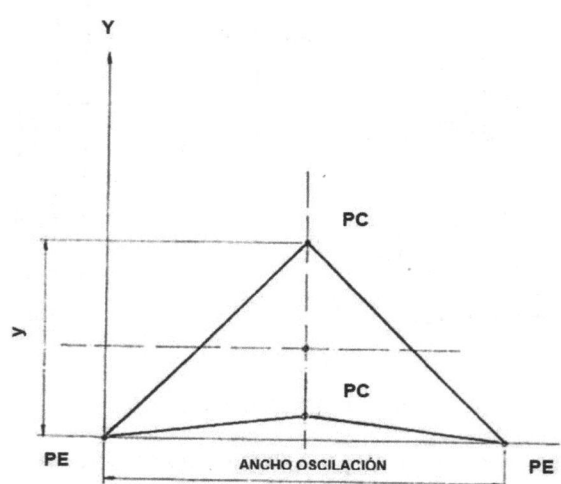

Figura 188. Tiempos de parada y forma oscilación.

Con este sistema de oscilación, pueden conseguirse, sin problemas, realizar uniones en vertical con chapas de 25 mm en dos pasadas, una por cada cara.

La tabla 60, compara los resultados obtenidos sobre una misma unión con los dos osciladores, pudiéndose apreciar las ventajas del oscilador delta.

Tabla 60. Comparación de soldaduras con diferentes oscilaciones.

ESPESOR (mm)	POSICIÓN	N.º PASADAS	MIG	Tiempo arco (min)
42	Vertical	7	Oscilación lineal	50´
42	Vertical	4	Oscilación delta	45´

Los parámetros se encuentran resumidos en la tabla 61, en la que podemos observar distintas posiciones de soldeo. Al referirnos a la vertical 45º/ semitecho, lo hacemos a una posición en la que la tangente en el punto de soldadura será 45º, y hacemos extensibles los valores válidos para esta posición prácticamente desde los 10º a los 80º, siendo los primeros los verticales puros y los últimos los horizontales techo.

Tabla 61. Comparación de soldaduras con diferentes oscilaciones.

ESPESOR (mm)	POSICIÓN	N.º PASADAS	INT. (A)	VOLT. (V)	VEL. (cm/min)	AMPLITUD OSCILACIÓN (mm)	∅ HILO (mm)
54	Vertical	11	220-260	28-32	15-45	0-35	1,6
	Vert. 45º	3	210-270	28-30	20-45	0-20	1,6
31	Semitecho	3	220-240	26-28	15-40	0-15	1,6

Para realizar soldaduras en todas esas posiciones son necesarios, evidentemente, un tipo de carro automotor, que pueda trabajar en cualquier posición. Nosotros hemos usado los de cremallera sobre raíl de aluminio, fijándolos a las chapas bien por ventosas, bien por pernos soldados.

Antes de realizar la primera pasada de la segunda cara, debe procederse naturalmente al saneado de raíz. Una vez soldadas las uniones, son inspeccionadas por radiografías y ultrasonidos al 100%. Además de los defectos de porosidad, falta de penetración y fisuración en caliente, las faltas de fusión pueden producirse con facilidad, si los parámetros del oscilador no son los adecuados, por ejemplo: oscilaciones demasiado rápidas o tiempos de parada en los extremos demasiado cortos.

La figura 189 muestra una soldadura en vertical ascendente multipasadas con oscilación lineal, en una unión a tope con preparación en X con talón de chapas de 54 mm de espesor.

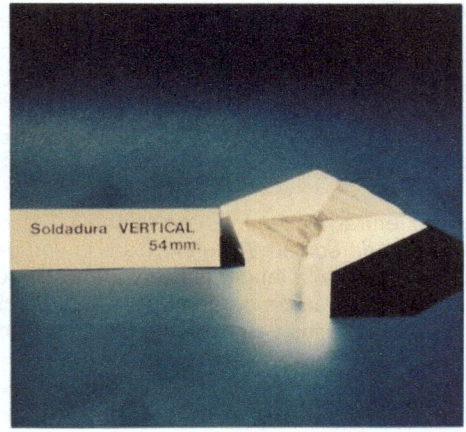

Figura 189. Soldadura en vertical ascendente multipasadas en chapas de 54 mm de espesor.

11.1.4. ENSAMBLAJE DE ANILLOS. MONTAJE DE LA ESFERA

Una vez terminados los anillos, se procede al ensamblaje de los mismos para ir componiendo la esfera.

Anillos de hasta 120 toneladas y 35 m de diámetro, deben montarse con un ajuste milimétrico y deben ser soldados a lo largo de circunferencias de más de 110 m de longitud. En las figuras 190 a) y b); y 191 vemos unos ejemplos de ensamblaje de anillos [41].

Tenemos una nueva posición, la cornisa en la que vamos a trabajar con los mismos equipos de la posición vertical, pero aquí las oscilaciones serán muy pequeñas, si las hay, y usaremos solamente el oscilador lineal, aunque algunas pasadas se realizarán sin oscilación.

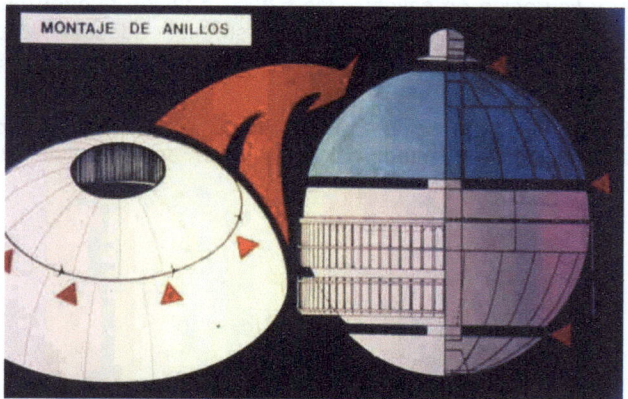

Figura 190. a) Esquema de ensamblaje de anillos.

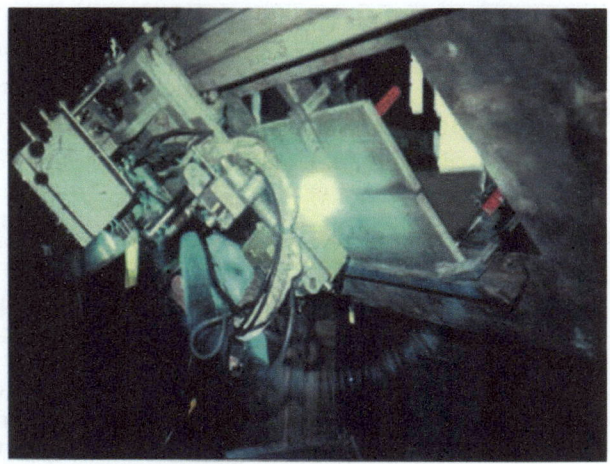

Figura 190. b) Soldadura en cornisa 45°.

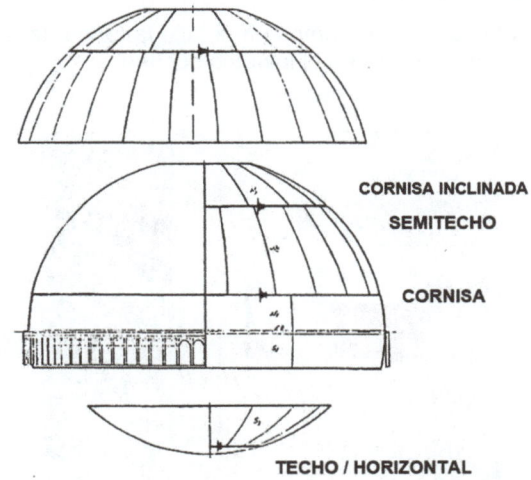

Figura 191. Soldaduras en cornisa.

Parámetros:

En la tabla 62, se ofrece un conjunto de parámetros para la soldadura en unas posiciones que llamaremos límites. La cornisa pura, la cornisa inclinada 45°, semitecho por la otra cara y el techo horizontal.

Tabla 62. Parámetros para soldaduras en diferentes posiciones de cornisa.

ESPESOR (mm)	POSICIÓN	N.º PASADAS	INT. (A)	VOLT. (V)	VEL. (cm/min)	AMPLITUD OSCILACIÓN (mm)	∅ HILO (mm)
54		8	330-360	30-33	50-60	--	2,4
	Cornisa	2	210-220	28-29	50	--	1,6
31	Corni. 45°	4	330-360	30-33	50-60	--	2,4
	Semitecho	6	210-240	28-30	35-45	--	1,6
46	Cornisa	5	350-360	32-36	35-45	--	2,4
	Techo	7	220-230	28-31	25-35	20-40	1,6

Soldaremos con hilos de 2,4 mm de diámetro, en las posiciones favorables, con resultados excelentes, excepto en la pasada de cierre, que debe utilizarse hilo de 1,6 mm de ∅ para evitar mordeduras. A los defectos típicos de las posiciones anteriores de soldeo se añaden las de descuelgues y mordeduras principalmente. Las causas pueden ser velocidades bajas de soldadura o intensidades elevadas.

11.1.5. ENSAMBLAJE ESFERA-FALDÓN

Es el paso final; en la figura 192, vemos en detalle la forma del anillo ecuatorial, a través del cual se apoya la esfera en el faldón o soporte.

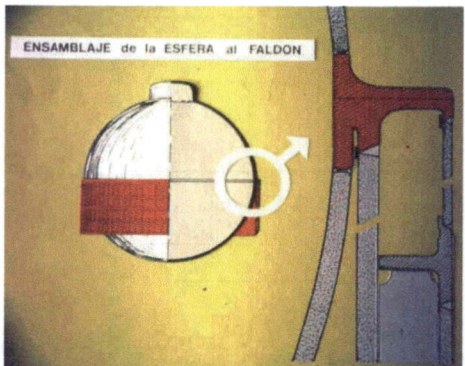

Figura 192. Unión esfera-faldón.

Por efectos de diseño, deben de realizarse una serie de soldaduras por una sola cara, como la que observamos en la figura 193, en espesores de hasta 54 mm. Debido a la inaccesibilidad, los respaldos usados deben permanecer y se utilizan los de la misma aleación del metal base.

La secuencia de soldadura recomendable es la que se muestra en la misma figura para evitar en lo posible las tensiones.

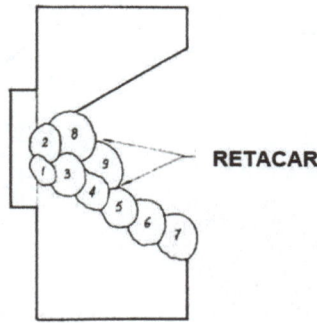

Figura 193. Secuencia de deposición de cordones en soldadura por una sola cara con respaldo de aleación AA 5083-O.

Los problemas son similares a los que se presentan en una soldadura en cornisa, los defectos típicos los mismos, y el problema máximo, la ejecución perfecta de la 1ª pasada de unión al respaldo. El segundo problema, son las deformaciones al no existir la posibilidad de contrarrestar las tensiones con la soldadura por la cara opuesta.

En la figura 194 vemos dos panorámicas, una a), del interior de una esfera y otra b), del taller de esferas.

a)   b)

Figura 194. Panorámicas del interior de una esfera a), y b) del taller de esferas. Fuente: General Dynamics (https://nassco.com/)

En la figura 195 vemos la sustentación y apoyo de la esfera a la estructura del buque mediante un faldón o pedestal.

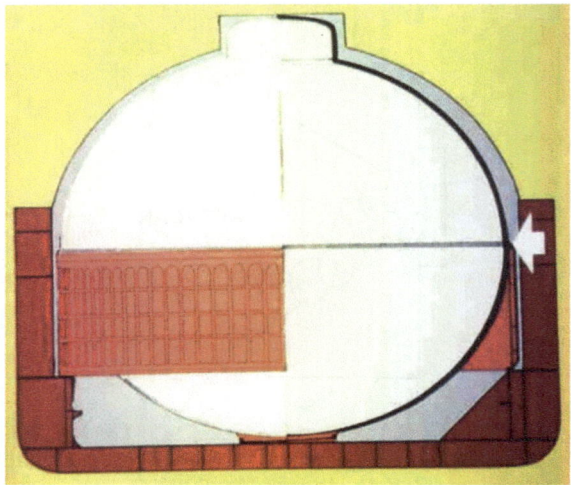

Figura 195. Sustentación y apoyo de la esfera a la estructura del buque.

Las figuras 196 y 197 nos muestran dentro de la estructura del buque el espacio en donde se alojará la esfera y el montaje de la protección y aislamiento de la esfera [41,64].

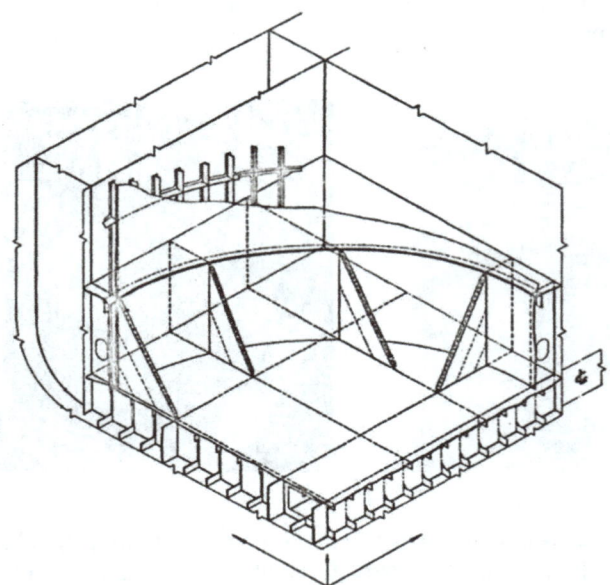

Figura 196. Hueco en la estructura del buque para alojar a la esfera.

Figura 197. Montaje de la protección y aislamiento de una esfera en el buque LNG. Fuente: https://www.mossww.com/history/

11.2. CONSTRUCCIÓN DE TANQUES ESTÁTICOS CILÍNDRICOS, VERTICALES Y DE FONDO PLANO, PARA EL ALMACENAMIENTO DE GNL

11.2.1. INTRODUCCIÓN Y ANTECEDENTES

El principal componente del gas natural es el metano (CH_4). La proporción de éste varía desde el 71% en el gas natural de Libia, al 99,5% en el gas natural de Alaska. Contiene pequeñas cantidades de propano, etano, i-butano, n-butano, i-pentano, n-pentano, hexanos, N_2 y CO_2. UNE EN 16903 (Junio 2.016): Características del GNL que influyen en el diseño y en la selección de materiales.

Entre sus propiedades fisicoquímicas podemos reseñar que es un gas licuado, fuertemente refrigerado, incoloro, inodoro. Su temperatura de autoignición es de 540 ºC y la de ebullición es de -162 ºC a 1 atm. Su punto de congelación es de -182 ºC y su peso específico líquido 0,450. Los límites de explosividad superior (15%) e inferior (5%) en aire. Al no contener monóxido de Carbono (CO), no es venenoso. Su densidad en estado líquido varía de 425 a 475 kg/m³, de acuerdo con su composición. Dependiendo de la zona donde se encuentre, su poder calorífico está comprendido entre 7.200 y 10.900 kcal/m³. El gas natural en estado líquido ocupa un volumen 600 veces menor que en estado gaseoso. La vaporización del producto produce nubes de vapor blanco. Los vapores desprendidos del líquido son muy fríos y se comportan como un gas pesado (1,5 veces más que el aire), extendiéndose a nivel del suelo,

hasta que se calienta a unos −104 °C, entonces se hace más ligero que el aire. Cuando el líquido entra en contacto con el agua, se forma hielo y un sólido blanco que se evapora rápidamente.

Como consecuencia de la necesidad de gas natural por parte de los países industrializados, se ha desarrollado una tecnología para su extracción, transporte, almacenamiento y consumo, jugando en esto un importantísimo papel el aluminio y sus aleaciones. Como su transporte y almacenamiento es más económico en estado líquido (temperaturas criogénicas), lo que representa problemas de tenacidad a bajas temperaturas en los materiales, la aleación AA 5083 (Al Mg 4,5 Mn) aporta la ventaja de su poco peso y además no presenta ningún problema de fragilidad a bajas temperaturas.

Hay tres tipos comunes de tanques de almacenamiento de GNL, conocidos como de *contención única*, de *contención doble* y de *contención completa*. En todos los casos hay contención secundaria en caso de un derrame y las diferencias entre los tipos están principalmente en el método de esta contención secundaria [65].

El almacenamiento de *contención única* tiene un tanque interno autoportante de un material criogénico y una pared exterior de acero al carbono. El tanque de *doble contención* tiene una pared exterior de hormigón pretensado capaz de contener líquidos criogénicos. Sin embargo, los vapores fríos que entran en contacto con el techo pueden hacer que el techo falle, por lo tanto, la contención no es una contención completa porque los vapores pueden liberarse en caso de una fuga en el tanque interno. El *tanque de contención completa*, que será en el que nos centraremos en este estudio y se ilustra en la figura 198, es similar a la contención doble, excepto que el techo está hecho de materiales como las aleaciones de aluminio, que pueden soportar temperaturas criogénicas por si el tanque interno tiene fugas; todos los líquidos y vapores estarán contenidos dentro de la pared exterior y el techo.

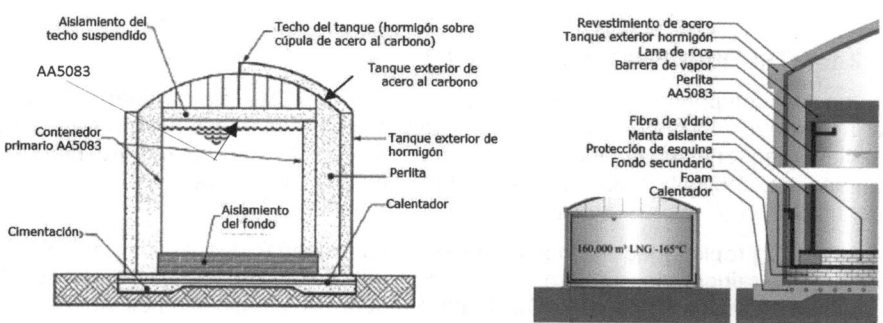

Figura 198. Ilustración del tanque de contención completa (izquierda). Detalles de los materiales que conforman el tanque de almacenamiento de GNL (derecha).

El American Petroleum Institute (API) ha establecido estándares para el diseño, fabricación y construcción de tanques de almacenamiento soldados para almacenar petróleo y GNL. Los tanques más populares disponibles en el mercado hoy en día cumplen con los estándares 620 y 650. Entre los materiales empleados normalmente para usos criogénicos destacan las aleaciones de Al, aceros al 9% de Ni, aceros inoxidables austeníticos (AISI 304) e INVAR (36% Ni). Los procesos de armado y soldadura presentan una serie de ventajas e inconvenientes en cada uno de estos materiales.

La norma más usada es la API 620 Apéndice Q: Tanques de almacenamiento de baja presión para gases de hidrocarburos licuados a una temperatura no inferior a −270 °F (−168 °C). En este estudio nos centraremos en las ventajas de la soldadura MIG automatizada y la de Alto Depósito (MIG AD) de la aleación de aluminio AA 5083-O, frente a la soldadura automatizada de otros materiales.

11.2.2. COMPOSICIÓN QUÍMICA Y CARACTERISTICAS MECÁNICAS DE LA ALEACIÓN AA 5083-O.

Tabla 63. Composición química de la aleación AA 5083-O.

%	Si	Fe	Cu	Mn	Mg	Cr	Zn	Ti	Otros	Al
Mínimo				0,40	4,00	0,05				
Máximo	0,4	0,5	0,10	1,00	4,90	0,25	0,25	0,15	P.S. 0,05 Total 0,15	Resto

P.S.= por separado

Propiedades mecánicas a la temperatura ambiente:

Tabla 64. Propiedades mecánicas de las aleaciones.

Aleación	Resistencia a tracción (MPa)	Límite elástico (MPa)	Alargamiento (%)	Dureza (Vickers)
AA 5083-O	301,2	128,0	25,3	74,1
AA 5083-H321	334,1	229,1	18,8	96,2

La resistencia inicial de AA 5083-O es producida por la adición de Mn, Si, Fe y Mg, y se puede aumentar por un tratamiento de deformación en frío (acritud (H)).

11.2.3. METAL DE APORTACIÓN

La clasificación y composición química de los materiales de aportación, para los procesos TIG y MIG, utilizados en la soldadura son las siguientes (AWS A5.10-M: 2.017 y UNE-EN ISO 18273: 2.016).

Tabla 65. Clasificación y composición química de los materiales de aportación.

Aleación	Si	Fe	Cu	Mn	Mg	Cr	Zn	Ti	Al
ER5183	0,40	0,40	0,10	0,5-1,0	4,3-5,2	0,05-0,25	0,2-0,5	0,15	Resto
ER5356	0,25	0,40	0,10	0,05-0,20	4,5-5,5	0,05-0,20	0,10	0,06-0,20	Resto

Valores en % en peso

Los valores simples son los máximos.

El criterio fundamental para la elección del consumible es el de la facilidad que presenta para la soldadura, resistencia, ductilidad, resistencia a la corrosión del par metal aportación-metal base, trabajo a elevadas temperaturas y color final después del anodizado. Por ello, para la soldadura, los hilos deben ser almacenados y utilizados de forma que se evite en lo posible que absorban humedad, debiendo controlarse de forma muy estricta ésta, así como la temperatura de los locales de almacenamiento, procurando que no sobrepasen una humedad relativa del 40%, y que se mantengan entre 40 a 60 °C.

11.2.4. PROCESOS DE SOLDEO. PREPARACIONES Y PARÁMETROS

La aleación AA 5083 puede ser soldada por varios procedimientos, siendo los más utilizados los de arco eléctrico, con la protección de un gas inerte, y que son:

- Tungsten Inert Gas (TIG): "Soldadura al arco con un electrodo de Tungsteno y la protección de un Gas Inerte".

- Metal Inert Gas (MIG): "Soldadura al arco Metálico con la protección de un Gas Inerte" y, que consiste en la fusión de un hilo electrodo continuo, en una atmósfera protectora de un gas inerte, mediante la corriente eléctrica aportada por una fuente de alimentación.

    o MIG con "Strip wire" (hilo sección rectangular)

    o MIG con "Twin arc".

- Soldadura hibrida Láser-TIG y Láser-MIG.

Nos centraremos en la soldadura MIG por ser la más utilizada, y teniendo en cuenta la soldadura 4.0, los equipos serán digitales (figura 199) y dispondrán de las funciones siguientes [66]:

1. Procedimientos de Soldadura: Incluye biblioteca digital y la administración de plantillas pWPS, WPQR y WPS de acuerdo con los estándares de soldadura más importantes.

2. Personal y Cualificaciones: Incluye los procesos de gestión y renovación de los certificados de cualificación de todo el personal: soldadores (WPQ) e inspectores.

3. Control de Calidad: Incluye posibilidades de verificación de calidad con WPS digitales y el control del cumplimiento de la cualificación.

4. Gestión de Soldadura: Incluye la administración de procesos futuros de soldadura y posibilidad de registro de documentos.

Figura 199. Información comercial del equipo soldadura MIG 4.0 de EWM.

El MIG es un proceso económico y soluciona los problemas de soldabilidad, además se puede soldar en todas las posiciones, por lo que este proceso resulta ser el más adecuado, para aumentar la productividad, a partir de espesores de 2 mm.

Composición de los equipos automatizados de soldadura

Los equipos de soldadura MIG automatizada para Al suelen constar de los siguientes componentes (ver figuras 200 y 201):

1. Fuente de corriente continua de tensión constante para la soldadura de espesores inferiores a 15 mm y de intensidad constante para espesores mayores, regulable el "slope" (pendiente de la curva I-V) digitalmente, con software de gestión con las funciones de la figura 199.

2. Circuito cerrado de refrigeración por agua, de la pistola de soldadura.

3. Caja de control de parámetros.

4. Alimentador de hilo.

5. Oscilador.

6. Pistola push-pull de soldadura.

7. Carro automotor.

8. Suministro de gas (en botellas o canalizado).

9. Control de caudal de gas, mediante manorreductores y caudalímetros.

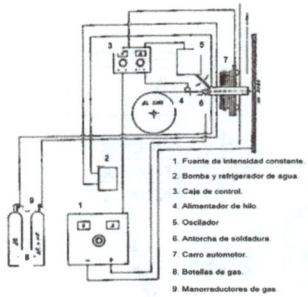

1. Fuente de intensidad constante.
2. Bomba y refrigerador de agua.
3. Caja de control.
4. Alimentador de hilo.
5. Oscilador
6. Antorcha de soldadura.
7. Carro automotor.
8. Botellas de gas.
9. Manorreductores de gas.

Figura 200. Equipo de soldadura MIG automatizada "oscilomatic compact" de Hulftegger-Co AG.

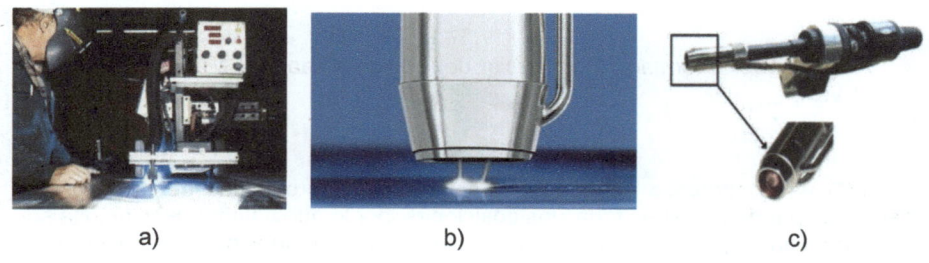

a)   b)   c)

Figura 201. a) Equipo de soldadura MIG del aluminio automatizada posición PA, b) TWIN ARC y c) STRIP WIRE Fuentes: ESAB AB y FRONIUS.

Gases de protección para la soldadura MIG de la aleación AA 5083

Para la soldadura MIG del aluminio se puede elegir entre el argón puro, helio puro o mezclas de éstos. La soldadura MIG de la aleación AA 5083 generalmente se efectúa con un arco largo o spray debido a la alta conductividad térmica del Al, lo que permite que las gotas solidifiquen rápidamente, y con argón puro como gas de protección. El arco protegido por argón y la polaridad inversa ayudan a eliminar el óxido (alúmina) de la superficie de la aleación durante la soldadura. La transferencia del metal tiene lugar en forma de gotas muy pequeñas, siendo el arco muy estable. La zona de penetración es afilada y profunda.

Con helio puro, se producen gotas más grandes e irregulares, se generan más proyecciones, debido a la inestabilidad del arco, y a menudo el material depositado se oxida. El helio, a causa de su buena conductividad térmica, produce manchas anódicas y correlativamente, fuerzas repulsivas, así la zona de penetración es ancha, a diferencia de la de argón. Sin embargo, los fenómenos están influenciados igualmente por el metal de aportación. El Mg tiene un punto de ebullición tan bajo, que llena de vapor todo el volumen del arco, siendo un factor modificante de las conductividades térmicas y eléctricas del arco. En caso de que tengamos espesores grandes, es mejor usar mezclas de gases helio/argón, siendo la mezcla de

75%He/25%Ar la que mejores resultados y condiciones de soldadura suelen dar, porque permiten mayores velocidades de soldadura, y una mayor penetración, para la misma intensidad.

Los gases inertes para soldadura MIG se designarán con la norma UNE EN ISO 14175: 2009, y cumplirán con la pureza designada.

Preparaciones

Las preparaciones de las chapas se realizarán con medios mecánicos tales como fresadoras y/o recanteadoras. El corte en bruto y los resanados de raíz mediante arco de plasma. En las figuras 202 y 203 se ilustran estas preparaciones.

Figura 202. Preparaciones soldaduras a tope posición PC.

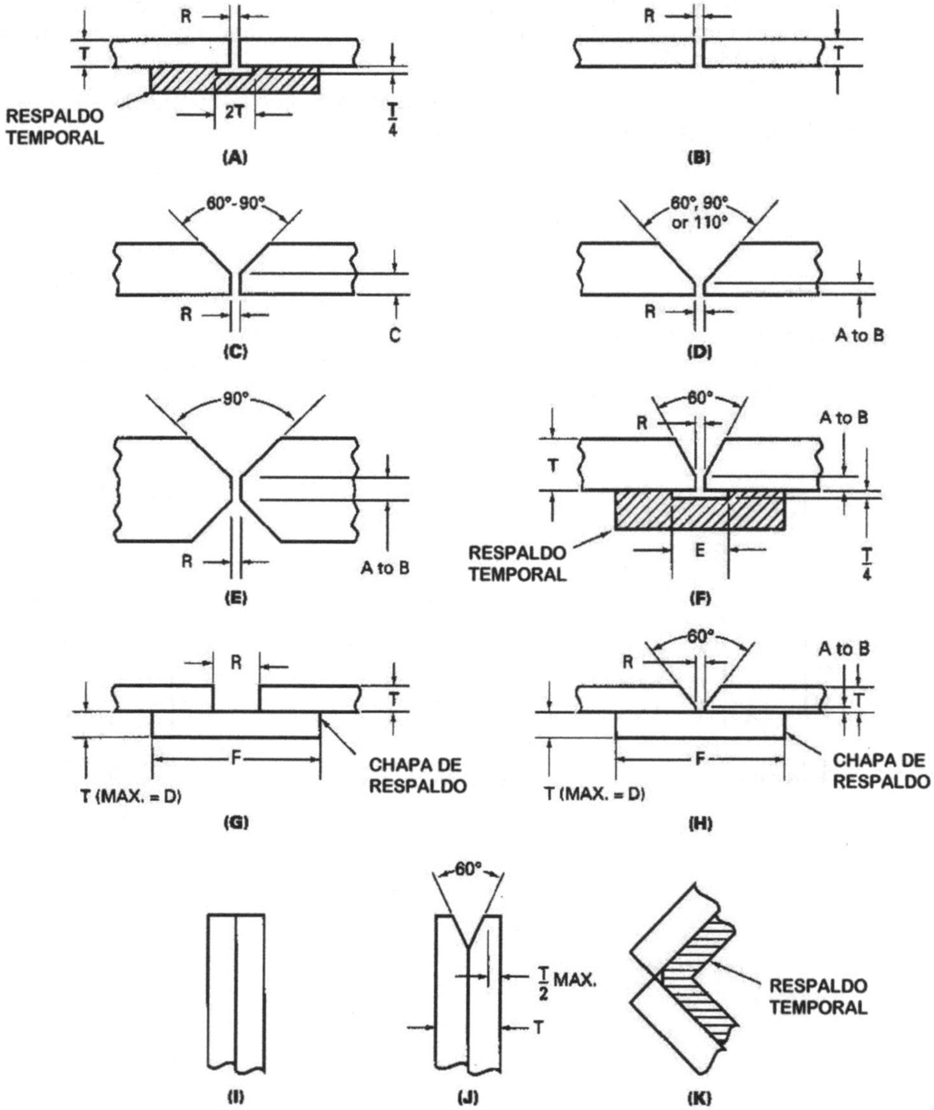

Note: A = $^1/_{16}$ in. (1.6 mm), B = $^3/_{32}$ in. (2.4 mm), C = $^3/_{16}$ in. (4.8 mm), D = $^3/_8$ in. (9.5 mm), E = $^1/_2$ in. (12.7 mm), F = $1^1/_2$ in. (38.1 mm), R = root opening, T = espesor

Figura 203. Preparaciones soldaduras a tope y en borde.

Soldadura plana, en cornisa, vertical ascendente y en ángulo automatizada con MIG

Una vez definida la soldadura MIG, se definen los parámetros a usar en función de los espesores y posiciones a soldar, ver tabla 66. La soldadura en posición plana es la más económica ya que, generalmente, es la única que admite grandes aportaciones de material en una sola pasada. Especialmente se ha desarrollado una técnica que denominamos MIG Alto Depósito (MIG AD) o (MIG HD) en inglés y que es en esencia un equipo de MIG de los ya descritos, en los que las mayores dimensiones son su característica principal.

Tabla 66. Guía de parámetros obtenidos experimentalmente para la soldadura MIG AD.

Espesor (mm)	Ø Hilo (mm)	Intensidad (A)	Voltaje (V)	Velocidad (m/min)	Caudal Interno (l/min)	Caudal Externo (l/min)
20-30	3,2	1ª P. 550-575	31-33	0,30	60	60
		2ª P. 600-625	32-34	0,30	60	60
30-45	4	1ª P. 650-675	34-36	0,28	60	60
		2ª P. 725-750	35-38	0,25	60	60

Figura 204. Macrografías de uniones soldadas de chapas de aluminio de 25 mm con MIG multipasadas (izquierda) y usando MIG AD en 2 pasadas (derecha).

Tabla 67. Guía de parámetros de soldadura en distintas posiciones y espesores.

Espesor (mm)	Posición soldeo	Prepa. Bordes[1]	Separa. (mm)[2]	N.º Pasadas	Ø Hilo (mm)	Int. (A)	Vol. (V)	C. Gas (l/mi)	Vel. Sol. (m/min)
6	PA	F	3-5	2C	1,6	225	25	16	0,6-0,8
6	PF/PC	F	3-5	3C-1R	1,2	190	25	16	0,6-0,9
6	PE	F	3-5	3C-1R	1,6	200	25	16	0,6-0,9
22	PA	C-90 °	0-2	6C-3R	1,6	290	26	16	0,5-0,8
22	PA	F	3-6	5C-1R	1,6	280	26	16	0,6-0,9
22	PF/PC	F	3-6	3C-1R	1,6	230	26	16	0,6-0,8
22	PE	F	3-6	5C-1R	1,6	260	26	16	0,7-1,1
22	PA/PF	H	3-6	5C	1,6	300	26	16	0,6-0,8
22	PE/PC	H	6	8-10C	1,6	270	26	16	0,7-1,1
25	PA	C-60 °	0-2	4C-3R	2,4	380	27	20	0,4-0,6
25	PA	F	3-6	4C-1R	2,4	360	27	20	0,4-0,8
25	PF/PC/PE	F	3-6	8C-1R	1,6	280	27	20	0,6-0,8
25	PA	E	0-2	3C-3R	1,6	320	27	20	0,4-0,6
25	PF/PC/PE	E	0-2	6C-6R	1,6	265	27	20	0,4-0,6
30	PA	C-60 °	0-2	4C-3R	2,4	400	28	20	0,4-0,6
30	PA	F	3-6	5C-2R	2,4	380	28	20	0,4-0,8
30	PF/PC/PE	F	3-6	7C-2R	1,6	300	27	20	0,6-0,8
30	PA	E	0-2	7C-7R	1,6	340	27	20	0,4-0,6
30	PF/PC/PE	E	0-2	8C-8R	1,6	285	27	20	0,4-0,6
40	PA	C-60°	0-2	7C-3R	3,2	420	29	20	0,4-0,6
40	PF	F	3-6	8C-2R	3,2	400	28	20	0,6-0,8
40	PC	E	0-2	9C-9R	3,2	400	28	20	0,7-0,9
45	PA	C-60°	0-2	7C-6R	3,2	430	30	20	0,4-0,6
45	PF	F	3-6	10C-2R	3,2	420	29	20	0,4-0,6
45	PC	E	0-2	10C-10R	3,2	420	29	20	0,6-0,8

Uniones a tope soldadas. Posiciones: Plana, Cornisa, Vertical ascendente y Techo

TOPE: PA = 1G; PC = 2G; PF = 3G up; PE = 4G. C= cara y R= raíz y/o pasada cara opuesta.

[1] Preparaciones, según nomenclatura anterior, en las figuras 202 y 203. [2] Con respaldo temporal. En caso de respaldo permanente de aluminio se seguirán las figuras 202 Respaldo de aluminio y 203 CHAPA DE RESPALDO.

Figura 205. Aspecto de una soldadura en ángulo (izquierda) y otra a solape (derecha).

Tabla 68. Parámetros recomendados soldadura MIG en ángulo y a solape de AA 5083-O.

Espesor (mm)	Posición soldeo	N.º Pasadas	Ø Hilo (mm)	Int. (A)	Vol. (V)	C. Gas (l/min)	Vel. Sol. (m/min)
6	PA	1	1,2-1,6	240	25	18	0,6-0,8
6	PB/PF	1	1,2	210	24	20	0,6-0,8
6	PD	1	1,2-1,6	220	25	20	0,6-0,8
20	PA	3	1,6	300	27	20	0,5-0,7
20	PB/PF	3	1,6	240	25	22	0,6-0,8
20	PD	3	1,6	300	26	24	0,6-0,8
30	PA	5	2,4	340	28	22	0,5-0,7
30	PB/PF	6-8	1,6	260	26	24	0,6-0,8
30	PD	8	1,6	260	26	28	0,6-0,8
40	PA	6	2,4-3,2	380	30	24	0,5-0,7
40	PB/PF	7-8	1,6	310	28	26	0,6-0,8
40	PD	10	1,6	310	28	30	0,6-0,8

Uniones en ángulo y a solape soldadas. Posiciones: Plana, Cornisa, Vertical ascendente y Techo. POSICIONES EN ÁNGULO: PA = 1F; PB = 2F; PF = 3F up; PD = 4F.

11.2.5. REGULACIONES Y ESTÁNDARES PARA TANQUES DE GNL

Una amplia gama de regulaciones y estándares definen el diseño, construcción, inspección y mantenimiento de tanques de GNL. Entre las relevantes están:

1. ASME Sec. VIII, Div. 1 (2.017): Diseño y fabricación de recipientes a presión; Div. 2 (2.019): Reglas alternativas.

2. AWS D1.2/D1.2M (Sixth Edition, 2.014): Structural Welding Code-Aluminum.

3. API Standard 620 (Twelfth Edition, October 2.013): Diseño y construcción de grandes tanques de almacenamiento soldados, de baja presión; Apéndice Q: Tanques de almacenamiento de baja presión para gases de hidrocarburos licuados a una temperatura no inferior a −270 °F (−168 °C). Addendum 1 (Nov. 2.014), Addendum 2 (Apr. 2.018) y Addendum 3 (Sep. 2.021).

4. UNE EN 16903 (Junio 2.016): Características del GNL que influyen en el diseño y en la selección de materiales.

5. UNE-EN 1473 (Octubre 2.022): Instalaciones y equipos para gas natural licuado. Diseño de las instalaciones terrestres.

6. UNE-EN 14620-1: 2.008 (Rev. 2.014): Diseño y fabricación de tanques de acero cilíndricos, verticales y de fondo plano, construidos en el lugar de emplazamiento para el almacenamiento de gases licuados refrigerados con temperaturas de servicio entre 0 ºC y -165 ºC. Parte 1: Generalidades. UNE-EN 14620-2: 2.008 (Rev. .2014): Parte 2: Componentes metálicos.

11.2.6. CONSTRUCCIÓN Y MONTAJE DE UN TANQUE DE CONTENCIÓN COMPLETA

Un tanque de contención completa (figura 206 a) y b)) consiste en un recipiente primario hermético a líquidos y un recipiente secundario hermético a líquidos y vapores [64]. El recipiente secundario debe ser capaz de contener el producto líquido y controlar la liberación de vapor en caso de fuga de producto del recipiente líquido primario. El espacio anular entre los contenedores primario y secundario no debe ser más de 2 m (UNE-EN 14620-1).

Ejemplo constructivo

Las especificaciones técnicas de un tanque tipo de unos 200.000 m³ serían las siguientes:

-   Tipo de tanque: Sobre suelo de contención completa.

-   Contención exterior: Hormigón pretensado (espesor 1 m).

-   Techo: Domo de hormigón con cubierta de techo suspendido (espesor 0,45 m).

-   Barrera secundaria: Tanque de acero al carbono de 6 mm de espesor.

-   Tipo de base: Sistema de calentamiento de fondo (SCF).

-   Requerimiento sobre terremotos: SSE 0.2 g, OBE 0.1 g.

- Capacidad bruta: 200.000 m³.

La base del tanque tiene un sistema de calentamiento de fondo (BHS) que usa etilenglicol como fluido de salmuera. El techo posee una cubierta de techo suspendida y una cúpula de hormigón forrada de acero.

- Nivel de diseño del líquido criogénico: 36,0 m.

- Máximo nivel de operación: 35,82 m.

- Altura del tanque interior: 37,61 m.

- Espesor del aislamiento: 1,2 m.

- Diámetro del tanque exterior: 86 m.

- Altura del tanque exterior: 52,4 m.

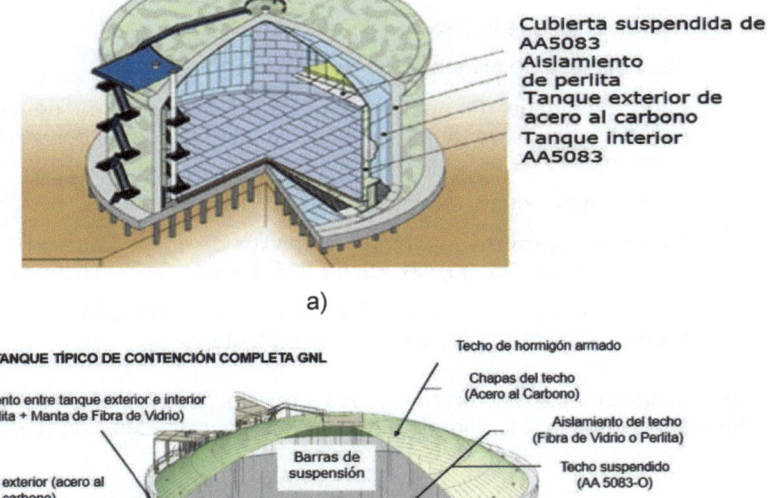

Figura 206. Vistas: a) seccionada de componentes estructurales de un tanque de almacenamiento, b) seccionada incluyendo componentes estructurales y no estructurales [64].

Diseño del tanque interior

Los principales códigos de diseño aplicados al diseño del tanque interno son API 620 y NFPA* 59A: Norma para la producción, almacenamiento y manejo del gas natural licuado (GNL) de la Asociación Nacional de la Protección Contraincendios de los EE. UU. Los datos básicos de diseño aplicados son del orden de los siguientes:

- Tipo de tanque: Tanque de contención completa de AA 5083-O.

- Presión de diseño: 29 kPa.

- Temperatura de diseño: -170 ºC.

- Peso específico de GNL: 0,45.

- Tasa de evaporación de diseño: 0,05 vol. %/día.

- Vacío de diseño: -0,5 kPa.

- Diámetro del tanque interior: 84 m.

- Altura del tanque interior: 37,61 m.

- Tasa máxima de alimentación de líquidos: 11.000 m³/h.

- Barrera primaria: tanque de AA 5083-O con sistema de protección de esquinas de hasta 5 m de altura desde el fondo del tanque y luego revestimiento de espuma de poliuretano.

- Número aproximado de virolas (anillos): 10.

- Espesores aproximados (mm): Los anillos de abajo a arriba C1: 45; C2: 42; C3: 40; C4: 34; C5: 30; C6: 25; C7, C8, C9 y C10: 22. Techo suspendido: 6.

- Cargas sísmicas: horizontal SSE: 0,2g; horizontal OBE: 0,1g y respuesta sísmica vertical: 2/3 de los valores horizontales.

Independientemente del diseño y uso previsto, todos los tanques tienen tres componentes principales: el fondo o piso, el cuerpo y el techo, figura 207.

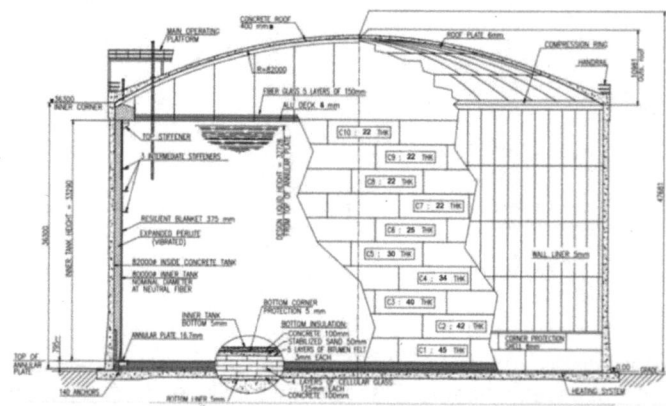

Figura 207. Plano constructivo del tanque.

Definición del techo del tanque de GNL

En la figura 208 a) y b) se muestran un esquema y una fotografía del techo del tanque. El material con el cual se va a construir el techo del tanque es AA 5083-O, debido a que éste va a ir en suspensión, y la aleación de aluminio es un material relativamente ligero y además soporta la liberación de vapores criogénicos sin corroerse. Por norma general, para este tipo de estructuras se utiliza un emparrillado de barras tubulares cuadradas, al cual se añade una estructura circular de chapas de aluminio (membrana de aluminio AA 5083-O). El espesor de estas chapas de aluminio suele ser de 6 mm.

Para el cálculo de los cables a tracción sobre los que cuelga el techo del tanque es necesario el cálculo del peso que van a tener que soportar. Mayormente, el peso que tienen que soportar es el peso de la estructura metálica y del aislamiento. Para ello, es necesario tener como dato la resistencia a tracción de los cables. Además, se utilizará un coeficiente de mayoración de las cargas de 1,6 y un coeficiente de minoración de resistencia del cable de 0,9.

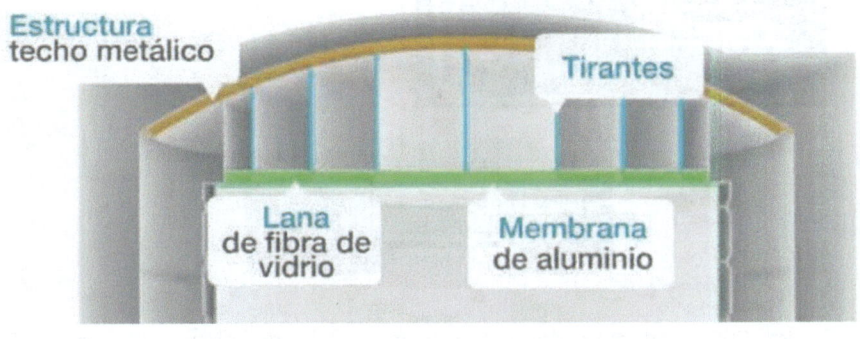

a)

b)

Figura 208. Techo del tanque: a) esquema, b) fotografía.

Definición del fondo del tanque de GNL

El fondo del tanque se define como sigue a continuación en la figura 209. Nótese que se separa el aislante en dos capas. Esto es debido, a que se instala una cubeta antifugas de AA 5083-O entre la pared externa e interna.

A continuación, se muestra un esquema del fondo del tanque (www.sofregaz.fr). Nótese que este esquema está representado para un tanque exterior de hormigón postensado. El tanque exterior es de acero.

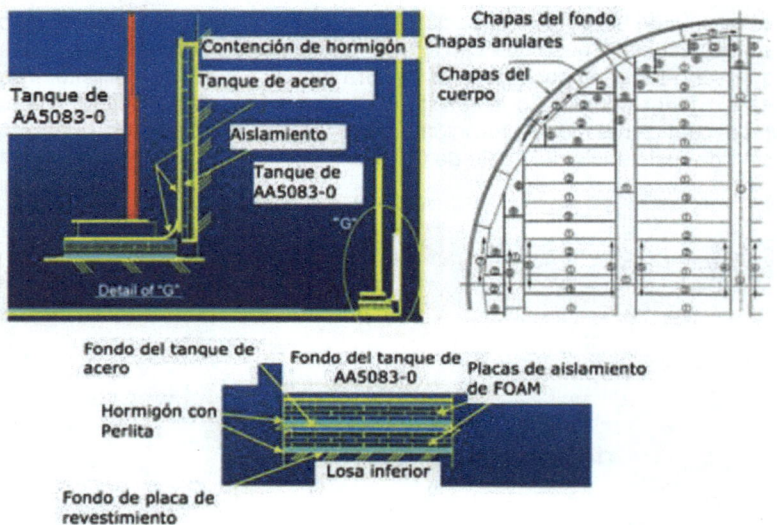

Figura 209. Esquema del fondo y traqueado de planchas, con secuencias de ensamblado y soldadura.

11.2.7. SOLDADURA DE TANQUES

Los tanques de almacenamiento son grandes estructuras metálicas usadas principalmente por industrias petroleras, químicas, papeleras y alimenticias, que pueden tener diversas configuraciones, dependiendo de una serie de parámetros, como dimensiones, orientación, construcción y tipo de cuerpo o pared externa.

Para soldar aleaciones de aluminio, los operarios deben tener cuidado de limpiar el material base y eliminar cualquier óxido de aluminio y suciedad mediante cepillo con púas de acero inoxidable o el empleo de gratas. La temperatura de precalentamiento, si es necesaria, no deberá superar los 110 °C. Es claro que la automatización y la experiencia en soldadura de tanques en campo se va imponiendo cada vez más, en vista de sus numerosas ventajas.

Atendiendo a ello, examinemos algunas consideraciones previas.

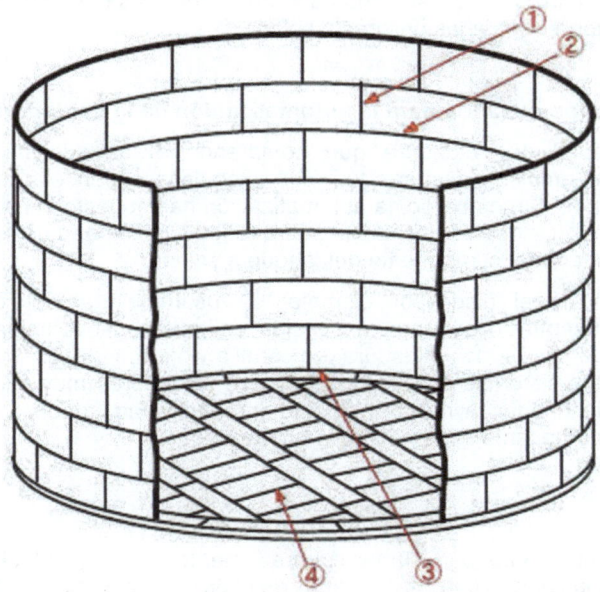

Figura 210. Traqueado del tanque interior de AA 5083-O.

(1) Soldaduras en vertical tanque interior (PF).

(2) Soldadura de unión de anillos (PC).

(3) Soldadura unión del cilindro al fondo del tanque (PB).

(4) Soldadura de chapas del fondo del tanque (PA).

Tabla 69. Procedimientos de soldadura para uniones individuales (consulte la figura 210 para cada número de unión).

Conjunto No.	①	②	③	④
Componente	Tanque interior	Tanque interior	Fondo a tanque inferior	Fondo
Tipo de preparación	X	X	Doble bisel	En V
Posición de soldadura [*1]	PF	PC	PB	PA
Proceso de soldadura	MIG	MIG	MIG- HD	MIG-HD

[*1]: PF (tope vertical); PC (tope cornisa); PA (Tope plana); PB (ángulo)

Todos los sobrespesores en soldaduras a tope deberán se amolados y quedar en línea con las superficies de las uniones a soldar.

Procesos y equipos usados para la automatización de la soldadura de tanques

Las varias etapas de soldadura que comprende el armado de tanques de almacenamiento emplean diversas técnicas y equipos según el componente del tanque involucrado. Sin embargo, la automatización ha impuesto el uso de tractores o carros de soldadura que se desplazan sobre raíles, y el tamaño de estos sistemas tractores dependerá del componente del tanque a soldar.

Para el techo y el piso, por ejemplo, se usan mini-tractores de soldadora automatizada, mientras que para las virolas del cuerpo se emplea un sistema automatizado de carros de soldadura en cornisa y carros de soldadura vertical. Ninguno de estos sistemas sofisticados requiere soldadores muy expertos, por lo que, además de brindar la máxima calidad y repetitividad, reducen el tiempo de construcción y por lo tanto incrementan la productividad.

Mini-tractor

Los mini-tractores usados para armar separadamente el piso y el techo del tanque sueldan entre sí las placas correspondientes de cada componente y también efectúan la soldadura interior de filete circunferencial de la virola inferior al piso. Se desplazan siguiendo un movimiento circular a lo largo de rieles o guías mecánicas y los diversos modelos se adaptan a soldaduras por arco, tipo MIG o MIG AD.

Estos equipos cuentan con un sistema de control digital que puede programar y almacenar parámetros de soldadura, tales como número de pasadas, proceso de soldadura, diámetros, corriente, voltaje o velocidad, en milímetros por minuto. Estos parámetros aseguran características que afectan la estabilidad, desplazamiento, velocidad, distribución del electrodo y energía aportada al proceso.

Carros para soldadura en posición vertical

La soldadura vertical se emplea para unir, una por una, las chapas metálicas que forman cada virola del cuerpo del tanque. Generalmente, el proceso empleado es el MIG.

Los carros que usan soldadura MIG son plataformas de operación que se emplean para soldaduras verticales en varias pasadas. Además de carros, algunos fabricantes también ofrecen estructuras basadas en una columna y una montura (ver figura 211). Esta estructura de columna es una opción sencilla y fiable para la soldadura vertical de alta deposición en paredes con espesores superiores a 15 mm.

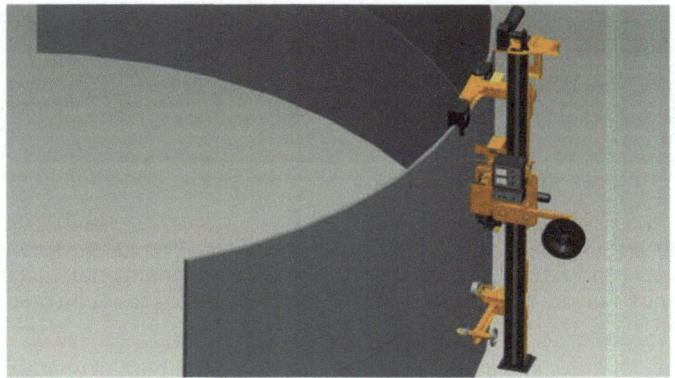

Figura 211. Automatismo para soldadura en posición vertical. Fuente: https://www.demaquinasyherramientas.com/soldadura/introduccion-a-la-soldadura-de-tanques. Diciembre 2015.

Por su parte, la soldadura vertical de los tanques metálicos se realiza con carros que adoptan el proceso MIG para múltiples pasadas de soldadura.

Los equipos usados para soldadura vertical tienen cinco componentes principales: el rail, que se ajusta con ventosas de vacío verticalmente a las chapas para efectuar la soldadura en vertical ascendente, la antorcha de soldadura, el oscilador, la unidad de programación y la unidad de control remoto, la cual tiene un control digital para los respectivos ajustes de los parámetros de soldadura.

Carros para soldadura circunferencial en posición cornisa

La soldadura circunferencial en cornisa es, como lo indica la palabra, la que se realiza con equipos automáticos para unir entre sí las virolas de los tanques durante la construcción en campo (ver figura 212). Están equipados con uno o dos cabezales de soldadura, control de desplazamiento y se realiza mediante el proceso MIG o MIG-AD

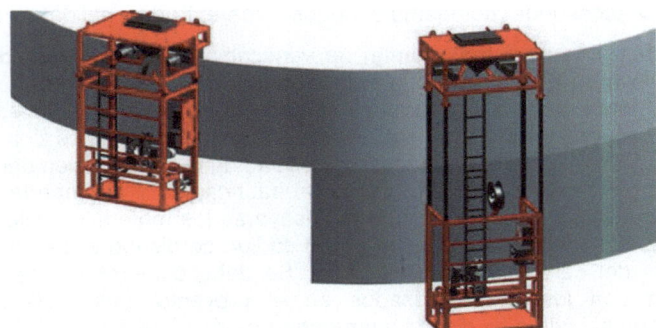

Figura 212. Automatismo para soldadura en posición cornisa. Fuente:

https://www.demaquinasyherramientas.com/soldadura/introduccion-a-la-soldadura-de-tanques. Diciembre 2015.

Los carros cubren ambos lados (interno y externo) de las placas, desplazándose sobre ruedas ajustables y a una velocidad controlada.

Los componentes básicos que conforman un carro para soldadura circunferencial en cornisa son: el bastidor, los cabezales de soldadura, controles y fuente de energía de soldadura.

Entre las ventajas de estos equipos automatizados podemos mencionar las siguientes:

- Usan el proceso MIG y MIG AD mecanizados, para soldar costuras circunferenciales en cornisa de tanques de almacenamiento, con una rapidez 3 veces mayor, que las soldaduras con SAW de los tanques de acero al 9% de Ni.

- El bastidor propulsado por energía y la plataforma para el operador permiten realizar cómodamente diversas operaciones de soldadura en diferentes virolas de tanques.

- Proveen soldaduras continuas de alta calidad alrededor de toda la circunferencia del tanque.

11.2.8. WPS, WPQR, WPQ E INSPECCIÓN DE LA SOLDADURA DE TANQUES

Todas las soldaduras deben estar respaldadas por sus correspondientes WPS, así como lo soldadores tendrán vigente sus certificados de cualificación WPQ de acuerdo con estos WPS, y cumplirán con las normas aplicables [67].

Las disposiciones de la norma 620 del API también prevén una rigurosa inspección de las soldaduras efectuadas en los tanques de almacenamiento construidos en aleaciones de aluminio. De acuerdo con la API 620, además de la inspección visual, se aplican pruebas de líquidos penetrantes, radiográficas y ultrasónicas en las juntas a tope de las chapas que forman el cuerpo y las conexiones al tanque con juntas a tope. En cambio, el método radiográfico no se usa en juntas solapadas del piso y el techo, juntas angulares superiores, juntas de la virola inferior al piso, juntas estructurales y accesorios (por ejemplo, boquillas de entrada y salida).

Por su parte, la manera más común de verificar que no haya pérdidas por las costuras de soldadura de piso del tanque es mediante la prueba de la cámara de vacío. Previamente, estas soldaduras se someten a inspección visual en busca de residuos de escoria, rebabas de soldadura y otros defectos tales como orificios, socavaciones y falta de relleno. La responsabilidad de la construcción del depósito y elementos complementarios corresponde al fabricante o al importador si son importados. Durante la fabricación deben ensayarse los materiales utilizados, para determinar las características exigidas por el código de diseño a no ser que vayan acompañados del certificado del fabricante. Se debe comprobar que los valores corresponden con los valores usados en el proyecto. Los materiales serán compatibles con el código de diseño y temperaturas de trabajo.

Al usar aleaciones de aluminio como material del recipiente interior del depósito, las pruebas de soldadura y las cualificaciones de los soldadores deben someterse a un ensayo de plegado, según AWS D1.2/D1.2M, debiendo obtenerse un coeficiente de doblado (K) superior a los valores de la tabla 70.

Tabla 70. Coeficientes de doblado en función del espesor de chapa.

Espesor de la chapa (mm)	Coeficiente de doblado (K)	
	Raíz en zona compresión	Raíz en zona tensión
<12	≥15	≥12
12 a 20	≥12	≥10
>20	≥9	≥8

El coeficiente de doblado K está definido por la siguiente fórmula:

K = 50 e/r

Siendo:

e = Espesor de la chapa en mm,

r = Radio medio de curvatura, en mm, de la probeta en el momento de la aparición de la primera grieta en la zona de tracción.

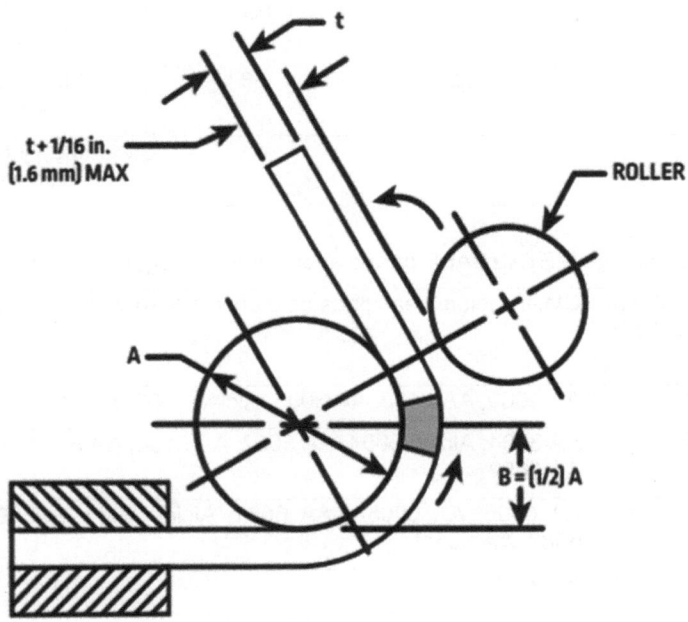

Figura 213. Ensayo de plegado guiado.

Una prueba de doblado en la que la probeta se dobla a una forma definida por medio de un dispositivo tal como el de la figura 213. La prueba de plegado determina la calidad de una soldadura en la cara y la raíz de una unión soldada. La probeta normalmente se dobla 180 grados. Las pruebas de plegado de cara se realizan con

la cara de soldadura en tensión; Las pruebas de doblado de raíz se realizan con la raíz de la soldadura en tensión.

Tabla 71. Valores de A y B de acuerdo con el espesor de la probeta y el grupo de metal base.

Espesor de la probeta (mm)	A (mm)	B (mm)	Materiales (AWS)
9	38	19	M21 y M22
t	4t	2t	M21 y M22
3	52,4	26,2	M23 y F23 Soldadura
t < 3	1/2 t	1/4 t	M23 y F23 Soldadura
9	63,5	31,8	M25 y M23 Recocido
t	2/3 t	1/3 t	M25 y M23 Recocido
9	76,2	38	M27 y M24 Recocido
t	8t	4 t	M27 y M24 Recocido

Tabla 72. Grupos de METAL BASE para elaborar WPSs, según AWS D1.2/D1.2M.

Grupo Metal Base según AWS para WPS	Clasificación aleaciones de aluminio (AA) y ASTM B26/B26M
M21	AA 1060, AA 1100, AA 3003, Alclad 3003, AA 5005, AA 5050
M22	AA 3004, Alclad 3004, AA 5052, AA 5154, AA 5254, AA 5454, AA 5652
M23	AA 6005, AA 6005A, AA 6061, Alclad 6061, AA 6063, AA 6082, AA 6351
M24	AA 2219
M25	AA 5083, AA 5086, AA 5456
M26	A 201.0, 354.0, C355.0, 356.0, 357.0, 359.0, 443.0, A444.0, 514.0, 535.0
M27	AA 7005

Tabla 73. Grupos de METAL DE APORTACIÓN para elaborar WPSs, según AWS D1.2/D1.2M.

Grupo Metal de Aportación según AWS para WPS	Clasificación aleaciones de aluminio (AA) y ASTM B26/B26M
F21	ER1100, ER1188, R1100, R1188
F22	ER5183, ER5356, ER5554, ER5556, ER5654, R5183, R5356, R5554, R5556, R5654
F23	ER4010, ER4043, ER4047, ER4145, ER4643, R4010, R4043, R4047, R4145, R4643
F24	ER4009, R206.0, R357.0, R-A356.0, R-A357.0, R4009, R-C355.0, R4011
F25	ER2319, R2319

La preparación y acabado de las probetas de plegado, se realizarán de acuerdo con AWS D1.2/D1.2M, y se muestran en la figura 214.

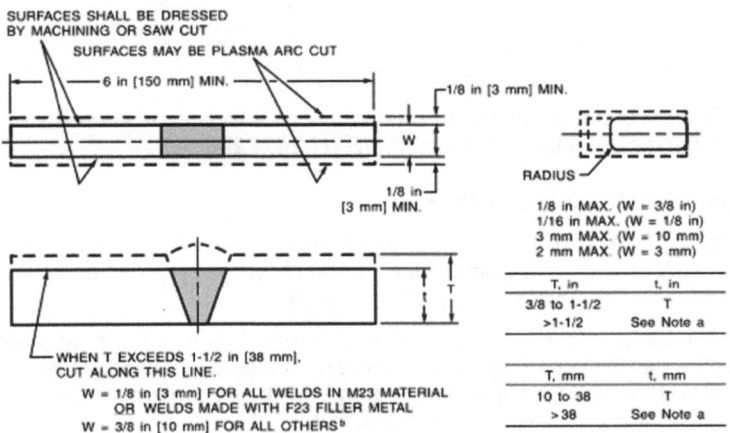

Figura 214. Acabado y dimensionado de probetas de plegado según AWS.

La inspección visual también se aplica a todas las soldaduras a ambos lados del cuerpo del tanque, así como a los accesorios y las juntas entre el cuerpo y el piso,

donde estas últimas juntas, también se someten a una inspección mediante líquidos penetrantes y ultrasonidos.

La inspección radiológica según AWS D1.2/D1.2M, se realizará de forma automatizada con equipos de rayos X con ventana de berilio y de bajo Kilovoltaje, y de acuerdo con lo mostrado en la figura 215.

Una vez que las soldaduras de un nuevo tanque de almacenamiento aprueban todas estas inspecciones, el tanque se considera listo para el servicio. Si se requieren reparaciones durante su vida útil, deben emplearse métodos de inspección similares para el tipo particular de reparación efectuada.

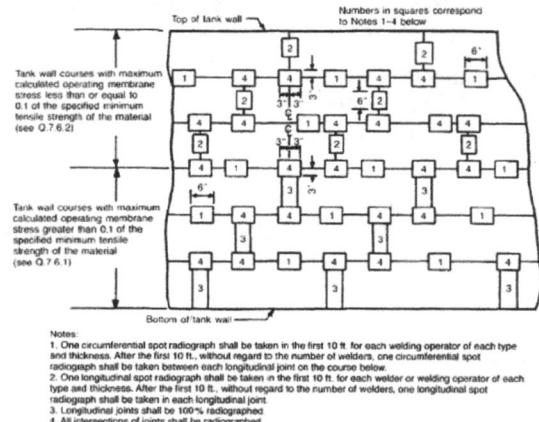

Figura 215. Ensayos radiográficos en uniones a tope en el cuerpo y el fondo del tanque interior. Fuente: AWS D1.2/D1.2M.

11.2.9. CONSIDERACIONES FINALES

Las ventajas de la aleación de AA 5083-O quedan expresadas en el punto 1. Su resistencia, tenacidad en frio, soldabilidad y características para uso en contacto con líquidos y vapores criogénicos es la más adecuada.

Su velocidad de soldadura, así como el input térmico, es superior a las soldaduras del acero al 9% de Ni, el cual debe mantenerse dentro de unos valores inferiores para no disminuir su tenacidad a bajas temperaturas. Deben observarse cuidados sobre la limpieza, ausencia de suciedad y de humedad.

Aunque la soldadura de tanques metálicos de almacenamiento ya lleva décadas de vigencia, el uso de los equipos automatizados y digitalizados que ofrece la tecnología actual 4.0 ha introducido una tendencia en constante crecimiento. La meta apunta esencialmente al ahorro de tiempo, el menor desperdicio de material, una mayor productividad y la posibilidad de brindar estructuras que satisfagan las más diversas exigencias acordes con la normativa vigente. Por lo tanto, hacia ello se dirigen los diseños de nuevos equipos de soldadura automatizada para aleaciones de aluminio, con cada vez más y mejores prestaciones.

CAPÍTULO 12. REGASIFICACIÓN DEL GNL

El gas natural licuado deberá ser regasificado para ser usado como gas combustible, para generación de energía, para calentamiento, corte de materiales, en uso doméstico, etc. [68].

Para el transporte a muy largas distancias, por ejemplo, entre continentes separados, donde los gasoductos no son posibles, el gas puede transportarse en forma líquida como GNL (gas natural licuado), lo cual es una gran ventaja ya que su volumen disminuye 600 veces comparado con su estado gaseoso (figura 216). El gas se licua aproximadamente a -162 °C a la presión atmosférica.

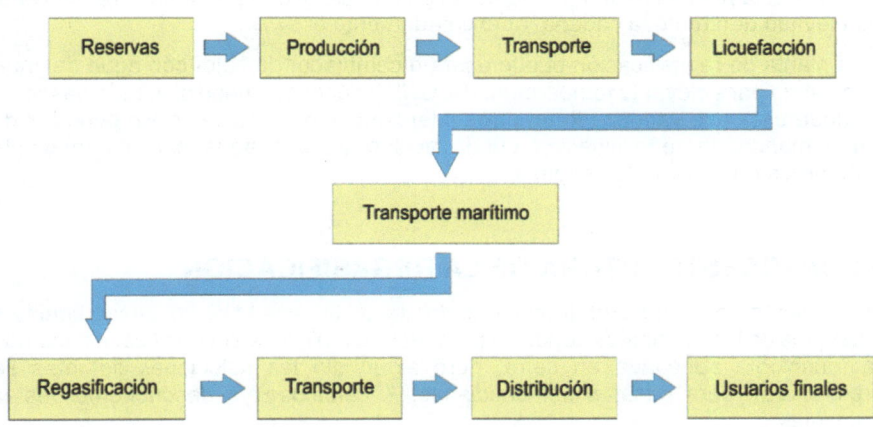

Figura 216. Esquema de la cadena de valor.

12.1. PROCESO DE REGASIFICACIÓN

Típicamente, el proceso de la regasificación, tiene lugar en grandes terminales, donde los buques LNG descargan en las instalaciones de éstas en estado líquido en los tanques, para después regasificarlo y distribuirlo por gasoductos. Alternativamente, el GNL se puede transportar en estado líquido en cisternas y regasificarlo en las proximidades de los consumidores [69].

La figura 217 muestra una planta satélite de regasificación remarcada.

| Extracción offshore | Refrigeración y licuefacción | Transporte | Regasificación y distribución | Consumidores |

Figura 217. La regasificación es el proceso de convertir el gas licuado a su estado gaseoso mediante calentamiento.

Recordemos que la regasificación es la última etapa del proceso. En ésta, el volumen del gas aumenta 600 veces, al cambiar de estado. Además, el gas se debe presurizar a la presión de transporte por el gasoducto, y que presenta el rendimiento más elevado dentro de la cadena, aproximadamente el 97%.

Una planta de regasificación puede usar un cambiador de calor con agua del mar, como medio para elevar la temperatura del GNL y hacer que pase al estado gaseoso. Se puede usar aire vaporizado en otros intercambiadores de calor. En periodos de gran demanda, la regasificación puede acelerarse con agua caliente mediante quemadores en el trayecto del gas natural.

12.2. INFRAESTRUCTURA DE LA REGASIFICACIÓN

Tradicionalmente, el gas será transferido desde los buques LNG en estado líquido a los tanques de las terminales donde se procederá a realizar la desgasificación usando una tecnología adecuada en tierra, pero algún día las soluciones flotantes se incrementarán para pasar a ser cotidianas. A continuación, describiremos estas tecnologías.

12.2.1. REGASIFICACIÓN EN TIERRA

En una terminal con regasificación en tierra (figura 218 a) y b)), el GNL se almacena en grandes tanques de unos 200.000 m³ y después es regasificado. Alternativamente, una unidad almacenadora flotante (FSU) se puede usar antes de su regasificación. Las tecnologías usadas para la regasificación han sido aire vaporizado y vaporizadores de combustión sumergidos. Otra solución es conectar una FSU a un módulo de regasificación situado en el pantalán junto al muelle.

Las terminales de regasificación en tierra a veces se colocan cerca de centrales eléctricas o plantas industriales para que puedan intercambiar calor para vaporizar el GNL con energía de enfriamiento para que las plantas aumenten la eficiencia total.

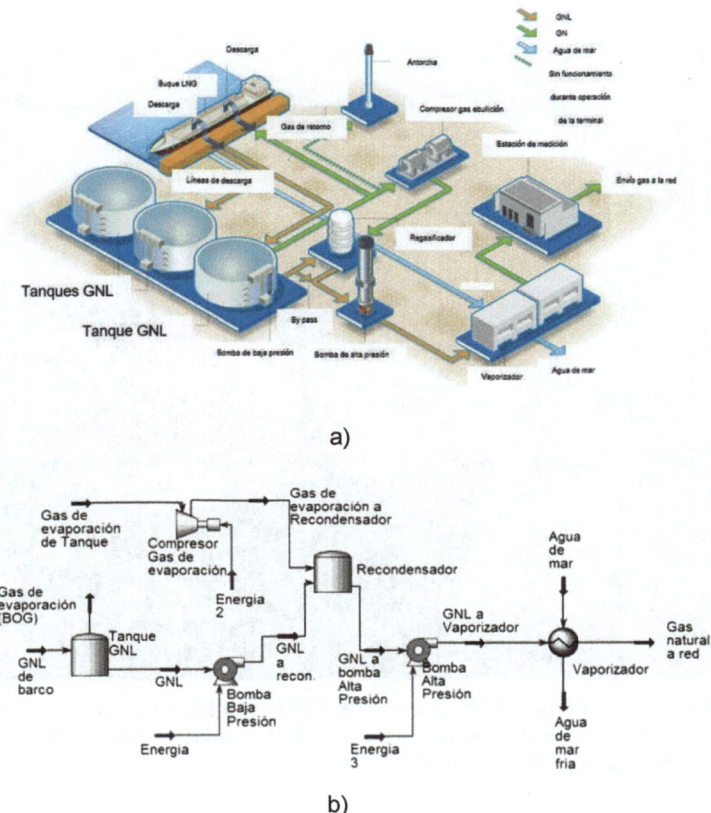

a)

b)

Figura 218. a) Terminal regasificadora en tierra. b). Diagrama de flujo terminal de regasificación simulado.

12.2.2. ALMACENAMIENTO FLOTANTE Y REGASIFICACIÓN

Una unidad flotante de almacenamiento y regasificación (FSRU) es una terminal flotante con instalaciones de almacenamiento y regasificación. Estas unidades pueden diseñarse específicamente con el fin de almacenar y regasificar GNL o ser buques metaneros modificados.

En lugar de utilizar una única instalación flotante, la FSRU, tanto para almacenar como para regasificar GNL, es posible separar estas acciones y realizarlas en dos unidades separadas. Los dos componentes son la unidad de almacenamiento flotante (FSU) y la unidad de regasificación flotante (FRU), figura 219, que en total realizan la misma tarea que la FSRU. Las tuberías o mangueras que transfieren GNL y el exceso de BOG (empantanamiento) marcan la interfaz entre las dos unidades. Esta solución puede ser más económica que utilizar una FSRU y encaja bien en áreas con aguas tranquilas [70].

Figura 219. Una unidad (FSU) y otra (FRU) se utilizan para almacenar y regasificar el GNL que se descarga de los buques LNG a la FSU. Fuente: https://petronetlng.in/

12.2.3. UN CAMBIO HACIA TERMINALES FLOTANTES

La construcción de una terminal de regasificación en tierra es una gran inversión a largo plazo que requiere la certeza de un suministro continuo de GNL. Una FSRU, por otro lado, puede ser fletada por tiempo, moviendo los gastos de capital a los gastos operativos. La conversión de antiguos buques LNG a FSRU también permite plazos de entrega cortos. Sin embargo, las restricciones sobre las FSRU incluyen limitaciones de capacidad y vida útil, donde en muchos casos serán superadas por una terminal de regasificación en tierra.

Debido a su precio relativamente razonable, la FSRU se está volviendo cada vez más popular y se prevé que desempeñe un papel importante junto con la futura tecnología de GNL.

La figura 220, nos muestra una terminal flotante, que dispone de tanques de almacenamiento de GNL y una planta de regasificación.

Figura 220. Terminal flotante

12.2.4. EL VAPORIZADOR

El equipo de mayor relevancia de una planta de regasificación es el vaporizador o evaporador del GNL, que consiste en un intercambiador de calor que transforma el estado líquido del gas en estado gaseoso, por medio de un aporte de calor, para poder ser distribuido por la red de suministro al consumidor.

La regasificación se realiza a una presión elevada, entre unos 70 a 80 bares, debido a que, si se quiere inyectar a la red, es más fácil elevar la presión a un líquido que a un gas.

Los vaporizadores más utilizados son:

Vaporizador de tablero abierto (Open Rack Vaporizer ORV). Está constituido por paneles verticales de tubos aleteados, fabricados con aleación de aluminio normalmente AA 3003, por donde en su interior, entra el GNL, de abajo a arriba, calentado a lo largo de su recorrido por una cortina de agua de mar a temperatura ambiente. El vaporizador está diseñado para que la caída de temperatura sea de 5 ° C aproximadamente, y además el agua debe recibir un tratamiento para evitar incrustaciones o posible crecimiento de algas marinas dentro de los tubos. También deben ser consideradas las condiciones químicas de descarga del agua del mar, ya que puede causar impactos negativos al medio ambiente.

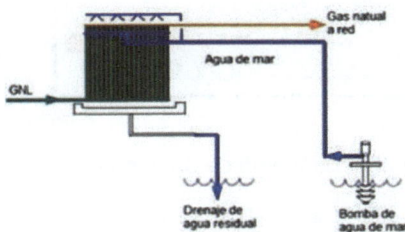

Figura 221. Esquema vaporizador ORV.

Figura 222. Vaporizador ORV.

-   Vaporizador de Combustión Sumergida (Submerged Combustion Vaporizer SCV): El GNL circula por tuberías, sumergidas en un baño de agua calentada por la combustión de gas natural.

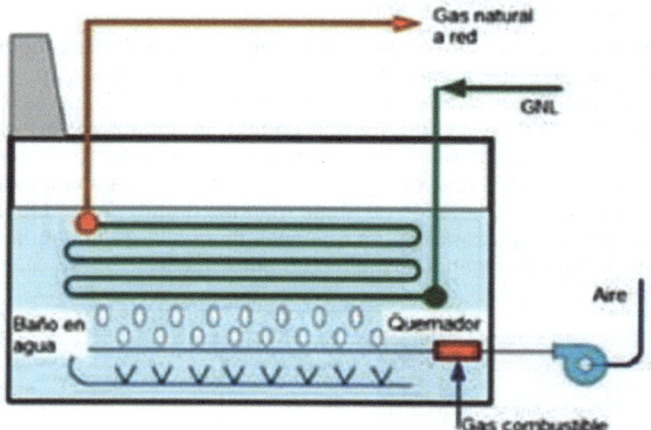

Figura 223. Esquema de un vaporizador SCV.

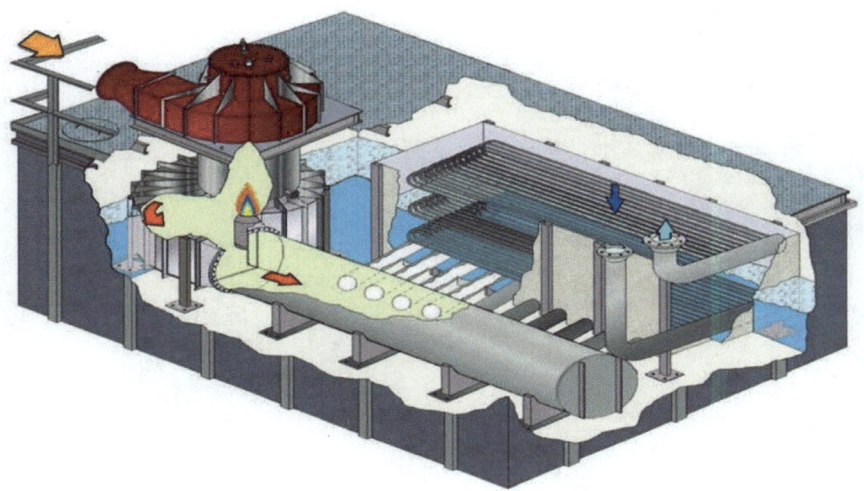

Figura 224. Vista interior de un vaporizador SCV.

- Vaporizadores de carcasa y tubo (Shell and Tube Vaporizer STV). Requieren de una fuente externa de calor, típicamente una mezcla de agua / glicol.

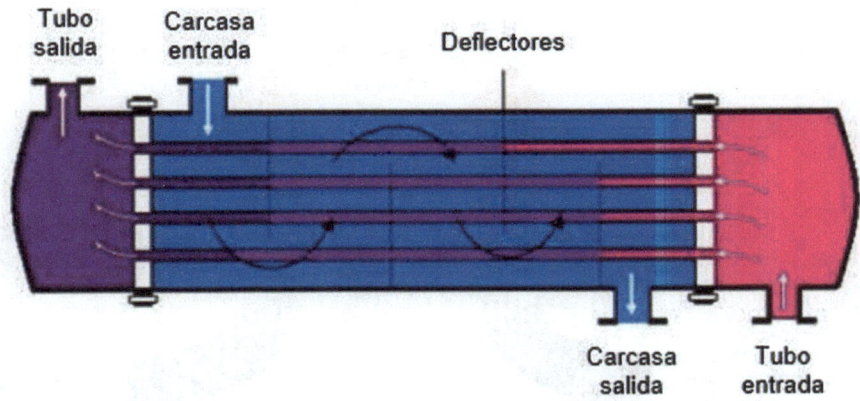

Figura 225. Esquema de un vaporizador STV.

Figura 226. Vista de un vaporizador STV.

- Vaporizadores de aire ambiental o atmosférico (Ambient Air Vaporizer AAV). Utilizan el aire ambiental como fuente de calor para vaporizar el GNL.

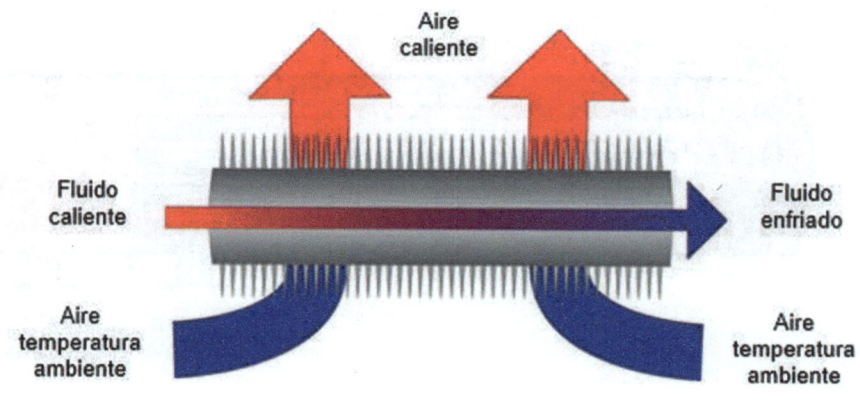

Figura 227. Esquema de funcionamiento de un vaporizador AAV.

Figura 228. Vaporizador AAV. Fuente: https://www.gmsthailand.com/.

Los vaporizadores atmosféricos son intercambiadores de calor relativos que vaporizan gas licuado utilizando el calor absorbido del aire ambiente. El GNL pasa a través de una serie de tubos interconectados en varias series y caminos paralelos. Debido a este simple principio de operación, estos vaporizadores no tienen partes móviles, lo que da como resultado un OPEX* cero y bajos costos de mantenimiento. Además, los vaporizadores de aire ambiental se encuentran en una amplia gama de aplicaciones en toda la industria. La función del vaporizador atmosférico para GNL es transformar gas natural licuado en gas natural (GN). El mecanismo de transferencia de calor en el vaporizador es la transferencia de calor por convección del aire ambiental para calentar el GNL en estado líquido para convertirlo en vapor o gas natural. Posteriormente, el gas natural se suministrará a los clientes para su utilización como combustible en plantas industriales o de generación de energía. Los vaporizadores de aire atmosféricos representan el equipo más rentable para vaporizar o regasificar líquidos criogénicos. Los componentes del vaporizador que son importantes para la transferencia de calor entre el GNL y el aire ambiente son los tubos revestidos con aluminio para mejorar el área de transferencia de calor, como se muestra en la imagen. Esta característica puede ayudar a que el vaporizador sea más compacto.

*Un **OPEX**, del inglés "Operational expenditures", es un costo permanente para el funcionamiento de un producto, negocio o sistema. Puede traducirse como gasto de funcionamiento, gastos operativos, o gastos operacionales.

Figura 229. Tubos revestidos con aluminio en espiral.

Los vaporizadores de aire ambiental o atmosférico pueden clasificarse como:

- o Vaporizador ambiental de baja presión para que la presión no supere los 40 bares.

- o Vaporizador ambiental de alta presión para cuando la presión es mayor o igual a 40 bares.

- o Vaporizador forzado por ventilador para controlar el flujo de aire de manera eficiente.

- o Vaporizador móvil en marco para aplicación localizable.

- o Vaporizadores generadores de presión para controlar la presión en un tanque de almacenamiento.

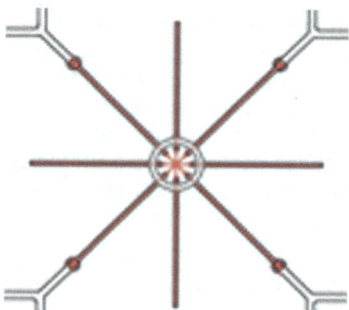

Figura 230. Tubo de aletas de un vaporizador AAV. Fuente:
https://www.gmsthailand.com/.

Figura 231. Formas distintas de perfiles y tubos de aletas de un vaporizador AAV. Fuente: https://www.gmsthailand.com/product/lng-ambient-air-vaporizer-aav/.

La transferencia de calor y masa del vaporizador enfriado por aire se divide principalmente en tres partes: la transferencia de calor por convección natural fuera del tubo, la conducción de calor en la pared del tubo y la transferencia de calor por convección entre el GNL y el tubo con aletas, como se muestra en la figura 232. La transferencia de calor y masa en el tubo que transporta GNL y el tubo de aletas es una transferencia de calor de ebullición por convección forzada en el proceso de transferencia de calor de Zhang, y se puede describir de la siguiente manera: la mezcla de GNL entra en el fondo del vaporizador, absorbiendo calor constantemente, la temperatura aumenta gradualmente, cuando la temperatura alcanza el punto de ebullición (la vaporización del líquido), el primero es el grupo de burbujas de metano bajo las burbujas de aire, luego se vaporizaron el etano y el propano, lo que hace que

cambie la composición del líquido; a medida que la temperatura continúa aumentando, cuando la mezcla alcanza el punto de rocío, todo el gas de gasificación líquido después de la gasificación, sale de la parte superior del carburador, exporta el gas del carburador e importa los componentes líquidos del mismo. El GNL en el proceso de gasificación de tubos con aletas consta de tres partes, a saber, fase líquida, región de dos fases gas-líquido y área de fase gaseosa.

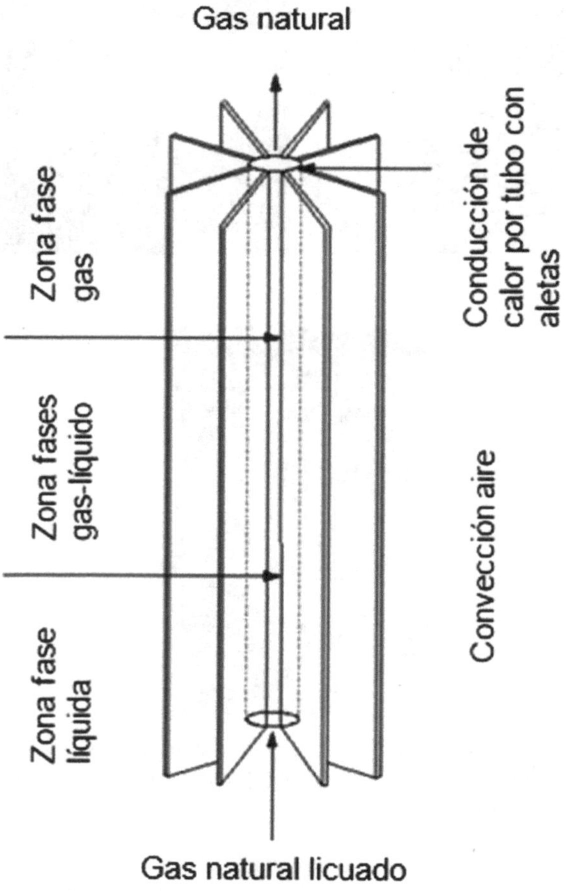

Figura 232. Diagrama esquemático de la transferencia de calor y masa en un tubo con aletas.

Por la parte inferior del tubo asciende el gas natural licuado que, debido a los fenómenos de convección por aire y conducción por las aletas del tubo, pasa de fase líquida a una fase intermedia gas-líquido, para terminar, saliendo por la parte superior del tubo como gas natural.

Las figuras 233 y 234 nos muestran el funcionamiento de un vaporizador atmosférico y tubería de un vaporizador tradicional y otro termoeléctrico (TEG).

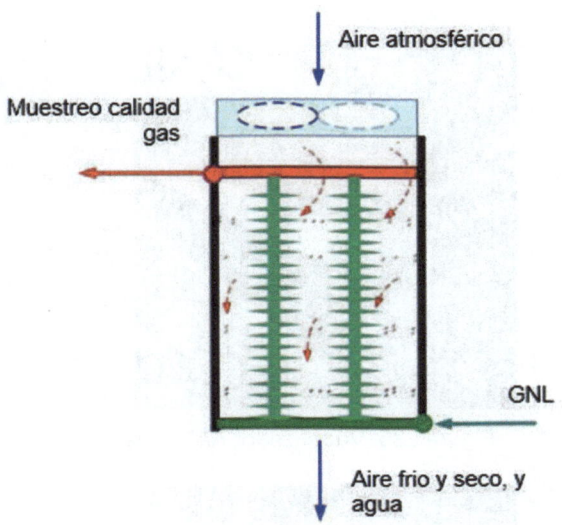

Figura 233. Funcionamiento de un vaporizador atmosférico.

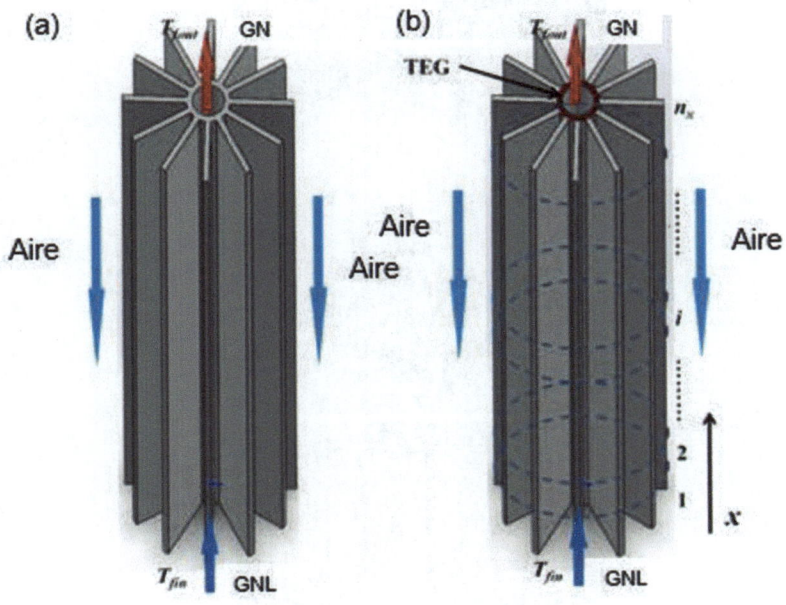

Figura 234. (a) Tubo de vaporizador tradicional. (b) Tubo de vaporizador con generador termoeléctrico (TEG).

Figura 235. Vaporizador AAV.

Figura 236. Tipos e instalaciones de vaporizadores AAV. Fuente:
https://www.gmsthailand.com/product/lng-ambient-air-vaporizer-aav/.

ANEXO: CRIOGENIA Y GAS NATURAL

A.1. DEFINICIONES DE CRIOGENIA

Criogenia es la denominada ciencia del frío; la palabra procede del griego "Kryos" que significa "frío gélido", y consiste en la técnica de la licuefacción de gases, que data del siglo XIX, cuando Michael Faraday experimentó con diferentes tipos de gases, entre ellos el gas natural. Karl Von Linde, ingeniero alemán, construyó la primera instalación experimental de licuefacción de gases en 1.873. James Dewar diseñó un recipiente especial para el almacenamiento de los líquidos criogénicos. La primera planta de GNL (Gas Natural Licuado) fue construida en West Virginia en 1.912, comenzando a operar en 1.917. La primera planta de licuefacción comercial fue construida en Cleveland, Ohio, en 1.941; el GNL fue almacenado en tanques a la presión atmosférica. La licuefacción reduce el volumen del gas en unas 600 veces, lo que hace mucho más económico su transporte [71].

Otra definición de Criogenia: "La rama de la Física que se ocupa de la producción de temperaturas muy bajas y los fenómenos que ocurren a estas temperaturas".

Se denomina erróneamente criogenia a la criónica o criopreservación, que es el conjunto de técnicas utilizadas para preservar, utilizando temperaturas muy bajas, personas legalmente muertas, o animales, para una posible reanimación, cuando la ciencia y la tecnología futura puedan remediar toda enfermedad y revertir el daño debido al proceso de criopreservación.

Uno de los usos más frecuentes de la criogenia está vinculado a los materiales superconductores (que, bajo ciertas condiciones, pueden desarrollar la conducción de la corriente eléctrica sin resistencia y sin que se registren pérdidas de energía). Para que se genere la superconductividad, es necesario alcanzar temperaturas muy bajas, inferiores a los -138 °C. La criogenia, en este marco, permite que los imanes superconductores de los equipos de resonancia magnética nuclear se mantengan a la temperatura que necesitan.

En la industria, la criogenia se refiere a temperaturas por debajo de -73 °C. Los puntos de ebullición de los gases industriales más utilizados son los siguientes:

Tabla 74. Punto de ebullición de los gases industriales más utilizados.

Tipo de gas	Temperatura °C
Butano	0
Butadieno	-4
Amoniaco	-33
Cloro	-34
Propano	-42
Propileno	-47
Dióxido de Carbono	-51
Etileno	-103
Metano	-162
Oxígeno	-183
Argón	-186
Nitrógeno	-196
Hidrógeno	-253
Helio	-269

A.2. EL GAS NATURAL

El gas natural (GN) es un hidrocarburo mezcla de gases ligeros de origen natural. Principalmente contiene metano. Normalmente incluye cantidades variables de otros alcanos y a veces un pequeño porcentaje de dióxido de carbono, nitrógeno, ácido sulfhídrico y helio. Se forma cuando varias capas de plantas en descomposición y materia animal se exponen a calor intenso y presión bajo la superficie de la Tierra durante millones de años. La energía que inicialmente obtienen las plantas del Sol se almacena en forma de enlaces químicos en el gas. Constituye una importante fuente de energía fósil liberada por su combustión. Se extrae de yacimientos independientes (gas no asociado) o junto a yacimientos petrolíferos o de carbón (gas asociado a otros hidrocarburos y gases).

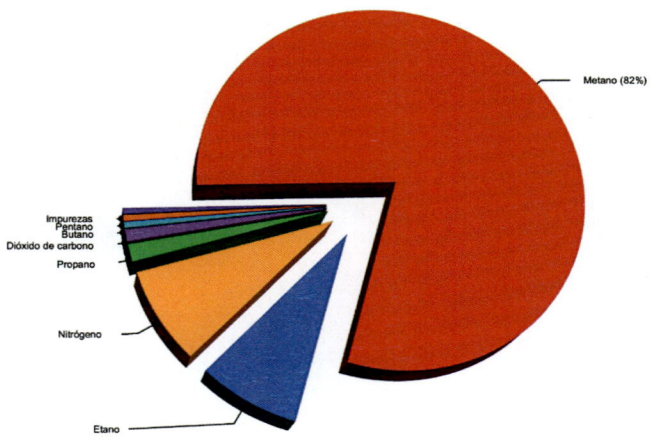

Figura 237. Composición típica del gas natural en yacimiento.

Se espera que el mercado de equipos industriales criogénicos muestre un tremendo crecimiento en la próxima media década: alrededor del 6,4% CAGR (Tasa de Crecimiento Anual Compuesto), entre el año 2.025 y 2.030. El valor de mercado de los equipos criogénicos fue de 18.420 millones de USD en 2.018 y se espera que aumente a 31.680 millones de USD para 2.026. La economía de un país se basa principalmente en su industria manufacturera; por lo que el crecimiento y expansión del sector manufacturero e industrial es una prioridad para los países que buscan estabilidad económica. Los equipos criogénicos pueden ser un factor vital en este crecimiento. Los tanques de GNL y los microtanques a granel desempeñarán un papel importante en la expansión del mercado de equipos criogénicos en este período. Rusia y Qatar son los mayores productores de GN del mundo en la actualidad. Obviamente requieren tanques para el almacenamiento de GNL.

Según BP, las reservas probadas a finales de 2.017 se situaban en 193,5 billones (10^{12}) de metros cúbicos, suficientes para mantener la producción actual mundial durante 55 años más.

Oriente Medio es la zona geográfica con mayores reservas con un 43% del total mundial (destacan Irán y Qatar), seguido de Asia Central con un 31% (principalmente Rusia y Turkmenistán).

Aunque su composición varía en función del yacimiento, su principal especie química es el gas metano 79 a 97% (en composición molar o volumétrica) y supera comúnmente el 90% (p. ej. en el pozo West Sole del mar del Norte). Contiene además otros gases como: etano (0,1 a 11,4%), propano (0 a 13,7%), butano (menos del 0,7%), nitrógeno (0,5 a 6,5%), dióxido de carbono (menos de 1,5%), impurezas (vapor de agua, derivados del azufre) y trazas de hidrocarburos más pesados, mercaptanos, gases nobles, etc. (Las cifras se refieren al gas depurado comercializado en España).

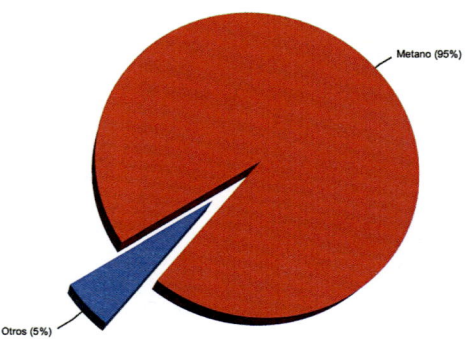

Figura 238. Composición media del gas natural depurado.

Como ejemplo de compuesto contaminante asociado al gas natural cabe mencionar el CO_2 (dióxido de carbono), que alcanza la concentración del 49% en el yacimiento de Kapuni (Nueva Zelanda).

El GN es incoloro e inodoro, no es corrosivo ni tóxico. Sin embargo, como cualquier gas, una vez vaporizado puede causar asfixia en un lugar sin ventilación.

Durante la extracción, algunos gases que forman parte de su composición natural se separan por diferentes motivos: por su bajo poder calorífico (p. ej. nitrógeno y dióxido de carbono), porque pueden condensarse en los gasoductos (al tener una baja temperatura de saturación) o porque dificultan el proceso de licuefacción de gases (como el dióxido de carbono, que se solidifica al producir gas natural licuado). El CO_2 se determina habitualmente con los métodos estándar ASTM D1137 o ASTM D1945.

Tabla 75. Composición del GN por orígenes distintos, una vez depurados (% mol).

ORIGEN	METANO	ETANO	BUTANO	PROPANO	NITRÓGENO
Alaska	99,72	0,06	0,0005	0,0005	0,20
New Cork	98,00	1,40	0,10	0,40	0,10
Baltimore	93,32	4,65	0,18	0,84	1,01
San Diego	92,00	6,00	---	1,00	1,00
Argelia	86,98	9,35	0,63	2,33	0,71

El propano, el butano y otros hidrocarburos más pesados también se separan porque dificultan que la combustión del gas natural sea eficiente y segura. El agua (vapor) se elimina por estos motivos y porque a presiones elevadas forma hidratos de metano, que obstruyen los gasoductos. Los derivados del azufre se depuran hasta concentraciones muy bajas para evitar la corrosión, la formación de olores y las emisiones de dióxido de azufre (causante de la lluvia ácida) tras su combustión. La detección y la medición de sulfuro de hidrógeno (H_2S) se efectúa siguiendo los métodos estándar ASTM D2385 o ASTM D2725.

Por último, para su uso doméstico se le añaden trazas de mercaptanos (entre ellos el metil-mercaptano CH_4S), que permiten su detección olfativa en caso de fuga.

En el siglo XIX comenzó a extraerse y a canalizarse hacia las ciudades estadounidenses como combustible para iluminación. Cuando llegó la electricidad, comenzó a emplearse en calefacción, en agua caliente sanitaria y en la industria metalúrgica. Conforme mejoró la tecnología de soldadura tras la Segunda Guerra Mundial fue aumentando la capacidad de transporte hacia los consumidores.

Se trata de un combustible muy versátil y con menos emisiones de CO_2 en su combustión que el resto de los combustibles fósiles. Sus principales usos son:

- calefacción de edificios y procesos industriales, mediante calderas,
- centrales eléctricas de alto rendimiento, como son las de ciclo combinado gas-vapor,
- centrales de cogeneración, que, mediante la producción simultánea de electricidad y calor, alcanzan rendimientos energéticos elevados,
- como gas natural vehicular, combustible cada vez más empleado en camiones, autobuses y buques, en forma de gas natural comprimido (GNC) o gas natural licuado (GNL),
- como pila de combustible para generar energía eléctrica en vehículos de hidrógeno.

Su obtención o extracción es más sencilla y económica en comparación con otros combustibles. La licuefacción del gas natural se produce por la acción combinada de la compresión y la refrigeración a bajas temperaturas. El GNL permite su transporte marítimo a largas distancias y sin la necesidad de infraestructuras terrestres, mediante buques metaneros.

El poder calorífico superior del combustible es de 10,45 a 12,80 kWh/m³ (metro cúbico en condiciones normales, es decir, a 0 °C y 1 atm).

El CO_2 emitido a la atmósfera tras la combustión del gas natural es un gas de efecto invernadero que contribuye al calentamiento global de la Tierra. Esto se debe a que es transparente a la luz visible y ultravioleta, pero absorbe la radiación infrarroja que emite la superficie de la Tierra al espacio exterior, ralentizando el enfriamiento nocturno de esta.

La combustión del gas natural produce menos gases de efecto invernadero que otros combustibles fósiles como los derivados petrolíferos (fuelóleo, gasóleo y gasolina) y especialmente que el carbón. Además, es un combustible que se quema de forma más limpia, eficiente y segura y no produce dióxido de azufre (causante de la lluvia ácida) ni partículas sólidas.

La razón por la cual produce poco CO_2 es que la molécula de su principal componente, el metano, contiene cuatro átomos de hidrógeno por cada uno de carbono. Así, se producen dos moléculas de agua por cada una de CO_2, mientras que los hidrocarburos de cadena larga (p. ej. los contenidos en el gasóleo) producen prácticamente solo una molécula de agua por cada una de CO_2 (además, la entalpía estándar de formación del agua es muy elevada).

En el gas natural renovable, la molécula de CO_2 liberada a la atmósfera en su combustión es igual a la molécula tomada de la atmósfera, por las bacterias para crear el metano en el proceso de putrefacción.

Sin embargo, los escapes de gas natural que se producen en los pozos suponen un aporte muy significativo de gases de efecto invernadero, ya que el metano equivale a 23 veces el efecto invernadero que el dióxido de carbono (datos del IPCC). Por ejemplo, el accidente de Marzo de 2.012 en la plataforma petrolífera Elgin (operada por la petrolera Total en el Mar del Norte) supuso un escape de unos 5,5 millones de m³ diarios.

Como la densidad del metano en condiciones estándar es 0,668 kg/m³ el escape fue de 3.674 toneladas diarias, que equivalen a 84.502 toneladas diarias de dióxido de carbono. La duración de la detención de dicho escape se estimó en 6 meses, lo que suponen 15 millones de toneladas equivalentes de dióxido de carbono (las emisiones industriales de Estonia en el año 2.009).

Después de la crisis del petróleo se confirmó que el gas natural vendría a ser una fuente adicional de energía importante. El principal componente del gas natural es el metano (CH_4), la proporción de éste varía desde el 71% en el gas natural de Libia, al 99,72% en el gas natural de Alaska.

Como consecuencia de la necesidad de los países industrializados de gas natural, se ha desarrollado una tecnología para su extracción, transporte, almacenamiento y consumo, jugando en esto un importantísimo papel el aluminio y sus aleaciones. Como su transporte y almacenamiento es más económico en estado líquido (temperaturas criogénicas), lo que representa problemas de tenacidad a bajas temperaturas en los materiales, la aleación AA 5083, aporta la ventaja de su poco peso y además no presenta ningún problema de fragilidad a bajas temperaturas.

Como el gas natural no contiene monóxido de Carbono (CO) no es venenoso. Su densidad en estado gaseoso varía de 0,738 a 0,78 kg/m³ y en estado líquido varía de 425 a 475 kg/m³, de acuerdo con su composición. Dependiendo de la zona donde se encuentre, su valor calorífico está comprendido entre 7.200 y 10.900 kcal/m³.

El factor de conversión del m³ de gas natural a kWh depende del poder calorífico del gas suministrado 1kWh= 860 kcal = 3.600 kJ.; 1m³ de gas natural ≈ 8.460 kcal (gas seco).

Gas natural calidad superior baja = 10,45 kWh/ m³.

Gas natural calidad superior elevada = 12,80 kWh/ m³.

Un ejemplo para comprender la factura en nuestras viviendas (figura 239), es el siguiente: Existen dos tipos de tarifas:

Tarifa 3.1 Vivienda consumo ≤ 5.000 kWh/año.

Tarifa 3.2 Vivienda consumo > 5.000 a 50.000 kWh/año.

Como en nuestras facturas figura la lectura del contador en m³ y se paga a precio de kWh y esta varía según la calidad del lugar de extracción, o sea factor de conversión, por lo tanto, es imposible controlar su precio, y depende fundamentalmente del origen del gas.

El precio del kWh en Abril de 2.022 fue de 0,053115 €/kWh, el factor de conversión aplicado es de 1m³ = 11,643 kWh y el termino fijo por día de 0,178849 €/día. El impuesto especial sobre hidrocarburos a esa fecha es de 0,002340 €/kWh, y a esa suma se le carga el 21% de IVA, actualmente, el IVA reducido es del 5%.

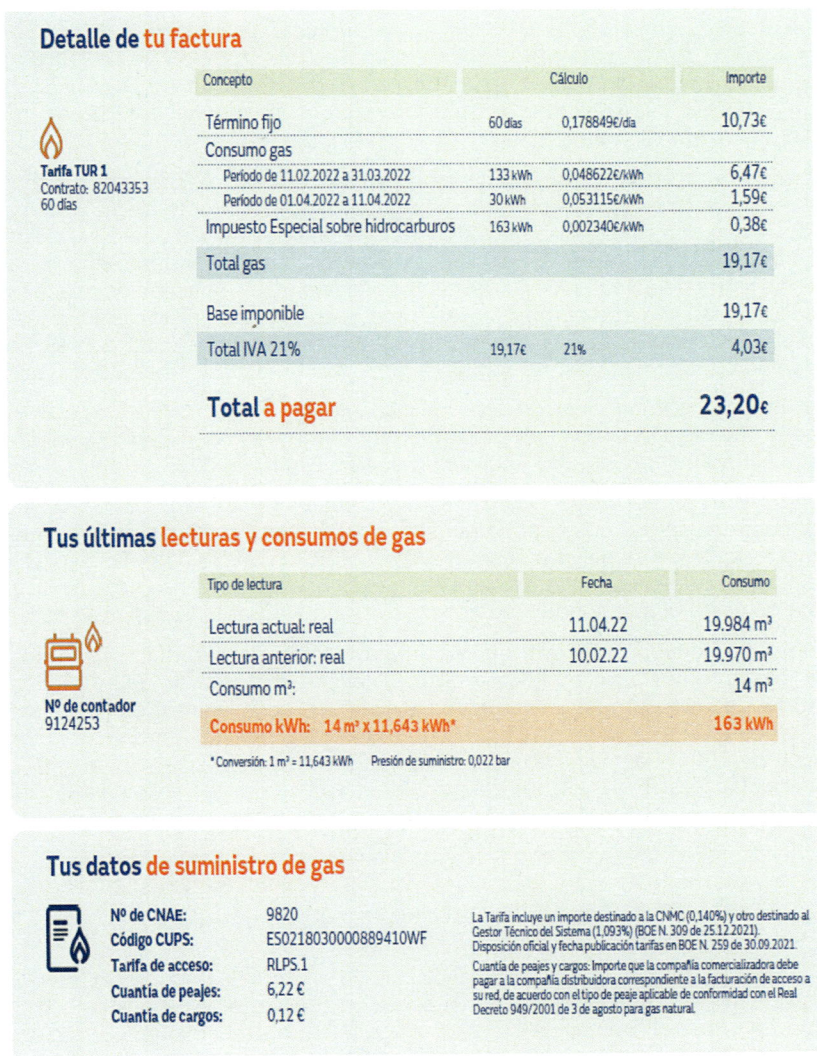

Figura 239. Factura de gas natural de un hogar español.

A.3. INFORME MUNDIAL DE GNL 2.023

En Julio de 2.023 la Unión Internacional del Gas (IGU, por sus siglas en inglés) publicó la 14.ª edición anual del Informe mundial del gas natural licuado (GNL), [71]

De acuerdo con dicho informe, el comercio mundial de GNL alcanzó un nuevo récord de 401,5 Mt en 2022, conectando 20 mercados de exportación con 46 mercados de importación. El aumento de 25,4 Mt fue impulsado por un aumento en la demanda de GNL en Europa para compensar la caída de los flujos de gasoductos desde Rusia. A pesar de varias interrupciones inesperadas en el suministro de GNL, la tasa de crecimiento anual del 6,8% en el comercio de GNL fue superior al 4,5% observado en 2021. A partir de Abril de 2023, el comercio global de GNL conectó 20 mercados exportadores con 48 mercados con infraestructura de importación, y un mercado de GNL cada vez más globalizado hizo posible redirigir volúmenes masivos de energía en cuestión de meses.

En 2022, la capacidad de licuefacción global creció un 4,3 % hasta un total de 478,4 millones de toneladas por año (Mtpa), y el 75 % del aumento en 2022 provino de EE. UU., lo que le otorga la mayor capacidad de licuefacción operativa del mundo (88,1 Mtpa). El volumen de capacidad de licuefacción aprobada disminuyó a 25,2 Mtpa en comparación con las 50 Mtpa aprobadas en 2021. Los precios muy elevados en la entrada al mercado europeo ayudaron a hacer posible la redirección masiva de los flujos de GNL de Asia a Europa y equilibraron el mercado a corto plazo, al mismo tiempo que causaron la destrucción de la demanda en algunos mercados asiáticos.

Los puntos de referencia de precios al contado asiático, tradicionalmente más elevados, se negociaron con un descuento en el mercado europeo por primera vez durante el 85% del período de Febrero de 2022 a Enero de 2023.

Según la IGU, en 2022, los mercados mundiales de gas, que ya estaban visiblemente ajustados en el período posterior a Covid de 2021, se vieron empujados a una gran crisis de suministro después del inicio del conflicto entre Rusia y Ucrania. La disminución del gasoducto ruso dejó un déficit estructural de suministro de gas en Europa continental que condujo a una lucha para restaurar la seguridad energética.

Europa proporcionó primas de precio más elevadas que el resto del mundo para atraer cargamentos adicionales de GNL, y los productores de EE. UU. lograron exportar 55,2 Mt a Europa, un aumento del 148% en comparación con los niveles de 2021, a pesar de que Freeport LNG en Texas se desconectó luego de un accidente en Junio de 2022. Los volúmenes de GNL de EE. UU. representaron el 44% de las importaciones totales de GNL de Europa, mientras que Europa representó el 69% de las exportaciones totales de GNL de EE. UU. el año pasado.

El GNL finalmente salvó el día a día, manteniendo la seguridad energética de Europa y permitiéndole pasar el invierno de 2022 y mantener las luces encendidas, ya que Europa importó más del 66 % más de GNL en 2022 (+50,4 Mt), compensando la escasez de energía.

El caso de 2022 dejó en claro que el GNL es la energía flexible que será necesaria para que el mundo continúe de manera segura en el viaje de la transición energética». El GNL ha vuelto a demostrar su valor esencial como recurso energético flexible, fiable y disponible para una transición energética segura

A partir de abril de 2023, el comercio global de GNL conectó 20 mercados de exportación con 48 mercados de importación, mostrando la creciente globalización del mercado de GNL y su capacidad para redirigir volúmenes masivos de energía en cuestión de meses.

PUNTOS DESTACADOS DEL INFORME:

Capacidad de Licuefacción Global: En 2022, la capacidad de licuefacción del mundo experimentó un crecimiento notable del 4,3%, alcanzando un total de 478,4 millones de toneladas por año (Mtpa). Estados Unidos contribuyó significativamente a este aumento, representando el 75% de la expansión y asegurando su posición como la mayor capacidad operativa de licuefacción a nivel mundial, con 88,1 Mtpa. Sin embargo, el volumen de capacidad de licuefacción aprobada disminuyó a 25,2 Mtpa en 2022, en comparación con las 50 Mtpa aprobadas el año anterior.

Capacidad de Regasificación: En 2022 también se aprobó una nueva capacidad de regasificación récord, y algunas se pusieron en funcionamiento, en un tiempo récord en Europa. Más de 10 mercados europeos, incluidos Alemania, los Países Bajos, Finlandia, Francia, Croacia e Italia, han iniciado la construcción de nuevas infraestructuras desde que estalló el conflicto entre Rusia y Ucrania. Esto incluye 26 proyectos con una capacidad de regasificación combinada de 104,5 Mtpa. De estos, seis han sido encargados. Otras cuatro terminales están en construcción, con una capacidad total de 18,8 Mtpa. Alrededor del 70% de la nueva capacidad provendrá de terminales flotantes.

Precios: Los precios elevados observados en el mercado europeo incentivaron la redirección de los flujos de GNL de Asia a Europa, equilibrando efectivamente el mercado de corto plazo. Sin embargo, este cambio también dio lugar a la destrucción de la demanda en algunos mercados asiáticos. Por primera vez, los índices de referencia del mercado al contado asiático, tradicionalmente de mayor precio se negociaron con un descuento en el mercado europeo del 85%, durante período de febrero de 2022 a enero de 2023.

Cambio del Mercado Asiático de GNL: La demanda asiática de GNL experimentó reducciones significativas en muchos lugares. En particular, China e India, los dos mercados de GNL de más rápido crecimiento en los últimos años, redujeron sus importaciones en un 19,3% y un 17,7%, respectivamente. Esta caída estuvo impulsada principalmente por la mencionada redirección de los flujos de GNL a Europa debido a los atractivos precios ofrecidos en el mercado europeo. Sin embargo, es importante tener en cuenta que la moderación de precios observada a principios de 2023 no elimina el riesgo continuo de un retorno a las condiciones desafiantes experimentadas en 2022.

A.4. TENDENCIA DEL MERCADO DE GAS NATURAL LICUADO EN LA DÉCADA 2.023-2.033.

El mercado de gas natural licuado (GNL) ha crecido rápidamente en los últimos años y se espera que continúe haciéndolo en la próxima década. La demanda de GNL está impulsada por varios factores, incluida la creciente necesidad de fuentes de energía más limpias, el crecimiento de la producción de gas natural y la expansión del mercado energético mundial. [72,73]

Una de las principales tendencias en el mercado de GNL es la creciente demanda de Asia, particularmente de China e India. Estos países están experimentando un importante crecimiento económico, lo que lleva a un aumento en la demanda de energía. El uso cada vez mayor de gas natural en el sector de generación de energía, junto con el aumento de la demanda de combustibles de combustión más limpia, ha llevado a un aumento en las importaciones de GNL.

Otra tendencia importante en el mercado de GNL es el creciente número de nuevos proyectos de licuefacción. Varios países, incluidos Estados Unidos, Rusia y Qatar, han invertido mucho en nuevos proyectos de GNL en los últimos años. Estos proyectos tienen como objetivo aumentar la capacidad de producción de GNL y satisfacer su creciente demanda.

A pesar del potencial de crecimiento del mercado de GNL, existen varios desafíos que deben abordarse. Uno de los principales desafíos es el elevado costo de construir nueva infraestructura de GNL, como plantas de licuefacción, terminales de regasificación y buques de transporte. La volatilidad de los precios del GNL también es motivo de preocupación, ya que dificulta que compradores y vendedores planifiquen el futuro.

A.4.1. GAS NATURAL LICUADO FLOTANTE (FNLG)

Aunque FLNG solo representa un pequeño porcentaje de todo el negocio de GNL, recientemente ha generado un interés significativo. En un mundo donde se requiere una gestión de capital rigurosa, FLNG ofrece una menor inversión de capital y costos controlados. Los tiempos de construcción más rápidos proporcionan flujos de efectivo tempranos para financiar un mayor desarrollo. Por el contrario, se anticipa que el crecimiento se ralentizará y se volverá más consistente a medida que FLNG compita por clientes e inversores en el congestionado mercado de GNL.

Los principales impulsores del crecimiento del mercado de gas natural licuado flotante (FLNG) son un nivel creciente de confianza en la capacidad para llevar a cabo el proceso de licuefacción en alta mar, un aumento en el suministro global de GNL y la conveniencia de usarlo (usando FSRU). Por otro lado, la incertidumbre en torno a la viabilidad y los factores de seguridad de FLNG están restringiendo el crecimiento de dicho mercado. La expansión de la industria depende de la determinación de la seguridad, la funcionalidad y las áreas problemáticas de estos buques porque hacerlo hará que los proyectos sean más fáciles de financiar y asegurar. El mercado sigue siendo bajo debido a la especialidad de FLNG, a pesar de que existen menos barreras de entrada en el lado de la FSRU.

El uso de GNL como combustible para barcos puede disminuir en gran medida los efectos de las operaciones marítimas en el medio ambiente, muy probablemente sin aumentar los gastos. Es probable que el comercio internacional aumente drásticamente en los próximos años, y si no se hace nada, se prevé que las emisiones del transporte marítimo aumenten en un factor de 2-3 para 2050.

Las regulaciones de la OMI exigen que los barcos de nueva construcción sean más eficientes en combustible para para frenar el crecimiento de las emisiones. Por lo tanto, el GNL es una posibilidad para reducir las emisiones de GEI (Gas de Efecto Invernadero) de los barcos. El reducido contenido de carbono del GNL le permite contribuir a la reducción de las emisiones de GEI, recordemos que el combustible utilizado como punto de referencia, determina la posibilidad de reducción de éste.

A.4.2. GAS NATURAL LICUADO A PEQUEÑA ESCALA (SSLNG)

El mercado de GNL a pequeña escala está preparado para un crecimiento significativo en los próximos años, impulsado por la creciente demanda de gas natural como una opción de combustible más limpia y rentable. Se espera que el mercado desempeñe un papel clave en el apoyo a la transición global hacia un sistema energético más sostenible, ya que los países buscan reducir su huella de carbono y cumplir sus objetivos climáticos.

Se espera que América del Norte y Europa sean mercados clave para el GNL a pequeña escala, impulsados por el crecimiento de los sectores de transporte y generación de energía, así como por el desarrollo de la infraestructura de abastecimiento de GNL.

En la región de Asia Pacífico, se espera que India, Indonesia y China sean los principales impulsores del crecimiento, ya que estos países buscan expandir su infraestructura de gas natural y reducir su dependencia de los combustibles fósiles tradicionales.

En Oriente Medio y África, se espera que el mercado de GNL a pequeña escala se beneficie de las importantes reservas de gas natural de la región y del desarrollo de nuevas tecnologías de licuefacción y regasificación de GNL. También se espera que el mercado desempeñe un papel clave en el apoyo a los esfuerzos de la región para diversificar su matriz energética y reducir su huella de carbono.

En general, se espera que el crecimiento del mercado de GNL a pequeña escala sea impulsado por una combinación de políticas gubernamentales, avances tecnológicos y una demanda creciente de opciones de combustible más limpias y rentables. Si bien el mercado aún enfrenta algunos desafíos, como los elevados costos de capital asociados con la infraestructura de licuefacción y regasificación, la perspectiva a largo plazo para el GNL a pequeña escala sigue siendo positiva, ya que ofrece una solución viable para satisfacer la creciente demanda de gas natural de manera sostenible.

A.5. ESTADO ACTUAL DE LA CADENA DE VALOR INTEGRADA DE GNL EN ESPAÑA

El proceso que sigue el gas natural, desde la fase de exploración hasta que es consumido por el cliente final, es definido como la cadena de valor del gas.

En el caso del GNL es el siguiente:

1. Extracción y tratamiento del gas almacenado.
2. Licuefacción y transporte en forma de gas natural licuado (GNL).
3. Posterior regasificación y/o transporte como gas a través de gasoductos.
4. Almacenamiento.
5. Distribución hasta los puntos de consumo.

Equipamiento del gas natural

La evolución de las infraestructuras gasistas ha estado intrínsecamente ligada al incremento en el consumo de gas natural, con elevadas tasas de crecimiento en la actualidad. El sistema gasista español comprende las plantas de regasificación, las conexiones internacionales, los almacenamientos subterráneos, las instalaciones de la red de transporte (gasoductos, estaciones de compresión, etc.), las redes de distribución y el resto de las instalaciones complementarias. [74].

Las instalaciones de gas natural actualmente en servicio en España (figura 240) se componen de:

1. Dos yacimientos.
2. Cuatro almacenamientos subterráneos (más el almacenamiento de Castor).
3. Seis conexiones internacionales (dos con Argelia, uno de ellos a través de Marruecos, dos con Francia y dos con Portugal).
4. Más de 85.000 km de gasoductos de transporte y distribución.
5. Siete plantas de regasificación de gas natural licuado, (estando planificada la construcción de otras dos en las islas, Tenerife y Gran Canaria).
6. Además, otras instalaciones auxiliares, estaciones de compresión y plantas satélites de GNL.

Figura 240. Infraestructuras gasistas en España. Fuente: Sedigás.

El último plan de infraestructuras aprobado por el antiguo Ministerio de Industria, Turismo y Comercio ("Planificación de los sectores de electricidad y gas natural 2008-2016") fue elaborado en un momento de fuerte crecimiento de la demanda, por lo que se fijaron objetivos muy expansionistas en materia del desarrollo de infraestructuras, como la puesta en marcha de tres nuevas plantas de regasificación (El Musel en Gijón, y dos en Canarias), numerosas ampliaciones de capacidad de plantas, la puesta en marcha del gasoducto submarino Medgaz, la ampliación de la capacidad de interconexión con Francia y la construcción de nuevas instalaciones de almacenamiento subterráneo (Yela y otros). La planificación entonces en vigor mantenía un escenario expansionista de construcción de infraestructuras.

El aprovechamiento del gas natural se inicia con la exploración, proceso en el cual se realizan los estudios, levantamientos y análisis geológicos necesarios para descubrir, identificar y cuantificar acumulaciones de hidrocarburos gaseosos. Una vez se tiene ubicado el recurso se desarrolla un plan de explotación del yacimiento para la producción del gas natural. Los yacimientos de gas natural suelen estar a grandes profundidades en el subsuelo, bien en tierra firme ("onshore") o bien bajo el mar ("offshore"). El gas natural puede encontrarse en los yacimientos en dos estados; "libre" o "asociado". En estado "libre", el gas se extrae independientemente, no junto con otros compuestos, y cuando está "asociado" se encuentra mezclado con hidrocarburos u otros gases del yacimiento. También puede encontrarse en capas más superficiales, asociado al carbón. Una reserva de gas natural pasa a ser una «reserva probada» cuando se determina la cantidad y la calidad del gas natural

contenido en dicho yacimiento, calculándose su duración de acuerdo a la cantidad de gas que tenga y a una estimación del consumo esperado.

Las técnicas de exploración más antiguas se basaban en la detección de la presencia de emanaciones en la superficie. Con el tiempo, los métodos de exploración han ido evolucionando hacia técnicas más avanzadas, como la sísmica de reflexión (envío de ondas que, al rebotar contra las distintas superficies, permiten definir la estructura y orografía exacta de los yacimientos). Con los últimos métodos de exploración se puede conseguir una imagen tridimensional del terreno explorado a partir de datos sísmicos, e incluso analizar su evolución en el tiempo. Esta actividad es de una complejidad técnica elevada y precisa de grandes inversiones y especialización, por lo que su desarrollo lo suelen realizar empresas petrolíferas. En la tabla 76 podemos ver la distribución de las reservas probadas de gas natural en el mundo por zona geográfica.

Tabla 76. Reservas probadas de gas natural en junio de 2.017. Fuente: «BP Statistical Review of World Energy», 2.017.

Zona geográfica	Trillones de m^3	Porcentaje (%)
Oriente Medio	79	42,5
Europa y Eurasia	57	30,5
Asia Pacífico	16	9
África	14	8
Norteamérica	11	6
Sur y Centro América	8	4
TOTALES	185	100 %

Las empresas productoras de gas deben contar con reservas demostrables para garantizar los contratos de extracción y suministro que posean. Tras nuevos estudios de investigación y la obtención de nuevas tecnologías de extracción, la cuantía de las reservas de gas ha aumentado, sin embargo, los nuevos descubrimientos y la significancia de nuevas tecnologías de extracción cada vez tendrán menos peso, por lo que es fundamental concienciarnos en el uso eficiente de este recurso.

Una vez detectada la existencia de un yacimiento y comprobado que se dan las condiciones técnicas y económicas que hacen viable la extracción del gas natural, se procede a la perforación del mismo.

Generalmente, se utiliza una técnica de perforación por rotación directa (es decir, la materia perforada se traslada a la superficie a través del interior del brazo perforador). El desarrollo reciente de las técnicas de perforación horizontal permite acceder a yacimientos más alejados desde una misma plataforma de extracción. Los últimos avances en técnicas de extracción se están produciendo en la naciente industria del gas no convencional.

Las últimas investigaciones, muestran nuevas formas de extracción de gas natural denominadas "no convencionales", en parte debido a los elevados precios de los combustibles. Entre las principales nuevas fuentes de "gas no convencional" se encuentran las siguientes:

a) "Coalbed methane" (CBM) o metano en capas de carbón. De la misma manera que podemos encontrar el gas natural asociado al petróleo, también podemos encontrarlo asociado al carbón o "grisú". Antiguamente esto suponía un problema a la hora de extraer el carbón en las minas, por su peligrosidad. Actualmente se recupera este gas liberado en la extracción de carbón y se conduce a los gasoductos.

b) "Shale gas" (o gas procedente de pizarras y esquistos). Los esquistos y las pizarras son formaciones minerales procedentes de sedimentos ricos en arcillas, de grano fino, pero bastante impermeables que se almacenan en capas paralelas que suelen contener gas natural. Las propiedades de estas rocas hacen que sea difícil extraer el gas natural, ya que para liberarlo es necesario fracturar la roca mediante la técnica conocida como "fracking".

c) "Tight sand gas accumulations" (o gas en arenas de baja permeabilidad). Como consecuencia de la baja permeabilidad de estas acumulaciones de arena, el gas natural queda atrapado en ellas sin poder ascender a capas más superficiales. Al igual que ocurre con el fracking es necesario fracturar esta estructura para extraer el gas, dificultando su extracción.

El éxito del fracking en EE.UU. se debe a la conjunción de una serie de factores, entre los que se encuentran las características geológicas del terreno, el régimen de propiedad de los derechos minerales, la existencia de una potente industria de servicios que lo apoya, la regulación medioambiental y la accesibilidad a un mercado líquido y transparente. En Europa estas condiciones son diferentes, ya que, por ejemplo, los derechos minerales son propiedad del Estado, y la regulación medioambiental es mucho más exigente. Por ello, no es descartable un desarrollo del shale gas en Europa, pero posiblemente llevará mucho más tiempo y será a menor escala que en EE.UU.

Procesamiento del gas natural

Una vez extraído el gas natural del yacimiento mediante perforaciones de yacimientos que se localizan en el subsuelo o bajo el mar, generalmente entre 1,5 y 4 km de profundidad, es necesario procesarlo para que pueda ser transportado y comercializado (para lo que se agrega metil-mercaptano para la detección de fugas e impedir su combustión espontánea).Tanto para el transporte y distribución como para la comercialización del gas natural deben cumplirse estándares de seguridad y calidad en las infraestructuras y en los puntos de entrega (p.ej., filtrado de impurezas o un determinado poder calorífico). Además, para facilitar su transporte en estado líquido deben eliminarse de la mezcla de gas natural componentes que puedan interferir en el proceso de enfriamiento del gas, mientras que para el transporte por gaseoducto será conveniente eliminar compuestos corrosivos que puedan deteriorar los gasoductos. Para ello se procede a reducir el contenido en agua y a eliminar gases ácidos (sulfhídrico y dióxido de carbono) así como nitrógeno y mercurio, este último con alto poder corrosivo.

En el proceso de tratamiento se separan aquellos gases, como el nitrógeno o el dióxido de carbono, que no tienen aporte energético. A continuación, se filtran elementos como el propano, butano o hidrocarburos que pueden provocar accidentes durante la combustión del gas natural. Una vez realizado este tratamiento se transporta y distribuye a través de gasoductos o tuberías que salen directamente de los tanques de almacenamiento, o en buques en forma licuada si las distancias a recorrer son superiores.

Suministro de gas natural en España

En el año 2.016, el mercado español se abasteció de nueve países. El principal país aprovisionador era Argelia, con un porcentaje del 59%. Tras Argelia, los países más importantes en la estructura de aprovisionamiento eran: Francia (10%), Países del Golfo (7%), Nigeria (14%) y Perú (65%). Cabe destacar la bajada de gas natural importado desde Argelia (-9,8 TWh) y Países del Golfo (-6,1 TWh) respecto al mismo periodo del año anterior; y el aumento de las importaciones desde Nigeria (+10,4 TWh) y Perú (+10 TWh) (ver Tabla 77).

Tabla 77. Aprovisionamiento en % en función del país de origen. Fuente: Sedigas. Informe anual 2.016.

País	Aprovisionamiento (%)
Argelia	59
Nigeria	14
Francia	10
Países del Golfo Pérsico	7
Perú	5
Otros	5

En la última década, la mayor parte del gas importado tenía su origen en importaciones por buque (LNG), en gran medida debido a la ampliación de la capacidad de las instalaciones de regasificación. Sin embargo, los últimos años muestran que esta tendencia se está invirtiendo. Esto es debido en gran parte al mayor precio del gas de otros mercados (que modifica el destino de buques con destino España) y al aumento de la capacidad de las conexiones internacionales (Medgaz). Pero debido en la actualidad a la invasión de Ucrania por Rusia y a las sanciones impuestas por la UE a Rusia, ésta última, está cortando el suministro de los gasoductos de GN a Europa, y además por la interrupción del suministro a España a través de Marruecos de gasoducto procedente de Argelia, se han vuelto a reactivar las importaciones de GNL.

Acopio y tipos de almacenaje de gas natural

El tipo de almacenamiento más habitual y ventajoso desde el punto de vista económico y técnico es el almacenamiento subterráneo en formaciones geológicas adecuadas, aprovechando la compresión del gas a bajas profundidades y la poca porosidad de estas formaciones.

Los almacenamientos subterráneos de gas natural se localizan en yacimientos de gas o petróleo ya agotados, en acuíferos o en cavernas salinas que cumplan las condiciones de porosidad y permeabilidad requeridas para almacenar este gas. Desde el punto de vista operativo, las distintas instalaciones de almacenamiento de gas natural se diferencian entre sí por la capacidad de almacenamiento y el volumen de "gas colchón" (o gas necesario para asegurar una presión y una capacidad de extracción constante), que determinan conjuntamente el volumen de "gas útil" (inyectable y extraíble), y las tasas de inyección y extracción del almacenamiento, que definen el tipo de servicios que pueden prestar las instalaciones.

Otras alternativas para el almacenamiento de gas natural son el almacenamiento de GNL en los tanques de las plantas de regasificación. En el caso de España la proporción de almacenamiento en estos tanques es muy superior a otros países, dado el elevado porcentaje de importaciones en forma de GNL y dada la relativa escasez de formaciones geológicas aptas para albergar almacenamientos subterráneos.

Actualmente el sistema gasista español cuenta con cuatro instalaciones de almacenamiento subterráneo:

Los antiguos yacimientos de gas natural de Serrablo y Gaviota, con una capacidad total de 28.069 GWh.

En el año 2.012 se inició la incorporación progresiva de dos nuevos almacenamientos subterráneos al sistema, Marismas, otro antiguo yacimiento de gas, que desde 2.016 aporta 1.600 GWh de capacidad operativa y Yela, almacenamiento construido en un acuífero, que actualmente aporta 1.000 GWh.

Así, la capacidad actual de almacenamiento asciende a un 10% de la demanda anual de gas de aproximadamente 321.000 GWh. Con la incorporación progresiva de estos dos nuevos almacenamientos, se ha solventado el tradicional problema de falta de capacidad de almacenamiento del sistema.

Transporte de GNL

Las importantes reservas de gas natural que existen en nuestro planeta están a veces situadas en zonas alejadas, que carecen de demanda local y donde, dada su lejanía, el transporte del gas natural a través de gasoductos no es rentable. Los avances tecnológicos de los últimos años han hecho técnica y económicamente viable el transporte en fase líquida del gas natural procedente de estas fuentes (enfriado a – 160 °C), mediante buques metaneros (LNG).

Las diferencias en el precio del GNL en los distintos mercados hacen viable el transporte a grandes distancias. De hecho, una ventaja del GNL es que no vincula puntos de consumo con orígenes determinados de gas, por lo que facilita en gran medida la diversificación de orígenes, reduciendo el riesgo de suministro, y aumentando la competencia en el mercado. La complejidad de las actividades relacionadas con la producción y el transporte de GNL ha dado lugar a una industria integrada en el sector del gas natural, con su propia cadena de valor.

Plantas de licuefacción de gas natural. El gas natural se transforma en gas líquido en las plantas de licuefacción (instalaciones que permiten enfriar grandes cantidades de gas natural). Para licuar el gas, se enfría hasta una temperatura de

aproximadamente -160 °C (que convierte su estado en líquido a presión atmosférica, lo que permite a su vez reducir los costes de almacenamiento). Una vez realizado el proceso de licuefacción, el GNL ocupa un volumen aproximadamente 600 veces menor que el gas natural. Para conseguir este enfriamiento se consume una cantidad de energía superior al 10% del gas trasegado. El gas natural se almacena tras su conversión a GNL en tanques ubicados en las plantas de licuefacción. Los principales países donde se ubican plantas de licuefacción en la actualidad son Qatar, Malasia, Indonesia, Argelia, Nigeria, Australia, Trinidad y Tobago, Egipto y, en Europa, Noruega.

Transporte marítimo. Los buques metaneros están diseñados para transportar y descargar el GNL. En la actualidad pueden ser de dos tipos, bien de membrana o bien esféricos, dependiendo de la clase de tanques de GNL que incorporen. La propulsión de estos buques se realiza aprovechando el gas evaporado en los tanques, aunque recientemente han ido evolucionando a motores que puedan consumir también fuel-oil. La capacidad de carga de estos buques puede variar entre los 25.000 y los 270.000 m³. Un buque de 138.000 m³ GNL transporta unos 900 GWh de gas licuado.

Plantas de regasificación. La descarga del GNL transportado se realiza a través de los brazos de descarga, con los que se bombea el GNL directamente a los tanques de las plantas de regasificación para su almacenamiento. Para su inyección en la red de gasoductos, el GNL almacenado en los tanques se convierte en gas en las plantas de regasificación mediante un aumento de su temperatura (proceso conocido como vaporización, normalmente mediante el aprovechamiento de la temperatura del agua del mar en intercambiadores de calor). El sistema gasista español dispone del conjunto de infraestructuras de regasificación de GNL más importante de Europa. En la actualidad, del total de 22 plantas de regasificación en operación en Europa, siete de ellas (una aún no operativa) están ubicadas en España, y suman el 35% de la capacidad de almacenamiento total de plantas de GNL en Europa.

Las plantas más antiguas (Barcelona, Huelva y Cartagena) son propiedad de Enagás, mientras que la de Bilbao es un 50% de Enagás y un 50% del Ente Vasco de Energía (EVE), la de Sagunto el 72.5% de la participación Saggas y la de Reganosa cuenta con la participación de cuatro accionistas.

Tabla 78. Plantas de regasificación en operación en 2.017.

Planta	N.º Tanques	Capacidad Almacenamiento (m³) GNL	Capacidad regasificación (Nm³ (n)/ hora)	Propiedad instalaciones
Barcelona	8	760.000	1.950.000	ENAGAS
Huelva	5	619.500	1.350.000	ENAGAS
Cartagena	5	587.000	1.350.000	ENAGAS
BBG (Bilbao)	2	450.000	800.000	ENAGAS Y EVE
Saggas (Sagunto)	4	600.000	1.000.000	ENAGAS
Reganosa (El Ferrol)	2	300.000	412.800	Gob. de Galicia y otros

Además, a finales de 2.012 concluyó a construcción de la nueva Planta de Regasificación de El Musel, en Asturias, promovida por Enagás, con una capacidad de vaporización de 800.000 Nm^3/h, y dos tanques de almacenamiento de 150.000 m^3 cada uno. Pero la incorporación de la Planta de El Musel al sistema ha quedado aplazada hasta que las condiciones del mercado justifiquen su puesta en servicio, de acuerdo con el Real Decreto-ley 13/2.012.

El GNL también se puede cargar directamente desde los tanques de GNL en camiones cisternas que transportan el gas líquido por carretera a las "plantas satélites", donde se regasificará a GN, éstas alimentan a redes de distribución a las cuales no llega la red de transporte por los gasoductos de la red de transporte o a consumidores industriales que disponen de suficiente volumen de consumo para mantener sus propias plantas satélites.

Transporte del gas natural por gasoducto. El sistema clásico de transporte de gas entre dos puntos determinados es el gasoducto (tuberías de acero al carbono, de elevada elasticidad), bien enterrado en la superficie terrestre (figura 241) o bien en el fondo de los océanos. La capacidad de transporte de los gasoductos depende de la diferencia de presión entre sus extremos y de su diámetro (a medida que éste aumenta, lo hace la capacidad de transporte).

Figura 241. Gasoducto en construcción.

La forma de hacer circular el gas a través de los gasoductos no es otra que aumentar en determinados puntos de los mismos la presión del gas. Esta acción se realiza en las estaciones de compresión, que aseguran la correcta circulación de los caudales de gas, compensando las pérdidas de presión que se producen en el transporte. El control de los flujos de gas se realiza desde instalaciones donde se reciben las medidas de presiones, temperaturas, caudales y poderes caloríficos (centros de control).

Las infraestructuras existentes en el sistema gasista para el transporte de gas comprenden los gasoductos, estaciones de compresión, estaciones de regulación y medida, centros de control, etc. La figura 242 muestra la red básica de gas natural en España a finales de 2.016, donde se puede observar las instalaciones de transporte de gas.

La red de transporte de gas natural se divide en red de transporte primario (gasoductos con presiones de diseño superiores a 60 bar) y red de transporte secundario (gasoductos con presiones de diseño entre 16 y 60 bar). A finales del año 2.016, la red de transporte primario estaba integrada por 11.369 km de gasoductos. El transporte del gas natural en la red se controla gracias a 18 estaciones de compresión situadas a lo largo de la geografía, dirigidas desde el Centro Principal de Control (CPC) del Gestor Técnico del Sistema (GTS). Mientras que Enagás es el transportista mayoritario de la red troncal de transporte primario de gas, la red de transporte secundario en España está integrada por gasoductos de Enagás y de otros transportistas, como Gas Natural Transporte, Reganosa, Endesa Gas Transportista, Redexis Gas, y otros menores.

Figura 242. Instalaciones de la red básica de gas natural en España (2.016). Fuente: Sedigás, El gas en España 2.016.

El sistema gasista español está conectado en la actualidad con los sistemas gasistas francés y portugués, a través de gasoductos bidireccionales situados en Navarra, Irún, Tui y Badajoz, y con Argelia (figura 243), en primer lugar, vía Marruecos, a través del gasoducto del Magreb, conectado al sistema peninsular en Tarifa y, en segundo lugar, directamente mediante el gasoducto de Almería (Medgaz).

Las interconexiones con Francia se encuentran en Larrau e Irún. Siguiendo las directrices marcadas por la Iniciativa Regional de Gas del Sur (SGRI), Enagás Transporte S.A.U y TIGF desarrollaron conjuntamente una plataforma electrónica, PRISMA, con el objetivo principal de asignar capacidad en puntos de interconexión entre zonas de balance de los Estados miembro de la Unión Europea.

Para la asignación coordinada de capacidad disponible entre ambos países se empleaba la OSP (Open Subscription Period for Short Term Capacity) que respondía a la necesidad de utilizar un mecanismo de asignación de capacidad de corto plazo adaptado a las peculiaridades del marco regulatorio de cada país, así como a la necesidad de coordinación entre los distintos operadores de ambos sistemas. Este proceso era gestionado por Enagás y TIGF, y por las autoridades competentes de ambos países.

Figura 243. Gasoductos de Argelia a España. Fuente: Sedigás.

Actualmente se usa la plataforma electrónica PRISMA, que sirve como método en el cual los TSO y los cargadores tienen la capacidad de subastar la capacidad de gas de transmisión en el nivel de mercado primario y secundario, respectivamente.

En 2.011 se puso en marcha el gasoducto de Medgaz, que conecta directamente Argelia con España. El objeto del proyecto fue aumentar la capacidad de interconexión internacional para facilitar la creación de un "hub" de gas y diversificar el riesgo geo-político del transporte internacional con África.

El gasoducto, que cuenta con una capacidad de transporte de 8 bcm/año, conecta la estación de compresión de Beni-Saf en Argelia con el gasoducto de transporte Almería-Chinchilla y tiene una longitud de 210 km y un diámetro de 24 pulgadas (figura 244).

Desde los años 70 existía la idea de conectar Argelia con España por medio de un gasoducto submarino directo, pero los medios técnicos para llevarlo a cabo no estaban lo suficientemente avanzados, principalmente por la profundidad del trazado. En septiembre del 2.002, el Ministerio de Industria incluyó el proyecto Medgaz en la planificación estratégica de infraestructuras del sector del gas. En 2.007, y después de obtener las licencias correspondientes, comienza su construcción.

La composición del accionario de Medgaz ha sufrido variaciones desde su constitución. Actualmente está compuesto por Sonatrach y Medina Partnership (50% Naturgy Energy Group S.A. y 50% BlackRock). Ambas cuentan con una amplia experiencia en el sector energético.

La interconexión gasista con Argelia

Red de gas española

El tejido español de gasoductos cuenta con 13.361 kilómetros de tubos, a los que habrá que añadir el gasoducto transversal, que pasa por Albacete.

CLAVE:

— Tramo submarino del gasoducto
— Tramos terrestres previstos
— Gasoductos en funcionamiento
••• Gasoducto Eje Transversal (en proyecto)

Tramo de salida en **Almería.**

200 km.

2.160 m.

Mar Mediterráneo

Parte del trazado del **gasoducto** transcurre sobre el lecho marino.

En las zonas más próximas a la costa está enterrado.

A **Estación de compresión** (Beni Saf)
Aquí se incrementa la presión del gas para introducirlo en el gasoducto submarino.

B **Terminal de recepción** (Almería)
El punto de entrada a España es la Playa de Pertigal, al sur de la ciudad de Almería. En la terminal se regula el gas para introducirlo en el sistema gasista español.

C **Estación de Albacete**
Punto de unión entre el tramo terrestre español y el Gasoducto Eje Transversal. Desde aquí se distribuye a toda España.

Capacidad
8.000 mill. de m³/año

Los tramos terrestres del gasoducto se encuentran a dos metros de profundidad.

Hassi R'Mel
Extracción de gas natural.

ARGELIA

MARRUECOS

Figura 244. Gasoducto. Medgaz. Fuente: Medgaz.

Cuando el proyecto fue planteado, las previsiones de crecimiento de la demanda eran elevadas a las que luego se han materializado, por lo que la capacidad de Medgaz no se estaba utilizando al 100%. Su utilización en el año 2.011 fue de un 43%, y un 47% en 2.012. Sin embargo, en 2.013 (primera mitad del año) su utilización ascendió hasta el 80%.

En el año 2.014, la utilización aumentó hasta al 90% logrando a finales del 2.015 un 100% de la utilización a lo que se suma la ampliación de la potencia nominal de 266 a 290 GWh/día. Desde mediados de 2.016, la capacidad contratada se mantuvo al 80%.

En las proximidades a los centros de consumo, los gasoductos de transporte presentan derivaciones a las redes de distribución, que son un conjunto de tuberías de menor diámetro y presión de diseño que lleva el gas natural hasta los consumidores finales. Las estaciones de regulación y medida (ERMs), situadas en los nodos que unen la red de transporte y las redes de distribución, adaptan la presión del caudal de gas en los gasoductos de transporte a la presión requerida en la red de distribución.

Las redes de distribución se diseñan en forma de ramal (cada usuario tiene una única línea de suministro o ramal) o de forma mallada (la red que suministra al usuario está interconectada en varios puntos con el resto de la red de distribución). El diseño mallado es más costoso, aunque ofrece mayor fiabilidad y garantía de suministro en caso de averías.

La presión a la que se entrega el gas natural depende del tipo de cliente, variando desde presiones relativas menores a 0,05 bares para los consumidores más pequeños (los domésticos) hasta presiones superiores a 40 bares en las entregas a los ciclos combinados y grandes consumidores industriales, que frecuentemente se alimentan directamente desde el sistema de transporte.

Los gasoductos de transporte están conectados con las redes de distribución, o conjunto de gasoductos con presión inferior a 16 bares que llevan el gas natural hasta los consumidores finales. Los distribuidores son los titulares de las instalaciones de distribución de gas natural y son los encargados de construir, operar y mantener las redes y de permitir el acceso de terceros (comercializadores y clientes cualificados) a sus redes a cambio del pago de los peajes establecidos regulatoriamente. En la actualidad, cuatro grupos empresariales, Naturgy Energy Group, S.A., Naturgás Energía Distribución, Redexis gas, Madrileña Red de gas y otros de menor tamaño operan y mantienen redes de distribución en España.

Naturgy Energy Group SA, antes Gas Natural Fenosa, es una multinacional española de servicios públicos de gas natural y energía eléctrica, que opera principalmente en España. La sede administrativa de la empresa se encuentra en Barcelona, mientras que su sede legal se encuentra en Madrid. Su estructura accionista está compuesta por: Criteria Caixa: 26,7%, Adquisición Rioja, S.à.rl: 20,7 %, PBI: 20,6%, Global Infra Co O (2) S.à.rl: 13,9%, Sonatrach: 4,1% y Flotación libre: 14,0%.

A.6. COSTES EN PORCENTAJE APROXIMADOS DE LAS ACTIVIDADES E INVERSIONES EN LA CADENA INTEGRADA DE GNL

Los costes operativos, sin incluir amortizaciones, representa del 4 al 6% de la inversión total. Las pérdidas y autoconsumos de gas pueden significar de 0,5 al 1%.

Los costes de las instalaciones de seguridad y mantenimiento pueden oscilar entre el 1 y el 3% del valor de la inversión.

Tabla 79. Porcentajes en el coste de las actividades relacionadas con el GNL.

ITEM	% ACTIVIDADES
Exploración y Producción	29
Licuación y Proceso	34
Transporte marítimo	23,5
Regasificación y Almacenamiento	13,5

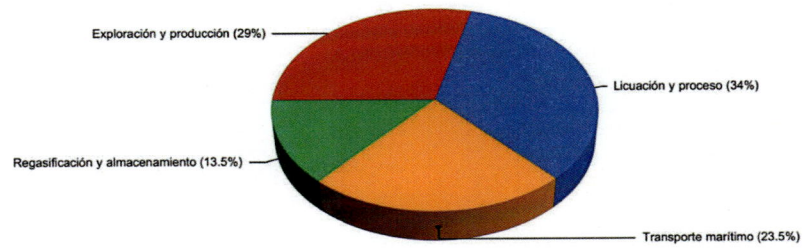

Figura 245. Gráfico de sectores de la tabla 79.

Dependiendo de la zona de extracción y el lugar de destino, los costes fluctúan fuertemente, pero podemos considerar como costes de inversión aproximados, sin tener en cuenta los de exploración y producción, los porcentajes que aparecen recogidos en las Tablas 79 y 80:

Tabla 80. Inversiones proyecto.

ITEM	% INVERSIÓN
Licuación	50,78
Transporte	38,33
Regasificación	10,89

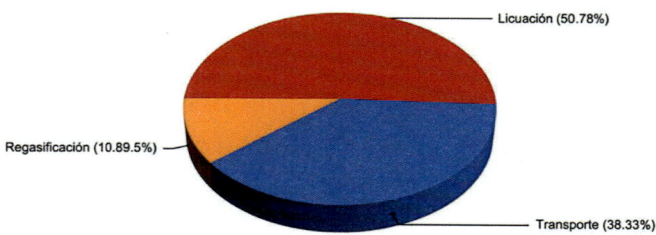

Figura 246. Gráfico de sectores de la tabla 80.

Tabla 81. Distribución de inversiones en una planta de regasificación y almacenamiento.

ITEM	% INVERSIÓN
Ingeniería y supervisión	9
Materiales y equipos	25
Construcción y montaje	16
Tanques de GNL	45
Puesta en marcha	2
Otros	3

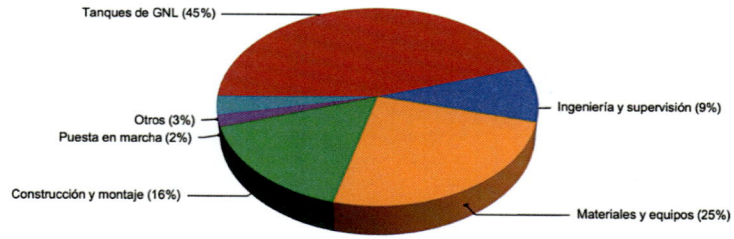

Figura 247. Gráfico de sectores de la tabla 81.

BIBLIOGRAFÍA

[1]   World LNG Report 2022, International Gas Union, Londres, 2022.

[2]   Plinio el viejo, Historia natural, Editorial Gredos S.A., Madrid, 2003.

[3]   T. Fernández, E. Tamaro, Biografia de Humphry Davy, La Enciclopedia Biográfica En Línea [Internet]. (2004).

[4]   T. Fernández, E. Tamaro, Biografia de Jöns Jacob Berzelius, La Enciclopedia Biográfica En Línea [Internet]. (2004).

[5]   T. Fernández, E. Tamaro, Biografia de Hans Christian Oersted, La Enciclopedia Biográfica En Línea [Internet]. (2004).

[6]   T. Fernández, E. Tamaro, Biografía de Friedrich Wöhler, La Enciclopedia Biográfica En Línea [Internet]. (2004).

[7]   H.E. Sainte-Claire Deville, De l'aluminium: ses Proprietes, sa Fabrication et ses applications, Hachette Livre BNF, 2017.

[8]   O. Hardouin Duparc, Alfred Wilm and the beginnings of Duralumin, Revue de Métallurgie. 101 (2004) 353–360. https://doi.org/10.1051/metal:2004157.

[9]   Aluminium design manual 2020, The Aluminium Association, Arlington, 2020.

[10]   P. Barrand, R. Gadeau, eds., Enciclopedia del aluminio, Urmo, Bilbao, 1967.

[11]   W. Hufnagel, Manual del Aluminio, 2a ed., Editorial Reverté, Barcelona, 1992.

[12]   J.A. García, P. Tarin, J.M. Badía, C. López, Aleaciones de aluminio, Curso Máster de Soldadura. (1991).

[13]   Liquified natural gas (LNG) market report 2023-2033, Londres, 2023.

[14]   J.H.E. Jeffes, Ellingham Diagrams, in: Encyclopedia of Materials: Science and Technology, Elsevier, 2001: pp. 2751–2753. https://doi.org/10.1016/B0-08-043152-6/00490-3.

[15]   A. Bermejo, La soldadura del aluminio y sus aleaciones: tendencias actuales, in: II Jornadas de INASMET-TECNALIA Sobre Nuevas Tecnologías de Soldeo y Mejora de Productividad En Cádiz, 2003.

[16]   A. Bermejo, J. Espona, Defectología. Influencia de los parámetros en la formación de los defectos en soldadura, Curso de Soldadura Eurocontrol. (1980).

[17]   J.C. Borland, Generalized Theory of Super-Solidus Cracking in Welds (and Castings), British Welding Journal. 7 (1960).

[18] J.C. Lippold, E.F. Nippes, W.F. Savage, An Investigation of Hot Cracking in 5083-O Aluminum Alloy Weldments, Welding Research Supplement. (1977) 171–178.

[19] A. Bermejo, Introducción a la soldadura por Arco Protegido con Gas, Curso Máster de Soldadura. (1991).

[20] Welding Kaiser Aluminium, Kaiser Aluminium, Oakland, 1967.

[21] S. Mattson, Soldadura MIG y TIG para estructuras de aluminio, 1985.

[22] J.M. Millan, A. Bermejo, C.M. Márquez, Técnicas de soldadura en la Construcción de Esferas de Al 5083, in: 2as Jornadas Técnicas de Soldadura, Adesol, 1977: pp. 133–144.

[23] Welding Handbook: Welding processes. Vol. 2. Part 1, 9th ed., The American Welding Society, Miami, 2004.

[24] Laser welding fundamentals, Amada Weld Tech, Inc., n.d.

[25] C. Corba, P. Ferencz, I. Mihâilâ, Laser Welding, Nonconventional Technologies Review. 4 (2009) 34–37.

[26] J.M. González, A. Bermejo, Soldeo por LÁSER (52/LBW) en Aeronáutica, in: Workshop Investigación e Innovación Colaborativa UCA-AIRBUS D&S. MATERIALES Y FABRICACIÓN (Conformado, Moldeo, Fabricación Aditiva y Soldadura), Cádiz, 2017.

[27] A. Aversa, G. Marchese, A. Saboori, E. Bassini, D. Manfredi, S. Biamino, D. Ugues, P. Fino, M. Lombardi, New Aluminum Alloys Specifically Designed for Laser Powder Bed Fusion: A Review, Materials. 12 (2019) 1007. https://doi.org/10.3390/ma12071007.

[28] R. Jiménez, A. Bermejo, La Soldadura MIG de Alto Depósito de la Aleación AA 5083, Revista Soldadura y Tecnologías de Unión. (2002) 18–28.

[29] A. Bermejo, A. Vázquez, Soldadura de Materiales Criogénicos, 1a ed., CESOL, Madrid, 2008.

[30] Aluminium GMAW. Gas Metal Arc Welding for Aluminium, Cleveland, 2008.

[31] Guide for Aluminium Welding, Illinois, 2019.

[32] E. Mellgren, AGA Gas Handbook, AGA, 1985.

[33] Handbook of Compressed Gases, Springer US, Boston, MA, 1999. https://doi.org/10.1007/978-1-4615-5285-7.

[34] A. Bermejo, R. Olsson, E. Billecocq, Un nuevo concepto para aumentar la productividad en la soldadura MIG/MAG, Revista de Soldadura y Tecnologías de Unión. (1996) 9–15.

[35] A. Bermejo, La Importancia y el empleo de los gases en soldadura, in: 6as Jornadas Técnicas de Soldadura, Adesol, 1986: pp. 163–178.

[36] A. Bermejo, Los Problemas del ozono en la soldadura eléctrica al arco con protección gaseosa, Induequipo. (1991) 35–37.

[37] T. Hefling-King, Selecting the right welding transfer modes, Weld J. (2021).

[38]   M.A. Fullenwider, Hydrogen entry and action in metals, Pergamon Press, 1982.

[39]   D.G. Howden, Behaviour of Hydrogen in Arc Weld Pool, Welding Research Supplement. (1992) 103–108.

[40]   M.F. Ashby, Perspective in Hydrogen in Metals, 1st ed., Pergamon Press, Oxford, 1986.

[41]   A. Bermejo, Las segregaciones, tensiones residuales e influencia de los gases y parámetros de soldadura en la geometría del cordón y en la física del arco, en la soldadura MIG de la aleación AA 5083, Universidad de Cádiz, 1994.

[42]   Ellingham diagram, https://en.wikipedia.org/wiki/Ellingham_diagram. (2023).

[43]   R. Jiménez, A. Bermejo, Estudio sobre la porosidad en la soldadura de la aleación AA 5083, Revista Soldadura y Tecnologías de Unión. (1998) 16–22.

[44]   R.S. Wroth, J. Haryung, Effect of Welding Position on Porosity Formation in Aluminium Alloy Welds, NASA Report. 5918 (1972) 21–22.

[45]   I.D. Harris, A Review of Literature on Porosity Formation and Recommendations on the Avoidance of Porosity in MIG Welding, Cambridge, 1988.

[46]   J.D. Harrison, The basis for a proposed acceptance standard for welded defects: Part I: Porosity. Part II: Slag inclusions, IIW Doc. XIII-817-77. (1977).

[47]   G.P. Marino, Porosidad en las soldaduras, Pennsylvania, 1975.

[48]   F.R. Coe, Hydrogen measurements current trends versus forgotten facts, Metal Construction. 18 (1986) 20–25.

[49]   S.A. David, J.M. Vitek, Correlation between solidification parameters and weld microstructures, International Materials Reviews. 34 (1989) 213–245. https://doi.org/10.1179/imr.1989.34.1.213.

[50]   J.A. David, J.M. Vitek, Analysis of weld solidification and microstructures, 1992.

[51]   W. Kurz, D. Fisher, Fundamentals of solidification, 4th ed., Trans Tech Publications, Zurich, 2017.

[52]   J.-J. Droux, Three-dimensional numerical simulation of solidification by an improved explicit scheme, Comput Methods Appl Mech Eng. 85 (1991) 57–74. https://doi.org/10.1016/0045-7825(91)90122-M.

[53]   J.A. BROOKS, K.W. MAHIN, Solidification and Structure of Welds, in: 1990: pp. 35–78. https://doi.org/10.1016/B978-0-444-87427-6.50008-3.

[54]   M.H. Burden, J.D. Hunt, Cellular and dendritic growth. I, J Cryst Growth. 22 (1974) 99–108. https://doi.org/10.1016/0022-0248(74)90126-2.

[55]   J.C. Lippold, W.F. Savage, Modelling solute redistribution during solidification of austenitic stainless-steel weldments, in: H.D. Brody, D. Apelian (Eds.), Modelling of Casting and Welding Processes, Metallurgical Society of AIME, Warrendale, 1981: pp. 443–458.

[56]   T. Kojima, Recent research on numerical analysis of weldability in Japan, NKK Corporation, Kawasaki, 1993.

[57]   M. Rappaz, S.A. David, J.M. Vitek, L.A. Boatner, Analysis of solidification microstructures in Fe-Ni-Cr single-crystal welds, Metallurgical Transactions A. 21 (1990) 1767–1782.

[58]   A. Bermejo, R. González, R. Jiménez, Análisis de las segregaciones generadas durante la soldadura en multipasadas de la aleación AA 5083 en las proximidades de un poro de gran tamaño, Revista Soldadura y Tecnologías de Unión. (1997) 23–31.

[59]   A. Bermejo, Saneado por Arco-Plasma en Aluminio, in: Actas de Las 3as Jornadas Técnicas de Soldadura, Adesol, Madrid, 1979: pp. 81–86.

[60]   T. Croucher, Hardness testing aluminium alloys, Heat Treating. 23 (1991) 20–22.

[61]   A. Bermejo, J. Cañas, Técnicas de fabricación de paneles simples soldados de chapas finas de acero al carbono, acero inoxidable y aleaciones de aluminio, in: EUROJOIN 6 y 16as Jornadas Técnicas de Soldadura, CESOL, Santiago de Compostela, 2006.

[62]   J. Cañas, A. Bermejo, F. Paris, Análisis Experimental y Numérico de Tensiones Residuales en Chapas Soldadas de AA 5083-O, Revista Soldadura Del CENIM. 23 (1993) 12–18.

[63]   I. Aramburu, A. Bermejo, Predicción de las deformaciones en la soldadura de paneles de chapa fina de aceros al carbono, acero inoxidable y aleaciones de aluminio, Revista de Soldadura y Tecnologías de Unión. (2004).

[64]   R. Jiménez, A. Bermejo, La Cultura del Aluminio y sus Aleaciones en la Construcción Naval y su Soldadura, Revista Soldadura y Tecnologías de Unión. (2002) 22–30.

[65]   J.M. González, A. Bermejo, Soldadura de aleaciones de aluminio en tanques GNL, Revista Soldadura y Tecnologías de Unión. 170 (2023) 15–28.

[66]   J.M. González, A. Bermejo, Soldadura 4.0: Cómo los fabricantes de equipos e instalaciones de soldadura están preparando su tecnología para afrontar un futuro inteligente, Revista Soldadura y Tecnologías de Unión. 159 (2019) 14–23.

[67]   Código AWS D1.2. Structural welding code-aluminium, 6a Edición. (2014).

[68]   M.M. Foss, Introduction to LNG, Center for Energy Economics, Houston, TX, 2012.

[69]   C. Pirrong, Cincuenta años de la Industria del Gas Natural Licuado a Nivel Mundial. Carrera a toda prisa hacia un punto de inflexión, Trafigura, Houston, 2014.

[70]   A. Da Silva, J.A. Dos Reis, Transoceanic carriage of LNG: background and technological innovations, University de Río de Janeiro (PUC-Río), 2016.

[71]   A. Bermejo, Nuevas Tendencias en las Características, Propiedades, Soldabilidad y Aplicaciones del Aluminio y sus Aleaciones Usadas en

Criogenia, Seminario Sobre Soldabilidad de Materiales Para Usos Criogénicos. (2003).

[72]   World LNG Report 2023, International Gas Union, Vancouver, Julio (2023).

[73]   Informe de mercado de gas natural licuado (GNL) 2023-2033. ASD Reports (Premium Market Research). Ed.: Visiongain, Abril (2023): 345. Código de informe: ASDR-630234.

[74]   Informe de mercado de gas natural licuado a pequeña escala (SSGNL) 2023-2033. ASD Reports (Premium Market Research). Ed.: Visiongain, Marzo (2023): 376. Código de informe: ASDR-617822.

[75]   Manual de la Energía. Gas Natural. Energía y Sociedad. E.T.S.I.I. Politécnica de Madrid. Actualizado (2023).

AGRADECIMIENTOS

Nuestro más sincero agradecimiento al Profesor Doctor y Catedrático de Universidad de la Escuela Superior de Ingenieros de la Universidad de Sevilla D. José Cañas Delgado, no solo por sus cariñosos elogios, expresados en el prólogo, sino también por sus comentarios al diseño de los capítulos y de las figuras y en general por su lectura concienzuda del texto y sus apreciaciones.

Muchas gracias por tu Amistad Pepe, que es mutua y te deseamos lo mejor para ti y tu familia.

A todos los profesores, compañeros y amigos que durante nuestra carrera profesional nos han apoyado y han compartido sus ideas con nosotros.

A todos los «soldadores» que en el mundo han sido y seguirán siendo.

Y como no, a nuestros familiares que han sido nuestro apoyo y ánimo en nuestros momentos difíciles. Un beso y nuestro agradecimiento.

LOS AUTORES